我国东部采煤沉陷区综合治理及生态修复战略研究

Comprehensive Management and Ecological Restoration Strategy of Coal Mining Subsidence Area in East China

袁 亮 彭苏萍 武 强等 著

科 学 出 版 社
北 京

内 容 简 介

本书是中国工程院学部咨询项目“我国东部采煤沉陷区综合治理及生态修复战略研究”的研究成果。本书总结了国内外采煤沉陷区治理模式，摸清了我国东部采煤沉陷区的分布特征及制约因素，探索了东部采煤沉陷区综合治理与生态修复的关键技术与模式，提出了我国东部采煤沉陷区综合治理及生态修复战略与政策建议，对于煤炭绿色开采研究以及实现矿区绿水青山具有重要意义。

本书可作为土壤类、地质类、环境类、生态类、景观类等专业参考教材，也可供相关领域的科技工作者、政府部门、企业及关心矿山生态环境保护的公众阅读。

图书在版编目(CIP)数据

我国东部采煤沉陷区综合治理及生态修复战略研究=Comprehensive Management and Ecological Restoration Strategy of Coal Mining Subsidence Area in East China/ 袁亮等著. —北京：科学出版社，2020.12

ISBN 978-7-03-066704-5

Ⅰ. ①我… Ⅱ. ①袁… Ⅲ. ①煤矿开采-采空区-综合治理-中国 ②煤矿开采-采空区-生态恢复-中国 Ⅳ. ①TD82 ②X322.2

中国版本图书馆 CIP 数据核字(2020)第 215468 号

责任编辑：刘翠娜 郑欣虹 / 责任校对：王萌萌
责任印制：师艳茹 / 封面设计：无极书装

科学出版社 出版
北京东黄城根北街 16 号
邮政编码：100717
http://www.sciencep.com
北京九天鸿程印刷有限责任公司 印刷
科学出版社发行 各地新华书店经销
*
2020 年 12 月第 一 版 开本：787×1092 1/16
2020 年 12 月第一次印刷 印张：15
字数：300 000

定价：240.00 元

(如有印装质量问题，我社负责调换)

中国工程院学部咨询项目
我国东部采煤沉陷区综合治理及生态修复战略研究
项目研究人员

顾　　问

顾金才　苏义脑　谢和平　蔡美峰　王　安　顾大钊
金智新　凌　文　王双明　刘　合　黄维和　张铁岗

项目负责人

袁　亮

课题一　我国东部采煤沉陷区基本情况

组　　长　彭苏萍

研究人员　胡振琪　徐良骥　宋承运　陈孝杨　张世文　杨仁树　姜耀东
朱红青　李　晶　崔希民　毕银丽　吴　侃

课题二　我国东部采煤沉陷区综合治理及生态修复关键技术

组　　长　武　强

研究人员　刘守强　赵艳玲　曾一凡　谭现锋　张忠温　温挨树　王文胜
肖　飞　迟保锁　管增伦　王厚柱　原德胜　昝军才　华照来
宋炳忠　丁文彬　徐军祥　赵振光　乔文光　董可进　董东林
许延春　崔芳鹏　孙文洁　李沛涛　赵颖旺　申建军　刘宏磊
吕雪娇　李素萃　张　萌　王瑞丰　刘世奇

课题三　我国东部采煤沉陷区综合治理及生态修复战略与建议研究

组　　长　袁　亮

研究人员　郭永存　张世文　华心祝　胡友彪　徐良骥　杨　科　赵毅鑫
陈孝杨　周如禄　张治国　陈登红　崔红标　江丙友　任　波
孟建兵　陈永春　郝宪杰　李　贞　夏沙沙　胡青青　庄红娟
王月越　陈　飞　程　琦　于茹月

前言

煤炭是我国的重要能源，是国民经济发展的物质基础，我国经济与环境可持续发展战略的实现需要煤炭作为重要保障。长期以来，我国煤炭占能源资源总储量的 98%以上，这就构成了我国能源生产和消费以煤为主的基本格局。随着我国进入经济和城镇化快速发展及全面建成小康社会的新时期，国内煤炭需求量仍会继续增长，煤炭需求年递增速度预测为 3%～6%或更大。据专家预测，至 2050 年，煤炭在我国一次能源构成中的比重将为 50%。目前，我国已成为世界上第一煤炭生产和煤炭消费大国。作为埋藏于地下的层状矿物，煤炭的井工开采必然引起岩层和地表的下沉，导致大量土地的沉陷，形成采煤沉陷区。截至目前，全国采煤沉陷土地面积约 $206\times10^4\text{hm}^2$①，每年新增沉陷面积约 $4.66\times10^4\text{hm}^2$。矿区采煤沉陷后，常会出现裂缝、沉陷积水、土壤盐碱化沼泽化等损毁特征，使矿区地貌和生态遭到严重破坏，对矿区社会经济、生态环境的持续发展和社会安定产生了严重影响。

河北省、河南省、安徽省、山东省和江苏省是我国主要的高潜水位煤炭开采区，区内分布着十四大煤炭基地中的两淮基地、鲁西基地、河南基地、冀中基地、蒙东(东北)基地，煤炭开采后导致的地面深积水区域较广。经预计，我国位于高潜水位的矿区采煤最终造成的沉陷面积将达到 $318\times10^4\text{hm}^2$，其中最终造成的积水面积超过 $191\times10^4\text{hm}^2$。我国东部采煤区以平原为主，平均海拔多在 50m 以下，东部沿海平原海拔在 10m 以下，浅层地下水平均埋深一般为 5～15m，是典型的粮煤复合区，土地肥沃、人口众多，其中粮食产量占全国的 34.18%，人口密度为全国平均人口密度的 3.73 倍。高潜水位采煤沉陷区综合治理与生态修复是世界性难题，该区域综合治理与生态修复将对确保我国的粮食安全、能源安全、生态安全和区域的社会稳定具有重要意义。

---

① $1\text{hm}^2=10000\text{m}^2$。

本书共分九章。第一章绪论部分介绍了我国煤矿资源的基本情况，界定了我国东部采煤沉陷区范围，阐述了采煤沉陷区综合治理与生态修复的研究进展与工程实践。第二章从目标、综合治理、生态修复和效果评价等环节提出了采煤沉陷区综合治理与生态修复的理论支撑，明确了采煤沉陷区综合治理与生态修复的理论框架。第三章基于大量调研和材料收集整理分析，从山地、丘陵和平原三个地貌类型上分别介绍了我国东部采煤沉陷区分类、特征、现状及趋势。第四章以定量定性相结合的方法提出了我国东部采煤沉陷对生态环境的影响及其综合治理与生态修复的制约因素。第五章在详细介绍煤层覆岩、底板岩层采动破坏特征与规律的基础上，提出了“煤-水”双资源矿井开采关键技术。第六章借助遥感、模型模拟等开展了东部采煤沉陷区地表微地形重塑前后模拟，并提出我国东部采煤沉陷区地表微地形重塑技术模式。第七章以水为核心，开展地表水系与湿地重构前后模拟，提出我国东部采煤沉陷区地表水系与湿地重构技术模式。第八章基于战略分析和空间结构优化，提出我国东部采煤沉陷区综合治理与生态修复战略规划。第九章提出我国东部采煤沉陷区综合治理与生态修复战略政策与建议。

本书是集体智慧的结晶，研究与书稿编撰过程中得到了中国工程院、安徽理工大学、中国矿业大学(北京)、自然资源部国土整治中心、中国农业大学、淮南矿业(集团)有限责任公司等单位领导和专家的大力支持与协助，在此一并表示感谢！

由于本项目研究时间较短，且研究任务较重，书中难免有疏漏之处，敬请读者批评指正！

中国工程院　院士

2020年3月

目录

第一章

绪　　论

第一节　煤炭资源分布及开采特征

煤炭是世界上储量最丰富的化石燃料，2018 年《BP 世界能源统计年鉴》最新公布的数据显示，至 2017 年底，世界煤炭探明储量为 1035×10^8t。世界各地煤炭资源分布不平衡，主要分布于北半球，30°N～70°N 之间分布有世界 70%的煤炭资源，其中以亚洲和北美洲最为丰富，亚太地区煤炭资源占世界全部探明储量的 41.0%，北美洲占 25.0%，独联体国家占 21.6%，欧洲占 9.7%，中美洲占 1.4%，中东国家及非洲总计占 1.4%。从国家分布来看，76.5%分布于美国（24.2%）、俄罗斯（15.5%）、澳大利亚（14.0%）、中国（13.4%）和印度（9.4%）。从产量上看，2017 年煤炭产量超过 11×10^8t 的国家共有 10 个，从高到低依次为中国、印度、美国、澳大利亚、印度尼西亚、俄罗斯、南非、德国、波兰和哈萨克斯坦。其中，中国煤炭产量为 35.2×10^8t，占世界煤炭产量的 45.6%，接近于印度煤炭产量的 5 倍。

俄罗斯的煤炭储量为 1570×10^8t，其中无烟煤和烟煤 491×10^8t、次烟煤和褐煤 1079×10^8t。俄罗斯共有 22 个煤炭盆地和 129 个独立煤矿床。目前，西伯利亚的 Kemerovo 地区年产煤达全国产量的 60%；第二大产煤基地是克拉斯诺雅茨克南部的 Kansko-Achinsk 地区，主要生产褐煤，年产量大约占全国产量的 15%；其余煤炭产量主要集中于东西伯利亚和远东地区，少量来自乌克兰附近的 Timan-Pechora 盆地和 Donets 盆地中的俄罗斯领土部分。许多大煤田因恶劣天气的影响或位于偏远地区缺少必要的煤炭运输条件，产能受到限制。主要的 Kuzbassand Kansko-Achinsk 盆地在俄罗斯煤炭生产中居于优势地位，不仅得益于其丰富的自然资源，也得益于其靠近南西伯利亚的 trans-Siberian 铁路线。地处偏远的西伯利亚 Tungusk 盆地和 Lena 盆地，虽同样资源丰富，但运输基础设施薄弱，不利于开采。

澳大利亚煤炭品种齐全，有无烟煤、半无烟煤、烟煤(动力煤和炼焦煤)、次烟煤和褐煤。从地区上看，澳大利亚烟煤和次烟煤主要分布于新南威尔士州和昆士兰州。这两个州的煤炭探明储量占澳大利亚探明储量的 97%，也是澳大利亚出口煤炭的主要生产基地。其中新南威尔士州煤炭探明储量占澳大利亚煤炭探明储量的 39%，主要分布在悉尼-冈尼达煤田的东西两侧，煤种为动力煤和半软焦煤。昆士兰州煤炭探明储量占澳大利亚煤炭探明储量的 58%，其中炼焦煤占 3/4 以上，主要分布在鲍恩煤田的北部和中部地区。煤层埋藏较浅，以露天开采为主，已探明的经济可采储量占 62%。维多利亚州是澳大利亚唯一生产褐煤的州，西澳大利亚、南澳大利亚和塔斯马尼亚州也有褐煤资源分布。

加拿大煤炭资源主要分布在西部地区的不列颠哥伦比亚省、阿尔伯塔省和萨斯喀彻温省。东部地区的新斯科舍省和新不伦瑞克省也有少量煤炭资源储量。优质烟煤主要分布在不列颠哥伦比亚省与阿尔伯塔省交界处和不列颠哥伦比亚省北部，次烟煤主要分布在阿尔伯塔省南部，褐煤主要分布在萨斯喀彻温省。从空间分布来看，含煤区主要在加拿大的东西两端，东部发育的是古生代煤层，而西部落基山地带和与之毗连的平原区则主要发育中生代和新生代煤层。

煤炭是印度尼西亚最丰富的矿产资源，按目前生产水平计算，印度尼西亚探明的煤炭储量可供开采 18 年。印度尼西亚褐煤储量约占煤炭总储量的 57%，次烟煤占 27%，烟煤占 16%。无烟煤主要分布在南苏门答腊岛的布基特阿萨姆地区，炼焦煤主要分布在崎岖的山区。如进行商业性开发炼焦煤，须先投入大量资金进行基础设施建设，目前印度尼西亚主要集中开采次烟煤和烟煤。

我国煤炭资源丰富，在分布上呈现西多东少、北富南贫的特征。煤炭资源的开采严重受开采安全与环境条件的制约，南方和东部构造复杂、储量短缺、安全开采条件差，全国将近 50%的储量处于高瓦斯地区。北方和西部构造简单，储量丰富，但生态环境恶劣。晋陕蒙宁地区储量占全国储量的近 65%，但严重受运输条件的约束。我国含煤盆地经历了漫长的构造演化，形成了大陆区“井”字形构造格局，奠定了煤炭地质井型分区的基本格架。构造应力场性质分异是导致东西部主要含煤盆地的盆地类型、煤系宏观构造变形、勘查开发地质条件分异的根本控制因素。太行山以东断陷型含煤盆地面临巨厚新生界覆盖、断裂发育、高地温、高地压、高水压等问题，地质条件复杂。中西部拗陷型含煤盆地煤系埋藏浅，盆内变形微弱，地质条件简单，但水资源短缺，生态环境脆弱。就瓦斯而言，多数矿井勘查开发条件差。煤炭资源与水资源、经济发展水平均呈明显逆向分布。各赋煤区煤炭资源的多寡与构造演化过程中作为长期稳定构造单元的古板块的分布及组成各赋煤区构造单元的多少具有某种对应关系，华北、塔里木、扬子等大规模稳定古板块内部蕴含的煤炭资源量往往较大。我国煤炭资源煤类齐全，从褐煤、低变质烟煤到无烟煤均有分布，但分布严重不均。勘查开发程度定量分析表明：浅部勘查程度表现为东高西低、北高南低；开发程度表现为东高西低，南北分布特征不明显；蒙东、晋陕蒙宁、云贵川渝、北疆四分区及神东、蒙东(东北)、晋北、晋中、陕北、新疆、云贵七大基地的资源前景无论在当前还是未来较长时期内均属较优之列。

从煤炭开采方式来看，世界主要产煤各国均优先发展露天开采。露天开采过程中要将覆盖在矿床上面的表土和岩层全部剥离，因而对地表破坏极大；但是，由于露天开采比地下开采更宜于使用现代化大型生产工具，在适宜的矿床技术条件下能达到更高的劳动生产率，因此，露天开采在世界范围内得到了迅速发展，据估计，全世界 2/3 的矿产原料均来自露天开采，但受埋藏深度等煤炭资源赋存特点等的影响，全世界露天采煤量的比重在 1913 年仅为 6.6%，1952 年增加到 24.9%，现在达到了 30%以上。美国、加拿大等国家煤炭资源多以露天开采为主，中国井工开采煤炭则占到煤炭总产量的 90%以上。

第二节　采煤沉陷的基本特征

井下开采造成地面沉陷、地下水系统破坏、水利设施受阻。矿区采煤沉陷后，常会出现裂缝、沉陷积水、土壤盐碱化沼泽化等损毁特征，使矿区地貌和生态遭到严重破坏，对矿区社会经济、生态环境的持续发展和社会安定产生了严重影响。采煤引起的地表沉陷按形态和破坏程度可分为两种类型：一类是开采浅部急倾斜煤层或厚煤层形成的漏斗状沉陷坑和台阶状断裂。这类沉陷坑可突然发生，其上方的种植物遭到破坏、建筑物被损坏。这类沉陷只在局部发生，范围小，危害严重，不经常发生。另一类沉陷是开采深部急倾斜煤层或开采角小于 45°所发生的大范围平缓下沉盆地。这类沉陷的形成比较缓慢。地表沉陷最大深度一般为煤层开采总厚度的 70%～80%，沉陷容积为煤层采出体积的 60%～70%，沉陷波及面积约为煤层开采面积的 1.2 倍。下沉盆地中央沉陷深度超过潜水位时，地下潜水会涌出造成积水。开采煤层很厚时，沉陷形成的盆地边缘厚度可达 5mm 左右，使原来的盆地变成一种特殊丘陵地貌。

沉陷坑多出现在急倾斜煤层开采条件下，在线部缓倾斜或倾斜煤层开采，地表有非连续性破坏，采深与采厚比小，采厚不一致。表现特征为漏斗状沉陷坑、坛式沉陷漏斗。这会导致土地无法耕种，地表水源和地下含水层水源漏失，地表突然下沉，危及当地居民生命、财产安全。在沉陷中心区域出现常年积水，形成封闭的湖泊或沼泽；在沉陷较浅的地方造成土壤盐渍化，而在沉陷区边缘地带水土流失严重，土地丧失了耕种能力。采煤沉陷后的采空区的冒落和下沉会造成地下导水裂隙带贯通，地下水的径流条件发生改变，造成地表水源和地下含水层水源的漏失，从而使采空区的地下水位降低，许多地表井泉等水源的水量减少甚至干涸，甚至导致煤矿周围各含水层疏干，使得本来就十分珍贵的地下水和地表水资源更加紧张。改变区域土壤层水分的动态关系，使地表更趋于干燥，抗蚀能力减弱，水土流失加剧，破坏了农田生态系统，在干旱区甚至导致土地荒漠化。

受采动影响，地表从原有标高向下沉降，引起地表高低、坡度和水平位置变化，在采空区上方地表形成一个比采空区面积大得多的地表移动盆地，表现特征为地表下沉，沉陷区域呈碗形或盆形。这使受采动影响地表从原有标高下降，在高潜水位矿区形成季节性或永久性积水区、沼泽地或使地表盐碱化，并改变地表坡度，农田水利设施失效，导致水土流失和土地荒漠化加剧，土壤肥力下降，使土壤贫瘠化、荒漠化。裂缝及台阶在地表移动盆地的外边缘区，地表受拉伸变形超过土体抗拉强度，表现特征为地堑式，垂直地表裂缝。这会导致地表割裂，地表水土流失加剧，农田大幅减产、绝产，植被枯竭死亡，使地表水源和地下含水层水源漏失，生态恶化，造成区域干旱化，土壤肥力下降，土壤贫瘠化和沙漠化及出现张口裂缝现象。

煤矿开采造成地表变化的过程是十分复杂的。矿层被采出后，在地层体内形成了一个空间，原来的应力状态随之改变。采空区顶板岩石在自重力和上覆岩层压力下，产生向下弯曲、变形和移动，当顶板岩层内部形成的拉、张应力超过该岩层极限抗拉强度时，顶板岩层即发生断裂破碎，相继冒落，上覆岩层随之向下弯曲、移动，直至地表变形和下沉。随着采煤工作面的推进，受采动影响的地表变形范围不断扩大，形成下沉盆地。一个充分采动的沉陷盆地，依照不同坡度部位，可划分为四个损毁单元：上坡、中坡、下坡和坡底(图 1-1)。

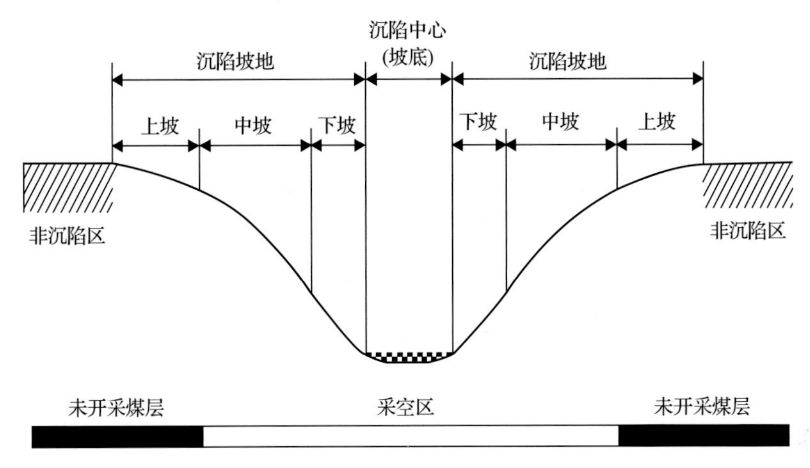

图 1-1 采煤沉陷区下沉盆地图

沉陷盆地中心两侧如两个对称拉伸的“S”形，“S”形上部坡度变化缓慢的区域为上坡区域，即从盆地边缘到最大正曲率处，该区域下沉量小，坡度小；中坡为下沉曲线斜率变化较快的区域，介于最大正曲率与最大负曲率之间，地表坡度最大；“S”形下部地表下沉值较大，但坡度小，地表呈现凹形，曲线斜率变化缓慢，为下坡区域；坡底地表均匀下沉，无其他移动变形。

地表沉陷盆地范围一般大于采空区面积，其位置和形状与煤层倾角大小有关。随着煤层倾角的增大，盆地中心沿煤层倾斜方向偏移越来越远，并逐渐形成不对称采空区，造成地表变成盆地、台阶等，使地表在水平方向、垂直方向发生形变。煤层埋深越大，地面变形越缓慢，开采影响到地面所需时间更长，地表变形值越小；煤层越厚，开采空间越大，则地表变形越严重。在开采水平或缓倾斜(＜25°)煤层条件下，地面沉陷表现为四周基本对称的盘形下沉盆地；随着煤层倾角的增大，沉陷盆地和采空区的位置越来越不对称，沉陷盆地内的水平位移越来越大。岩层节理裂隙发育，会促进变形加快和增大变形范围，断层会破坏地表移动的正常规律，改变沉陷盆地的大小和位置，上方的地面形变更加剧烈。上覆岩层强度越低，分层越薄，则采空沉陷速度快，反映到地表所需时间越短，地表变形越大，沉陷规模也相对较大。地下水活动越强，地面变形速度越快，范围越广，形变量越大。

我国东部平原矿区开采致使地面大面积沉陷，使地面的标高改变，常形成平缓的下沉盆地，盆地的外边缘区出现裂缝及台阶，改变了地表坡度，原来平坦的土地变得坑坑洼洼，到处都是深坑和矿山废弃物，对地形、地貌的影响通常非常明显。很多城市的基础设施、公园等地形都因为沉陷而面目全非，道路因沉陷的影响受阻，原有的平原地貌变为一种特殊的丘陵地貌。在高潜水位矿区，如徐州、兖州、枣庄等矿区，地表因采动沉陷后潜水位上升，形成下沉盆地积水，出现常年积水区和季节性积水区，严重影响土地的使用，造成矿区耕地大量减少。在济宁、淮北等矿区，主城区内分布有大量的沉陷区甚至沉陷积水区，原本平缓的地形变得波状起伏，道路和房屋建筑遭到破坏，限制了城市空间发展。在内蒙古、山西等低潜水位矿区，开采沉陷后地表出现非连续变形(张锦瑞等，2007)，如裂缝、台阶、沉陷坑、滑坡等，使地表坡度发生改变，造成地表水流失，土壤微气象变得更为干燥，农作物减产，也使耕作土更容易被风、水侵蚀。黄淮海平原和长江中下游平原中地下水埋深较浅的地区的沉陷特征表现为采煤后地表下沉，地面坡度发生变化，深层沉陷区地下水出露为地表水，地面积水现象严重，此外采煤沉陷还会导致土壤盐渍化、土壤养分变化等。唐山市境内煤矿资源丰富，采煤沉陷后地表形成斜坡地或沉陷积水区域在区内较为常见，沉陷区最大积水深度达12m。煤矸石作为填充材料复垦耕地对土壤层不存在重金属污染风险，能保障矸石充填复垦耕地的农作物种植安全。河南平原地区，地下水位较浅，煤炭井工开采极易造成地表沉陷。当煤层厚度较大时沉陷深度也较大，在地面降雨及地表径流、浅层地下水的综合作用下，形成以采煤工作面为中心的沉陷积水区。

第三节　我国东部矿区范围界定与基本情况

一、我国东部高潜水位矿区界定

我国煤炭资源丰富，在分布上呈现西多东少、北富南贫的特征。勘查开发程度定量分析表明：浅部勘查程度表现为东高西低、北高南低；开发程度表现为东高西低，南北分布特征不明显。我国东部矿区煤炭储量丰富，根据煤炭行业惯例及地质、水文、板块构造等方面，将太行山以东河北、山东、河南、江苏、安徽五个省划分为我国东部矿区，并且这五个省份是典型高潜水位煤矿区，本书中又将其称为“我国东部高潜水位矿区”，共有75个市、676个县，其中区域内分布有含煤区的共68个市、460个县，分别占比90.7%、68.0%。该区域潜水位高、河湖密集，而长期煤炭资源开采，尤其是煤层群开采导致沉陷面积大、积水深，且动态沉陷时间长，导致地表水系紊乱、水质恶化、耕地损失严重、村庄损毁严重、大量人口迁移搬迁，社会矛盾凸显，严重影响我国的粮食安全、能源安全、生态安全和区域的社会稳定。

我国东部矿区地理坐标为29°41′N～42°40′N、110°21′E～122°43′E，区内平原平均海拔多在50m以下、东部沿海平原海拔在10m以下，浅层地下水平均埋深一般为5～15m，安徽省普遍小于5m。东部矿区内主要包括开滦(集团)有限责任公司(简称开滦集团)、山东能源集团有限公司(简称山东能源集团)、兖矿集团有限公司(简称兖矿集团)、河南能源化工集团有限公司(简称河南化工集团)、中国平煤神马能源化工集团有限责任公司(简称平煤神马集团)、淮北矿业(集团)有限责任公司(简称淮北矿业集团)和淮南矿业(集团)有限责任公司(简称淮南矿业集团)等矿业集团。从地理位置上来看，矿业集团主要分布在河北南部、山东北部和南部、河南中西部、安徽北部、江苏北部(图1-2)。

河南省地势西高东低，东西差异明显，地貌形态复杂多样，山地、丘陵、平原、盆地等地貌类型齐全，北、西、南三面由太行山、伏牛山、桐柏山、大别山沿省呈半环形分布，中、东部为黄淮海冲积平原，西南部为南阳盆地。

江苏省以平原为主，地势低平，略呈西高东低状，湖泊众多，由平原、水域、低山丘陵构成，地跨长江、淮河两大水系。

安徽省地处中国华东地区，地跨长江、淮河和新安江三大流域，全省分为淮北平原、江淮丘陵及皖南山区三大自然区域。安徽省平原、台地(岗地)、丘陵、山地等类型齐全，可将全省分成五个地貌区：淮河平原区、江淮台地丘陵区、皖西丘陵山地区、沿江平原区与皖南丘陵山地。

河北省2013年已发现各类矿种151种，有查明资源储量的120种，排在全国前5位的矿产有34种。截止到2013年已探明储量的矿产地1005处，其中大中型矿产地439处，占43.7%。2017年探明原煤储量为6010×10^4t。2017年，河北省生产总值实现35964亿元，人均生产总值45387元。

山东省查明资源储量的有81种，其中石油、天然气、煤炭、地热等能源矿产7种；金、铁、铜、铝、锌等金属矿产25种；石墨、石膏、滑石、金刚石、蓝宝石等非金属矿产46种；地下水、矿泉水等水气矿产3种。山东查明

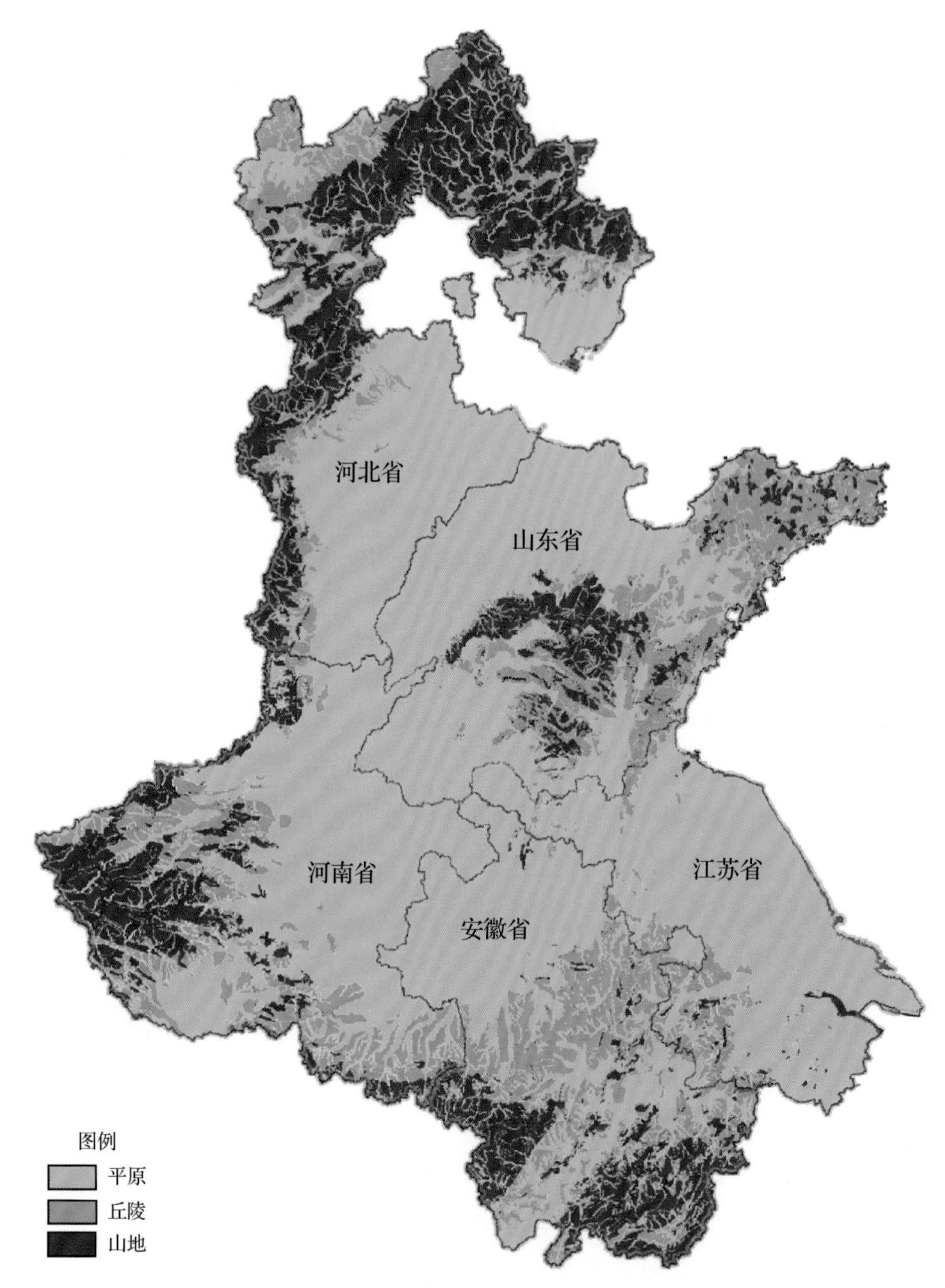

图 1-2 东部矿区地貌示意图

的矿产资源储量较丰富，查明资源储量的矿产地有 2560 处(不含供伴生矿产地数)，资源储量在全国占有重要的地位。位列全国前 5 位的有 44 种，位列全国前 10 位的有 69 种，其中以非金属矿产居多。国民经济赖以发展的 15 种支柱性矿产山东均有查明资源储量，其中石油、铁、铝、金、钾盐、盐矿、石灰岩等矿产保有资源储量居全国前 10 位。2017 年探明原煤储量为 1.29×10^{8}t。

山东是中国的经济大省、人口第二大省，国内生产总值位列全国第三，2017年全省实现生产总值72678.18亿元，人均生产总值达到72851元。

河南省位于中国中东部、黄河中下游，河南省境内平原和盆地、山地、丘陵分别占总面积的55.7%、26.6%和17.7%。河南省蕴藏着丰富的矿产资源，是中国矿产资源大省之一。河南地层齐全，地质构造复杂，成矿条件优越，蕴藏着丰富的矿产资源，是全国矿产资源大省之一。已发现各类矿产126种(含亚矿种为157种)，探明储量73种(含亚矿种为81种)，已开发利用的85种(含亚矿种为117种)。其中，能源矿产6种，金属矿产27种，非金属矿产38种。在已探明储量的矿产资源中，居全国首位的有8种，居前3位的有19种，居前5位的有27种，居前10位的有44种。2017年探明原煤储量为1.17×10^8t。2017年，河南生产总值实现44988.16亿元，人均生产总值46674元。

江苏省位于中国东部沿海中心，地形以平原为主，平原面积超过$7\times10^4km^2$，占江苏面积的70%以上，比例居中国各省首位。截至2013年，江苏矿产资源发现的有133种，其中查明资源储量的有67种，有色金属类、建材类、膏盐类和特种非金属类矿产构成了江苏矿产资源的特色和优势，铌钽矿、含钾砂页岩、凹凸棒石黏土及云母等矿产查明资源储量居中国前列。2017年探明原煤储量为1280×10^4t。2017年，江苏13市生产总值全部进入中国前100名，人均生产总值达81874元，居中国各省首位。

安徽省经济上属于中国中东部经济区，其矿产种类较全，截至2016年，全省已发现的矿种为158种(含亚矿种)，查明资源储量的矿种126种(含普通建筑石料矿种)，其中能源矿种6种，金属矿种22种，非金属矿种96种，水气矿产2种。2017年探明原煤储量为1.17×10^8t。安徽省2017年全省生产总值27518.67亿元，人均生产总值达43401元。

二、我国东部矿区煤炭资源情况

我国东部高潜水位区有京唐含煤区、鲁中含煤区、徐淮含煤区和鲁西南含煤区四大含煤区。四大含煤区主要位于黄淮海冲积平原，一般海拔不到50m，地下水位较高(图1-3)。

河北省煤炭资源分布较为分散，且煤种齐全，从褐煤到无烟煤均有，以长焰煤-肥煤为主，既有良好的炼焦煤，也有动力及民用煤。其中石炭—二叠纪煤以气煤-焦煤为主，局部为瘦煤-无烟煤，原煤灰分一般为 20%～25%，

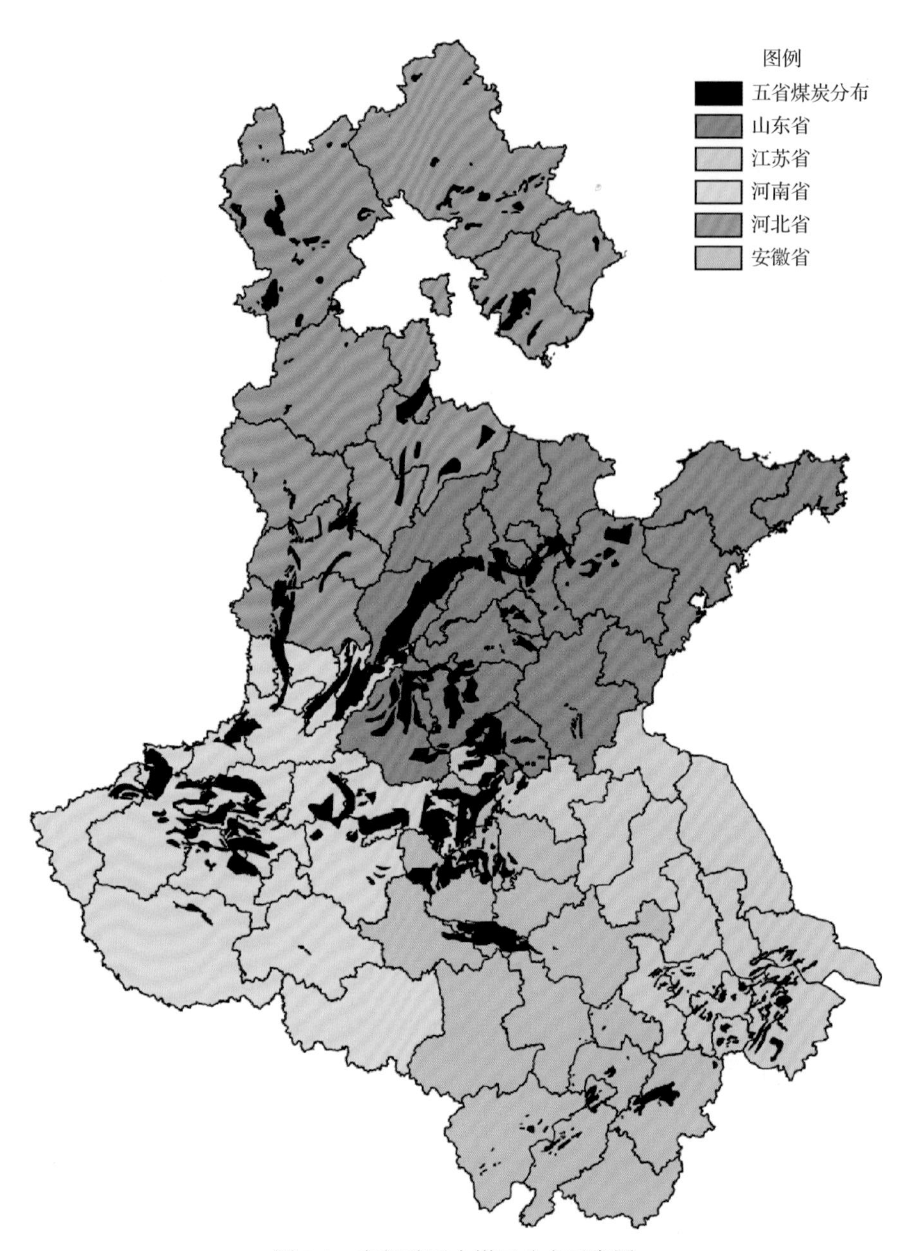

图 1-3　东部矿区含煤区分布示意图

硫分在本溪组及太原组煤中含量较高。煤种多属中-富硫煤，山西组为低-特低硫煤；早、中侏罗世煤多为长焰煤-气煤，原煤灰分 20%左右，多属特低硫、中高发热量煤；晚侏罗—早白垩世及新近纪煤多为褐煤，灰分一般大于 30%，属中硫、代中发热量煤。本省煤种在平面上呈带状分布，以平泉—涞源一线呈东北—西南方向分界；以北的张家口、承德地区煤气变质程度一般较低，煤种多为褐煤、长焰煤、不黏煤；以南的燕山南麓、太行山东麓及平原区，煤的变质程度一般较高，煤种从气煤到无烟煤。

山东煤炭资源分布广，储量大，煤类多样，煤质优良，赋存条件好。煤类以气煤、肥煤为主，亦有焦煤、瘦煤、贫煤、无烟煤、褐煤和天然焦，具有低灰、低硫、低磷、高发热量、结焦性强等特点，是优质工业用煤。全省大部分煤田煤层赋存条件较好，特别是鲁西南一带煤田，煤层坡度缓，地质构造与水文条件比较简单，瓦斯含量小，适合机械化开采，易于开发。

河南省共有六个成煤时代，但主要集中在石炭—二叠纪，占全省保有资源量的 94%，尤以二叠系含煤最好。从地域分布看，已发现能利用的煤炭资源多集中在豫西和豫北地区。京广线有 14 个煤田，资源量为 234.91×10^8t，占全省的 90.4%；京广线以西有 14 个煤田和 1 个含煤区，已发现资源量为 25.09×10^8t，占全省的 9.6%。若以平顶山、周口一线为界，以北有 14 个煤田和 1 个含煤区，资源量为 258.38×10^8t，占全省的 99.4%；以南只有 3 个煤田，资源量仅有 1.61×10^8t，占全省的 0.6%。在豫西南陇海、京广、焦枝和孟宝四铁路所圈范围内，集中存在荥巩、新密、汝州、禹州等七大矿区，已发现能利用煤炭资源量 138.34×10^8t，占全省的 53.2%。河南煤炭煤类齐全，从褐煤到无烟煤均有，且分带性明显。炼焦用煤主要分布在平顶山(包括韩梁)、禹州、汝州、宜洛、陕渑及豫北的安阳煤田，约占全省总资源量的 25%；动力和化工用煤多集中于河南中西部，以无烟煤最多，贫煤次之，约占全省总资源量的 40%。

江苏省煤炭资源分布极不均匀，大部分集中于西北部徐州地区，苏南较少，中部缺乏。徐州地区煤炭资源又集中分布在徐州市九里区、贾汪区、铜山县、沛县和丰县等地，含煤地层分布面积约 2400km^2，依其构造和含煤性差异可划分为徐州矿区和丰沛矿区。江苏省含煤地层包括华北型和华南型两类。华北型含煤地层主要分布在郯庐断裂以西，即徐州丰沛地区；华南型含煤地层主要分布在响水断裂东南，即苏南地区。华北型含煤地层主要为华北地层区的太原组、山西组和下石盒子组，总厚度约 370m。含煤 24 层，煤层总厚 11.13～14.44m。其中可采煤层 4～12 层，可采厚度 5～10m，一般为 7～8m。煤层发育稳定，含煤系数为 3.6%。华北型含煤地层整体特征：分布范围仅局限于徐州和丰沛地区，煤层稳定，厚度大，连续性好，是江苏省最重要的煤炭基地。煤类以气煤、气肥煤和肥煤为主，多为低灰、低硫、挥发分较高的动力用煤和配焦煤。华南型含煤地层主要为下扬子地层区的二叠系堰桥组和龙潭组，总厚度 10～580m，一般大于 300m，共含煤层 1～16 层，可采或局部可采煤层 1～3 层，煤层总厚 2～5m。形态多为不稳定至极不稳定的透镜状、藕节状、鸡窝状等。局部相对较稳定，出现层状或似层状。华南型含煤地层整体特征：分布范围广，含煤性差，煤层厚度薄，连续性不好。煤类从气煤至无烟煤均有出现，焦煤、贫煤和无烟煤占 1/3，多为中灰、中硫、挥发分较低的动力用煤和民用煤。

安徽省煤类齐全，各矿区及不同时代煤的煤质特征均具明显的差异性。煤类从低变质的气煤到高变质的无烟煤均有。淮北二叠纪煤层，煤质牌号齐全。淮南煤种单一，以气煤为主。个别地区为贫煤或天然焦。皖南上二叠统龙潭组煤层煤种分带明显，以贫煤、无烟煤为主，少数为气煤、肥煤、焦煤等。皖北二叠纪煤层原煤灰分由下而上逐渐增高，一般为低-中灰煤；硫分以低硫煤为主，中硫工业区次之；磷的含量比较低，一般为 0.0003%～0.071%。皖南各矿区灰分一般为 22.29%，硫分为 3.23%～3.93%。皖北石炭—二叠纪聚煤区，受东西向古构造控制，聚煤方向和富煤带近东西向分布。肥中断裂和郯庐断裂是淮南煤田和淮北煤田（也是华北石炭—二叠系）在南、东的控煤边界。其中淮北煤田主要受新华夏系和徐宿弧形构造的影响，淮南煤田主要受东西向构造的控制。皖南二叠纪煤系，受秦岭东西向构造带和华夏系构造的制约，而煤系的分布主要受后期淮阳山字形构造前弧东翼构造形态的控制，使皖南各矿区呈北东方向展布。皖南侏罗纪煤系（昆山组），主要分布在长江北部，含煤地层的沉积受华夏构造的控制。

根据国家能源局统计数据，到 2016 年，河北省域内煤炭资源储量为 43.27×10^8t，山东省域内煤炭资源储量为 75.67×10^8t，河南省域内煤炭资源储量为 85.58×10^8t，江苏省域内煤炭资源储量为 10.39×10^8t，安徽省域内煤炭资源储量为 82.37×10^8t（图 1-4）。

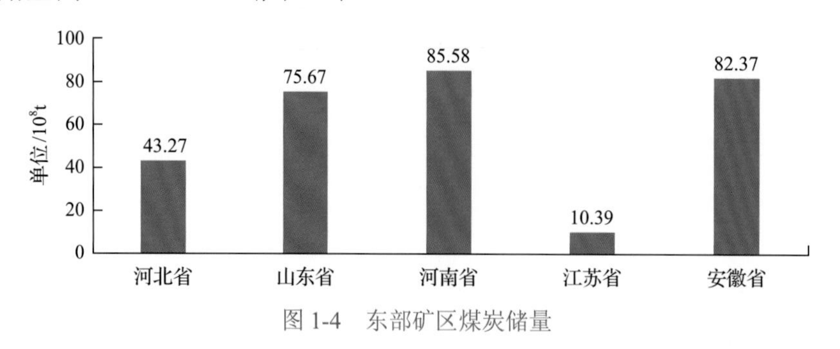

图 1-4　东部矿区煤炭储量

五省高潜水位含煤区煤粮复合面积为 $3.79\times10^4km^2$，占五省高潜位含煤区比例为 64.67%，占五省煤粮复合区比例为 28.32%，占五省耕地比例为 9.04%。山东和安徽两省的高潜水位煤粮复合面积最大，分别为 $1.67\times10^4km^2$ 和 $1.36\times10^4km^2$，占本省耕地比例分别达到 17.55%和 18.01%，两省煤炭开采对耕地的影响较其余三省更为严重(表 1-1)。

表 1-1 东部五省高潜水位含煤区面积及比例

研究区	高潜水位煤粮复合区面积/km^2	占本省高潜水位含煤区比例/%	占本省煤粮复合区比例/%	占本省耕地比例/%
河北省	3035.12	63.40	9.72	3.50
河南省	2467.98	71.46	7.00	2.36
安徽省	13599.40	70.75	48.53	18.01
山东省	16662.93	62.43	57.62	17.55
江苏省	2104.50	47.74	20.38	3.68
合计	37869.93	64.67	28.32	9.04

安徽省淮南矿区目前已有 110 余年的开采历史，可采煤层 9～18 层，可采煤层总厚度 25～34m，平均厚度达 30m，潘谢新矿区煤层倾角一般小于 10°，最大沉陷深度达 19.8m，皖北地区每开采 1m 深度煤炭地面沉陷 0.6～0.7m。

山东省兖州、济宁等矿区煤炭开采始于 20 世纪 60 年代末，矿区内煤层赋存较厚，可采煤层在 7～10 层之间，大部分可采煤层总厚度达 8～12m，较薄煤层也达 2～3m，煤层倾角平均在 4°左右；山东省菏泽市巨野矿区 3 煤层厚 6～8m，采煤沉陷系数 0.8～0.9，沉陷深度普遍为 4.8～7.2m，煤层倾角平缓，一般 5°～10°。其中兖州矿区产煤牌号以气煤为主，仅高硫的杨村矿为气肥煤，浮煤挥发分均大于 37%。主要生产矿井的煤质具有低灰、低硫、低磷、高热值和高灰熔点的优点。

江苏省徐州矿区、河北省开滦矿区开采历史均长达 100 多年，徐州矿区主要可采煤层 9 层、可采煤层总厚度达 15m 左右。河北省开滦矿区主要可采煤层总厚度为 14～15m。主要为低-中灰、中硫、低磷、中-高热值的长焰煤。

河南矿区主要可采煤层 9 层，地层倾角 10°～20°，其中河南省永夏矿区以无烟煤为主，其次是贫煤还有少量的贫瘦煤和少量的天然焦煤。主要煤层化学性质稳定，具有低灰分、特低硫、低水分、高发热、极易选等特点。

三、我国东部矿区煤炭开采与地表塌陷情况

(一)我国东部矿区煤炭开采情况

我国东部矿区主要包括 7 个总矿业集团，分别是开滦集团、山东能源集团、兖矿集团、河南能源化工集团、平煤神马集团、淮北矿业集团和淮南矿业集团。

1. 河南能源化工集团

河南能源化工集团分设鹤壁煤业(集团)有限责任公司、义马煤业集团有限责任公司(义煤集团)、永城煤电集团有限责任公司(永煤集团)。

鹤煤集团辖区内现仅余 7 对矿井，分别为鹤壁煤电股份有限公司第三煤矿、鹤壁中泰矿业有限公司、鹤壁煤业(集团)有限责任公司五环分公司、鹤壁煤电股份有限公司第六煤矿、鹤壁煤电股份有限公司第八煤矿、鹤壁煤电股份有限公司第九煤矿及鹤壁煤电股份有限公司第十煤矿。7 对矿井证载设计生产能力 495×10^4t/a，核定生产能力 636×10^4t/a，矿井按核定生产能力组织生产。7 对矿井探明储量 9.4×10^8t，保有储 5.7×10^8t，剩余可采储量 2.6×10^8t。

义煤集团辖区内共设 15 个煤矿，分别为千秋煤矿、常村煤矿、跃进煤矿、新义煤矿、耿村煤矿、杨村煤矿、观音堂煤矿、石壕煤矿、新安煤矿、新义煤矿、义安煤矿、孟津煤矿、李沟煤矿、义络煤矿、义煤集团新安县云顶煤业有限公司和义煤集团新安县郁山煤业有限公司。截至 2017 年底保有煤炭资源储量 15.17×10^4t。

永煤矿区目前在建及生产矿井共有 9 对，设计规模 1245×10^4t/a，其中国有重点矿井 5 对，设计规模 840×10^4t/a；国有地方煤矿 3 对，设计规模 405×10^4t/a。矿区现在形成 1000×10^4t/a 的生产能力。矿区内国有重点煤矿属于永城煤电控股集团有限责任公司，共有生产矿井 5 对：陈四楼煤矿，设计生产能力 240×10^4t/a；车集煤矿，设计生产能力 180×10^4t/a；城郊煤矿，设计生产能力 240×10^4t/a；新桥煤矿，设计生产能力 120×10^4t/a；顺和煤矿，设计生产能力 60×10^4t/a。国有地方煤矿属于神火集团，生产与在建矿井 4 对，葛店煤矿，设计生产能力 75×10^4t/a；新庄煤矿，设计生产能力 180×10^4t/a；刘

河煤矿，设计生产能力 30×10^4t/a；薛湖煤矿，设计生产能力 120×10^4t/a。

2. 山东能源集团

山东能源集团分设新汶矿业集团有限责任公司、枣庄矿业集团有限责任公司、临沂矿业集团有限责任公司、肥城矿业集团有限责任公司、淄博矿业集团有限责任公司、龙口矿业集团有限公司。

新煤集团辖区内共设 8 个煤矿，分别为孙村煤矿、山东泰山能源有限责任公司协庄煤矿、翟镇煤矿、华丰煤矿、新汶矿业集团有限责任公司、山东新阳能源有限公司、山东新矿赵官能源有限责任公司和山东新巨龙能源有限责任公司。煤炭资源总量 2.569×10^9t，核定生产能力 1.635×10^7t/a，截至目前已动用储量为 3.43×10^8t。枣矿集团辖区内共设田辰煤矿、付村煤业公司、高庄煤业公司、新安煤业公司、宾湖煤矿等 11 个煤矿。企业年产煤炭超过 3×10^7t。淄矿集团辖区内共设许厂煤矿、岱庄煤矿、葛亭煤矿、山东唐口煤业有限公司、山东新河矿业有限公司共 5 对生产矿井。设计生产能力分别是 1.50×10^6t/a、1.50×10^6t/a、6.0×10^5t/a、3×10^6t/a，核定生产能力分别为 3.20×10^6t/a、2.40×10^6t/a、1.20×10^6t/a、4.80×10^6t/a。其中山东新河矿业有限公司生产规模 9.0×10^5t/a。

临矿集团辖区内共设王楼煤矿、山东东山新驿煤矿有限公司、山东东山古城煤矿有限公司、株柏煤矿、山东临沂矿业集团菏泽煤电有限公司郭屯煤矿、山东临沂矿业集团菏泽煤电有限公司彭庄煤矿等 10 个煤矿，资源量 5.94×10^8t，产量 1856×10^4t。

龙矿集团辖区内共设洼里煤矿、梁家煤矿、北皂煤矿 3 个煤矿。3 对生产矿井核定生产能力为 5.90×10^6t/a。根据山东省化解煤炭过剩产能的相关工作安排，洼里煤矿于 2016 年、北皂煤矿于 2017 年分别完成关井工作。洼里煤矿设计生产能力 9.0×10^5t/a，北皂煤矿核定生产能力 2.25×10^6t/a，2017 年停产并完成关井工作。梁家煤矿核定生产能力 2.20×10^6t/a，2017 年产量 2.397×10^6t。截至 2017 年底矿井保有资源储量 5.96×10^8t，其中煤 2.96×10^8t，油页岩 3×10^8t。

截至 2018 年，肥城矿业集团有限责任公司在山东省内现有权属矿井共 4 对，分为肥城老区和鲁西南新区，肥城老区生产矿井 2 对，分别为曹庄煤矿、白庄煤矿。鲁西南新区矿井 2 对，分别为梁宝寺煤矿(包含改扩建二号井)、陈蛮庄煤矿。2017 年肥矿集团公司原煤产量 7.018×10^6t。截至 2017 年底，肥矿集团公司的 4 对生产矿井（白庄煤矿、曹庄煤矿、梁宝寺煤矿、陈蛮庄煤矿）保有地质储量 6.66×10^8t、工业储量 1.68×10^8t、可采储量 1.68×10^8t。

3. 兖矿集团

兖矿集团在山东省境内共有 8 对生产矿井和 1 对基建矿井，其中南屯煤矿、兴隆庄煤矿、鲍店煤矿、东滩煤矿、杨村煤矿位于兖州煤田，济宁二号煤矿、济宁三号煤矿位于济东煤田；赵楼煤矿、万福（基建）煤矿位于菏泽巨野煤田。其煤炭资源总量共计 38.9×10^8t，核定生产能力 4.055×10^7t/a。

4. 淮北矿业集团

淮北矿业集团辖区内共设杨庄矿、朱庄矿、岱河矿、青东矿、石台矿、双龙公司、袁庄矿等 22 个矿井。矿区保有煤炭储量 85×10^8t，煤种优势极为突出，肥煤、焦煤、瘦煤等稀缺煤种占总储量的 85%以上，年产冶炼精煤 10^7t 以上，是华东地区煤种最齐全的冶炼精煤生产基地，累计生产原煤超过 9×10^8t。

5. 平煤神马集团

平煤神马集团辖区内共设平煤股份一矿、平煤股份六矿、平禹方山矿二$_1$煤新井、平煤股份二矿、天力公司、瑞平公司庇山矿等 17 个矿井。截至 2017 年底，平煤股份所辖矿区现有资源储量 19.7×10^8t。可采储量 10.04×10^8t。

6. 开滦集团

开滦集团唐山区域目前有 8 个生产矿井，分别是唐山煤矿、林西煤矿、赵各庄煤矿、荆各庄煤矿、范各庄煤矿、吕家坨煤矿、钱家营煤矿和东欢坨煤矿。到 2017 年底，开滦集团共生产优质原煤 16.4×10^8t、精煤 4.01×10^8t、剩余地质储量 2.78×10^8t，其中可采储量 16.19×10^8t。

7. 淮南矿业集团

淮南矿业集团主要在生产矿山包括丁集煤矿、谢桥煤矿、顾桥煤矿、张集煤矿等。

丁集煤矿位于淮南市西北，潘谢矿区中部，凤台县境内，阜淮线及矿区铁路专用线经过矿井南部，工业广场紧邻省道凤蒙公路，地理位置优越，交通方便。井田东西长 14.75km，南北宽 11km。共有可采煤层 9 层，煤层赋存稳定。井田地质储量 12.79×10^8t，可采储量 6.4×10^8t。煤层属中灰、中高挥发分、中高发热量，为特低硫、特低磷、富油的气煤和1/3焦煤，可供动力、炼焦配煤和化工之用。矿井设计生产能力 500×10^4t/a，主要系统生产能力 800×10^4t/a。2007年12月26日矿井投产。

谢桥煤矿位于安徽省颍上县东北部，距颍上县城约20km，1983年12月26日破土动工，1997年5月14日移交生产，现有4个工作面同时生产。是年生产能力为 4×10^6t 的大型矿井。也是一座原设计生产能力 4×10^6t/a、配套 8×10^6t 选煤厂的特大型现代化矿井，2012年产量达到 1.08×10^6t。

井田东西走向长 11.4km，南北宽 4.5km，面积约为 $50km^2$。矿井采用主井、集中运输大巷，分石门和上下山开拓方式，共划分为4个采区，即东一、东二、西一、西二，全井团划分两个水平，第一水平–610m，第二水平–900m。

顾桥煤矿是淮南矿业集团实施“建大矿、办大电、做资本”发展战略，建设国家亿吨级煤炭基地和大型煤电一体化新型能源基地的核心工程。矿井于2003年11月1日开工建设。顾桥矿位于潘谢矿区中西部，东距凤台县城约 20km，井田面积 $106km^2$，属高瓦斯、高地温、高地压矿井，交通便利，资源丰富，煤质优良，地质储量 18.2×10^8t，可采储量近 10×10^8t，建设规模 1000×10^4t，是亚洲井工开采规模最大的矿井，是由国务院总理办公会议立项、国家发展和改革委员会核准开工的国家重点建设工程，是安徽省 861 重点督查工程。

淮南矿业集团张集煤矿位于凤台县境内，是国家“九五”重点建设项目，全国煤炭基建管理体制改革试点矿井。矿井由中央区、北区和风井区组成，为“一矿三区”，采用前进式开采方式。中央区和北区采用分区开拓、分区通风，分别集中出煤的开采方式。投产5年多来，累计生产煤炭 5.5×10^8 多 t。张集矿井田位于潘谢矿区的西部，地处陈桥背斜的东南倾伏端。井田东西走向长约12km，南北倾斜宽约9km，面积约 $71km^2$，主采煤层5层，可采总厚度 21.08m，矿井资源储量 18.23×10^8t，矿井储量 9.23×10^8t。矿井年生产能力可达 12×10^6t。

淮南矿业集团潘一矿地处安徽中部，淮南西北，淮河北岸，水陆交通便利，区域位置优越。是全国煤炭系统首批命名的十五个现代化样板矿之一，是淮南矿业集团新区第一个建成投产的大型现代化矿井，也是淮南矿业集团的主力矿井。它的建成，拉开了集团公司进军新区的帷幕，标志着集团公司发展战略的重大转移和综合实力的大幅提升。矿井生产能力提高到 6×10^6t。

潘二矿井田在2004年探测地下800m以内有地质储量 3.49×10^8t，工业

储量 2.87×10^8t，可采储量 1.13×10^8t。煤质属低硫、低磷、中灰分、中高发热量、富焦油气煤。矿井 1976 年 2 月 26 日破土兴建，1989 年 12 月 2 日投产。至 2001 年底，累计生产原煤 888.14×10^4t。

设计年产 4×10^6t 的朱集矿井，是淮南矿业集团公司“十二五”期间第一个建成投产的大型现代化矿井，矿井的顺利投产并尽快达产，对淮南矿业(集团)有限公司千亿元规模战略目标的实现有着重大意义。2007 年 7 月 1 日，中央风井开挖，标志朱集矿井正式开工建设。在技术创新方面，紧紧围绕井筒施工、防突揭煤、地压治理、地质勘探、快速掘进、软岩支护等建设难题开展技术攻关，取得了一批科研成果。获得国家授权专利 2 项，申请并已接受专利 8 项。其中“深井低透气性揭煤防突关键技术”荣获安徽省科技进步一等奖和国家科技进步二等奖。在同类型矿井中，朱集矿井建设期间安全情况良好。

潘北矿井是淮南矿业集团实施“建大矿、办大电、做资本”发展战略，打造大型煤电基地、建设亿吨级生态矿区在建的六对大型现代化矿井之一。潘北矿井位于潘一、潘三矿井北面，东部与潘二矿井毗邻。全井田东西走向约 14.2km，南北倾斜宽约 2.5km，井田面积 $36km^2$。矿井地质储量 6.4×10^8t，设计可采储量 2.87×10^8t。煤质主要属低灰-富灰、特低硫-中硫、特低磷-低磷、高挥发分、富油-高油、中等-中高发热量的气煤。潘北矿井设计年产 4×10^6t，分东、西两区开发。目前，正在加紧建设的为矿井的东区。潘北矿井建设项目部于 2004 年 2 月 18 日正式成立。矿井建设的各项工作从二季度全面展开，先后进行了井筒检查孔、“四通一平”、井筒地面预注浆、冻结工程施工，地面供电、供水、压风、砼搅拌系统已经形成，其他建井期间可利用的永久工程基本完工。三井筒采用“上冻下注”特殊法凿井，主、副、风井于 2004 年 12 月 26 日正式开工。2008 年 3 月 5 日联合试运转，工期 38 个月。矿井建设严格按照工期、质量、投入、安全四大控制，目标是安全、快速、优质、高效地把潘北矿建成环保型、花园式、新型的现代化矿井。潘北矿首采面采用大倾角采煤，2008 年 1 月 1 日建成试生产，每月平均出煤 13×10^4t，尤其是 2008 年 8 月产量达到 17×10^4t，8 个月产煤 98.9×10^4t，在 M10 断层同等条件下，已打破 53.4×10^4t 的全国纪录，为淮南矿业集团、潘北矿写下了辉煌的一笔。

(二)我国东部矿区煤炭开采导致地表塌陷情况

根据 5 个矿业集团——河南能源化工集团(鹤煤集团、义煤集团、永煤集团)、淮北矿业集团、平煤神马集团、山东能源集团(新矿集团、枣矿集团、临矿集团、肥矿集团、淄矿集团、龙矿集团)、兖矿集团的资料统计分析，沉陷地总面积为 101309.37hm^2，其中沉陷地面积最大的为山东能源集团(52368.14hm^2)，其次为淮北矿业集团(19215.00hm^2)，面积最小的为平煤神马集团(3578.39hm^2)(图 1-5～图 1-7)。

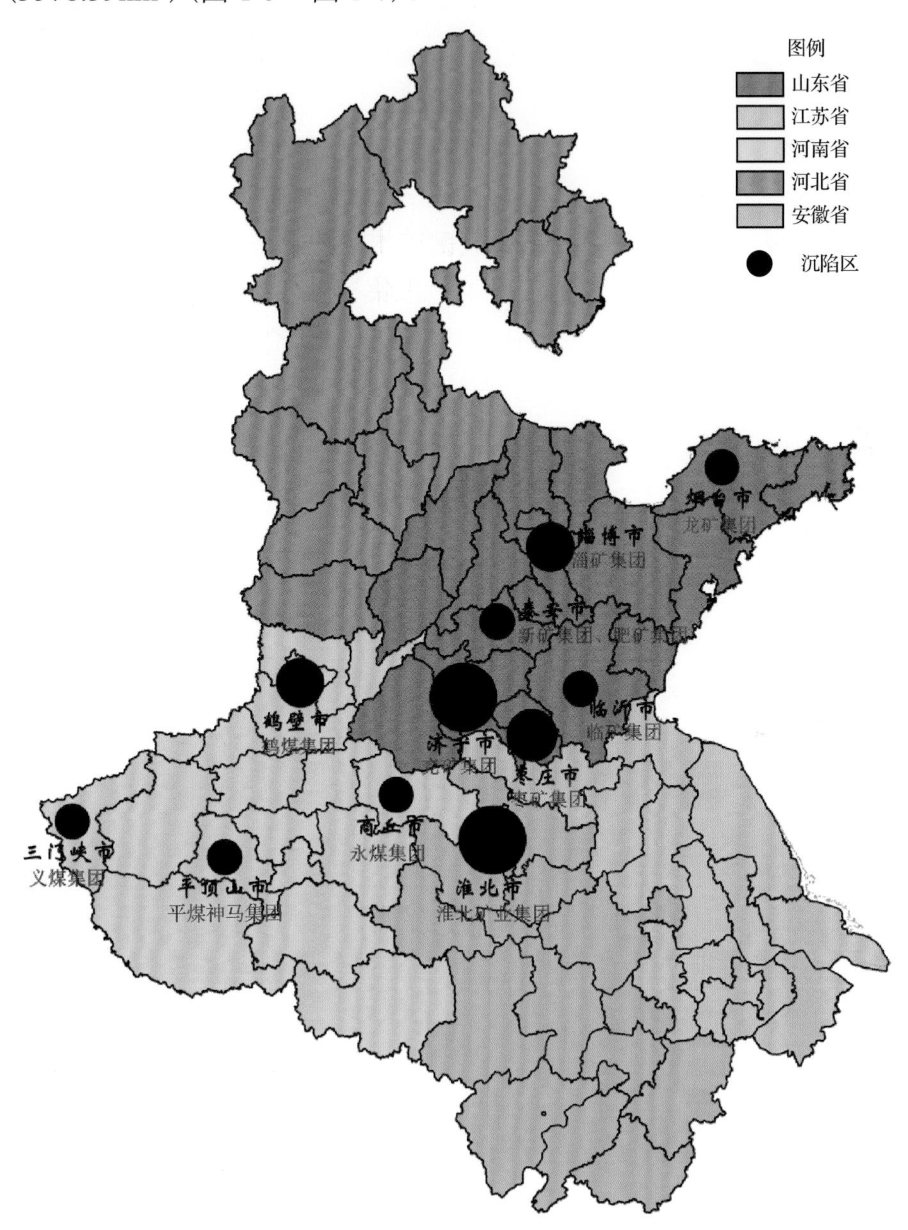

图 1-5　各分矿业集团总沉陷面积对比示意图

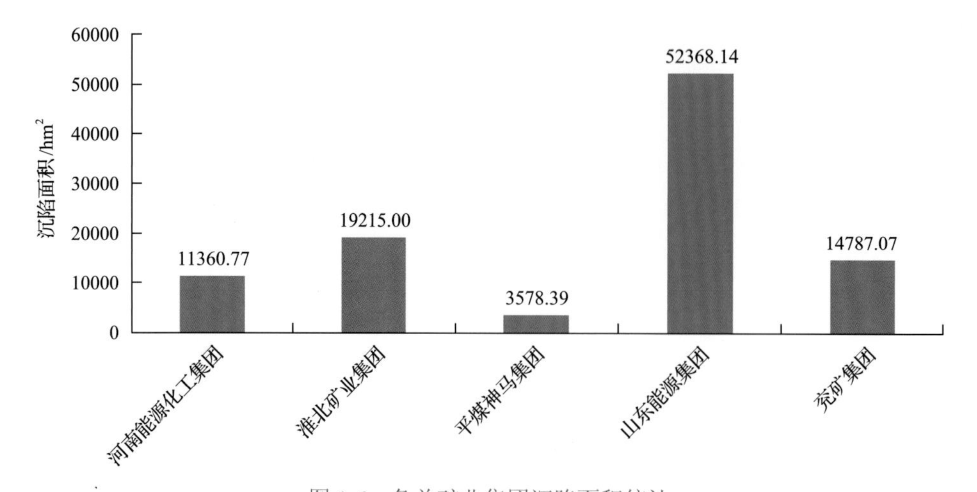

图 1-6　各总矿业集团沉陷面积统计

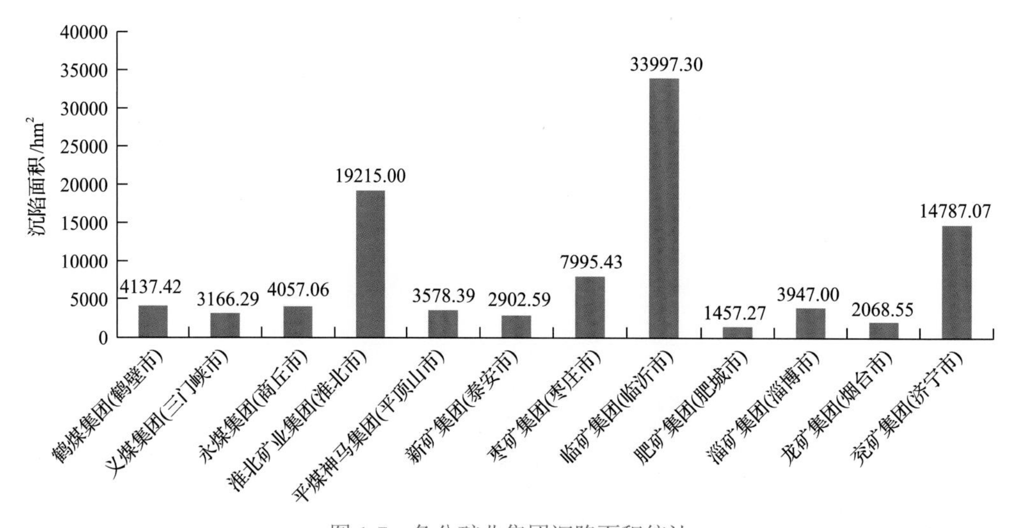

图 1-7　各分矿业集团沉陷面积统计

从地理位置上来看，矿业集团主要分布在河南西部、山东南部、安徽北部，结合图 1-5～图 1-7 可以得出鲁南(除龙矿集团的山东能源集团、兖矿集团)和淮北区域(淮北矿业集团)的沉陷最为严重，两个区域的沉陷面积占 5 个矿业集团沉陷面积的 83%。

第四节　国内外综合治理与生态修复研究进展

一、国外研究进展

美国和德国是最早开始煤矿区地质环境治理的国家。美国在 1920 年颁布的《矿山租赁法》中就明确要求保护土地和自然环境。1939 年，西弗吉尼亚州首先颁布了第一个采矿的法律——《修复法》，对矿区地质环境修复起了很大的促进作用。1977 年 8 月 3 日，美国国会通过并颁布了第一部全国性的矿区生态环境修复法规——《露天采矿管理与复垦法》。20 世纪 20 年代，德国煤矿开始在具备条件的开采沉陷区上进行植被修复。进入 70 年代以来，欧美发达国家矿区生态环境修复已发展成一门集采矿、地质、农学、林学等多学科为一体，涉及多行业、多部门的系统工程，不仅在工程技术上研究总结了生态环境治理的成套技术，在环境管理方面也形成了比较完整的管理体系，包括将生态修复纳入开采许可证制度之中、实行生态修复的保证金制度、建立严格的生态修复标准，以及重视科学研究等。在国家能源发展战略和采煤沉陷区综合治理与生态修复利用趋向规划方面做了大量工作，并日趋成熟。

美国以 20 世纪 70 年代发生的“拉夫运河废物污染事件”为起点，在追求地下水质量的目标驱动下，形成了一套完整的涵盖法律法规、技术规范及管理手段的土壤污染防治体系。基于《国家环境政策法》(National Environmental Policy Act，NEPA) 发布的《综合环境污染响应、赔偿和责任认定法案》(Comprehensive Environmental Response，Compensation and Liability Act，CERCLA，也称“超级基金法”）和《资源保护及恢复法案》(Resource Conservation and Recovery Act，RCRA) 旨在预防固体废物、工业废物和危险废物对地下水与土壤的潜在污染，并规范治理已产生的污染问题。超级基金法首次明确定义棕地为“不动产”，而这些不动产的扩张、重新开发或再利用可能由于有害物质或污染物的存在或潜在存在而变得复杂。同时，将矿山废弃地纳入超级基金管理。据美国矿务局调查，美国平均每年采矿用地 4500hm^2，其中 47% 的矿业废弃地恢复了生态环境。据美国矿山废弃地项目官方网站统计，美国主要有煤矿、硬岩矿、铀矿三种矿山废弃地。由美国联邦超级基金项目资助的国家优先项目清单 (national priorities list，NPL) 是美国进行长期修复、清理行动的有毒废弃物堆积场所名单，因此 NPL 中列入的场地又称为“超级基金”场地，在 NPL 场地中，包含大量矿山废弃地。美国国家环境保护局开展的矿山废弃地修复案例被列入 NPL 的共有 133 个，集中分布于美国中部如犹他州、密苏里州，以及沿东西海岸加利福尼亚州、宾夕法尼亚州等，另外，美国北部的蒙大拿州、南部的新墨西哥州也有零散分布。

德国自 20 世纪 60 年代以来，钢铁工业严重缩水，对煤炭资源的需求量也大大减少。与此同时，西欧国家环保思想发生了根本性转变。德国也开始着手谋划空间发展规划，尤其是生态战略规划。德国开始在立法层面进行完善，并逐步进行煤矿山废弃地治理和生态环境修复，主要是在煤矿开采污染和破坏场地上建设生态休闲景观公园和煤文化保护与传承基地。如德国鲁尔工业区北杜伊斯堡景观公园和北戈尔帕地区的“铁城”等(张文敏，1991；张玮，2008)。

澳大利亚的煤矿山治理和生态环境修复的立法时间稍晚，开始于 20 世纪 70 年代中后期。国家矿山环境管理方案以生态修复与综合治理为主，包括水资源管理、生态修复与综合治理管理和污染防治，其中，因开采矿产资源对水系的破坏难以恢复治理，重点在于监测。矿业公司根据政府设定的环境保护总体目标，在环境保护方案中明确矿产开发的具体复垦目标、考核指标及其技术参数标准等。政府设定矿山生态修复与综合治理总体目标时主要考虑复垦后的土地用途，特别是要考虑原土地所有者的利用状况，复垦后土地社会成本必须最小，复垦后土地用途的确定必须充分考虑区域内的环境价值与相邻土地的利用方式，生态修复与综合治理具有长期的经济价值且复垦后土地利用的风险必须降到最低，生态修复与综合治理要尽量减小开矿破坏土地的程度并尽可能达到不留开矿痕迹等。其他西方发达国家，如英国、波兰和荷兰等也相继开展了以煤矿山废弃地综合治理和生态修复为主的立法或区域发展战略规划。国外研究进程如图 1-8 所示。

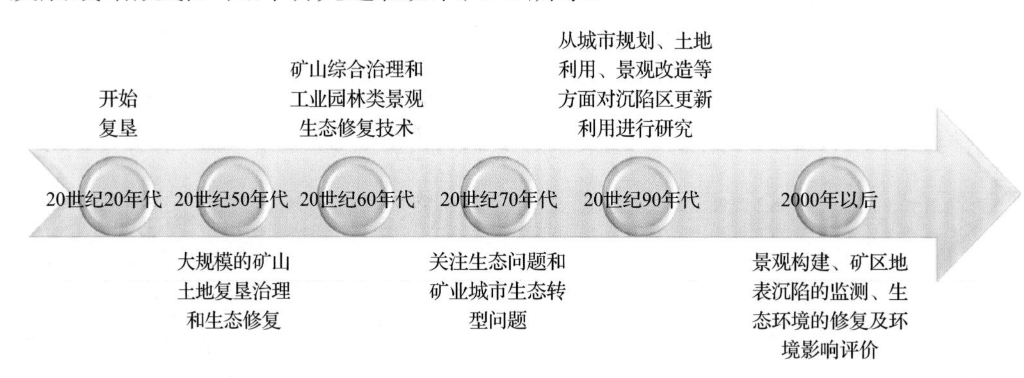

图 1-8　国外研究进程

国外治理采煤沉陷区主要是采用生态修复技术构建后工业园林类景观新空间，如美国 Tonopah Historic 煤矿公园和 Seattle 煤气厂公园、澳大利亚 Ballarat 矿山公园等。国外于 20 世纪 70 年代后期关注采空沉陷区引起的生态问题和矿业城市生态转型问题，推广“自然生态修复法”理念技术的应用。德国 Cottbus 矿区公园运用在沉陷坑中注入水源，并在周边植树的治理措施，使沉陷区成为天然的人工湖群，加速生态恢复进程。美国蒙大拿州 Anaconda 铜矿 Old Works 依托周围壮观的山区风景被改造成高尔夫球场，在修复周边生态系统的同时还能增加就业机会和数十亿美元的经济收益。20 世纪 90 年代后侧重于从城市规划、土地利用、景观改造等角度对沉陷区更新利用进行研究，利用 3S 技术对采煤沉陷区进行治理。而近几十年，矿山生态修复的重点由对矿区土地污染治理和生态环境修复扩展为如何优化利用被破坏的土地景观，以及土地生产力的恢复、开采与土地利用间的权衡等研究。Thomas Lennertz、David Edwards、Koetter、Dransfeld 等对采煤沉陷湿地的景观构建进行了研究，有助于沉陷湿地生态修复与治理改造进程的推进(于硕，2017)。相关研究证明，将采煤沉陷地修复为林地或湿地后可促进生物多样性和生态演替。采煤沉陷湿地生态恢复可以运用 CAD、GIS 等计算机技术对沉陷湿地范围、面积等进行统计作为生态恢复的基础性研究，Atkinson 和 Cairns(1994) 建议将复垦区的湿地纳入沉陷地生态恢复的范畴。研究自然生境的受损机理、生态系统受损功能和过程的恢复、生态系统恢复力和自我维持能力的建立、生物多样性的实现、重要环境因子——土壤稳定性和理化指标的恢复、地貌形态及其稳定性对生态功能恢复的影响、水文问题的影响、植被筛选、植物群落演替、植被恢复技术等是矿业生态修复的主要内容。美国俄亥俄大学环境与植物生物学系的 Gilland 等(2013) 在“恢复生态学”上提出了“实验性煤矿表面土地修复中微地形对植物群落早期演替的影响”(Gilland and Mccarthy，2013)。Bradshaw 指出了适度人为治理有助于土壤与植被的自然恢复，并分析了利用自然过程恢复矿山生态系统中自然环境要素的主要方式(Bradshaw，1997；Bradshaw，2000)。Fernndez 等指出采动停止后采区植物群落组成结构可实现自然恢复(卞正富等，2018)。国外对矿区生态环境的研究集中在矿区地表沉陷的监测、生态环境的修复及环境影响的评价等方面。

在矿区排水、水资源利用和生态环保方面，国外矿业发达国家的实践与研究起步较早。由于他们拥有先进一流的大流量、高扬程潜水电泵，同时因为大部分煤矿均属私人企业，企业主追求煤炭开采的整体经济效益，矿山排水作为煤炭开采的伴生资源，其综合利用率甚高。例如，美国煤矿井排水在 20 世纪 80 年代初的利用率就已经达到 81%；苏联顿巴斯矿区 1985 年矿井水的利用率已高达 90%。国外煤矿山的排供结合思路非常简单，但十分有效。他们购置大量的潜水电泵，在矿区地面实行强排，疏干主采煤层的直接充水含水层组，在解除水患威胁后，开始进行大规模机械化作业采煤。由于在矿区地面直接排水，避免了地下水流入矿井被污染这个环节，因此地面排放水的水质优良，无须或处理便可以直接通过各种不同的输水管道卖给不同的需水用户，然后按照不同的供水用户和输送距离的长短等指标收取水费。因此，国外煤矿矿井排水不是一种负担，而是获利的一种手段，矿井水越多，盈利越多，整体经济效益越好。从 20 世纪 70 年代开始，德国的莱茵褐煤矿和希腊南部的米加罗波里褐煤矿，就是利用大量的潜水电泵，在煤矿井地下水系统补给边界处进行强排，排出的地下水直接通过管道输送至电厂，供其发电之用。80 年代匈牙利外多瑙河煤矿和铝土矿把矿井的排水直接卖给城市供水部门，作为当地人们的生活饮用水源，这些煤矿仅依靠经营矿井排水这一项煤炭伴生资源，就获得了十分可观的经济和社会效益。

二、国内研究进展

我国在矿山地质环境恢复治理方面起步比较晚。20 世纪 60 年代初，一些厂矿及科研单位开始考虑矿山复垦问题及相关地质环境调研工作。80 年代初，我国开始进行矿山地质环境综合治理工作。自 2003 年，在中国地质调查局的组织下，各省地质环境监测站(院)历时 5 年，开展了以省为单元的全国矿山地质环境调查与评估工作，通过调查摸清了我国矿山地质环境现状，查明了矿山环境地质问题，为开展全国范围内的矿山地质环境恢复治理工作打下了良好的基础。与此同时，很多学者也对矿山地质环境恢复治理工作开展了大量的研究，并在以下方面达成了共识，如倡导“绿色矿业”模式；加大对采空沉陷区的治理力度，以整体修复的方式治理煤矿区地质环境；在煤矿开采过程中，采用工程技术手段预防采空沉陷；提高废水废渣利用率，将废弃物最大限度资源化等。进入 21 世纪，我国加大了对矿山地质环境的保护治理力度，强化了矿山保护与恢复治理的立法工作。2008 年 12 月 31 日，国土资源部发布实施《全国矿产资源规划(2008-2015 年)》，明确提出大力推进矿山地质环境的保护和恢复治理。《全国矿产资源规划(2008-2015 年)》进一步强化了“采前预防，采中治理，采后恢复”的原则，突出了“预防为主、防治结合”的规划目标，提出了减缓矿产资源开发利用负面影响的各种控制措施。

2009 年 5 月 1 日起国土资源部制定实施的《矿山地质环境保护规定》明确提出了“预防为主、防治结合，谁开发谁保护、谁破坏谁治理、谁投资谁收益”的矿山地质环境保护原则，使责、权、利更加明确和统一，更加有利于矿山地质环境的保护和恢复治理。

我国的土地复垦萌芽于 20 世纪 50 年代，以个别矿山自发进行一些小规模的修复治理工作为标志进入自发探索阶段。80 年代开启了以原煤炭工业部立项实施的采煤沉陷区土地复垦的“六五”科技攻关项目(1983～1986 年)、1988 年颁布的《土地复垦规定》和 1989 年颁布的《中华人民共和国环境保护法》为标志的有组织的复垦阶段。而我国对采煤沉陷区治理与生态恢复的研究开始于 20 世纪末，虽起步较晚但发展迅速，以煤炭科学研究总院唐山分院、中国矿业大学、中国矿业大学(北京)、山西农业大学等为首的一大批科技工作者在土地复垦领域取得了丰硕的成果，且已产生了许多实用的复垦治理技术，如：利用煤矸石、粉煤灰等的充填复垦，疏排法，挖深垫浅，生物复垦与边采边复等，初步形成了具有中国特色的土地复垦技术，已处于世界领先水平。这些研究成果对于制定我国稳沉土地复垦的技术指南和技术标准都有重要作用。国内研究进程如图 1-9 所示。

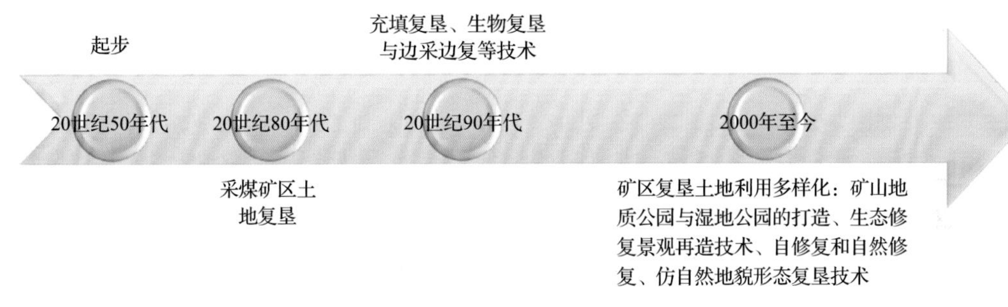

图 1-9 国内研究进程

采煤沉陷区的相关研究侧重于沉陷现状、危害、治理及发展趋势等，探索了采煤沉陷地中的矿山地质环境治理模式、对土地利用影响、复垦对策、湿地建设与水资源调蓄、土地与水域演变趋势及治理对策、地表水系破坏特征及治理措施及生态修复景观再造等内容。武强、张进德和徐友宁等针对我国采煤沉陷、地面沉陷及地裂缝等矿山地质环境问题，在研究其分布特征及诱发因素的基础上，提出了相应的预防措施和治理对策等(徐友宁等，2007；武强等，2010；张进德和田磊，2010)；李凤明(2011)针对农业、建筑、景观生态及充填开采等方面分别提出了相应的采煤沉陷区治理技术；乔冈等(2012)

在查明矿区采煤沉陷形成的背景条件、发育特征及表现形式的基础上，总结了采煤沉陷区有无积水的两种矿山地质环境治理模式；龙建辉和秦朝亮(2015)在综合分析采煤沉陷区内的灾害链及其发育阶段的基础上，试图提出一套适合采煤沉陷区的断链减灾模式；唐孝辉(2016)提出了完善煤炭开发生态补偿机制的采煤沉陷区治理措施。采煤沉陷区的综合治理应首先调查清楚沉陷范围内的土地类型、土地数量和土地利用现状，以及当地农业生产的人口状况，预测进一步沉陷可能引起的土地类型的变化趋势及可能的土地利用方式。在此基础上，根据沉陷区环境条件和预达到的复垦效果，对沉陷区进行综合的复垦治理规划设计。依照规划设计的复垦目标、复垦方法和复垦工艺流程等技术路线，对沉陷区采取相应的工程措施和生物措施，最终建立生产力高，稳定性好，农、林、牧、副、渔、加工多业联合，全面发展的生态农业体系，缓解矿区人地矛盾，保护矿区生态环境，促进矿区社会经济可持续发展进程。

而早期的采煤沉陷区综合治理中发展最快的是歼石充填复垦建筑用地和农村宅基地，其次是用泥浆泵进行挖深垫浅的复田工程，其中在淮北、徐州、平顶山等矿区应用发展较快；煤炭科学研究总院唐山分院的“煤矿沉陷地造地复田综合治理研究”提出了适合于我国东部矿区特点的矸石充填、粉煤灰充填和挖深垫浅工程复垦技术。随着土地复垦与生态修复技术的全面深入研究，采煤沉陷地治理的各种模式和实践研究不断涌现，土地复垦已经从简单的埋压充填发展到基塘复垦、疏排法非充填复垦、矸石和粉煤灰等充填复垦、生态工程复垦和生物复垦等多种形式、多种途径、多种方法相结合的综合技术体系。其中研究最多的是复垦的规划技术和复垦的生物技术，研究较为成熟的有泥浆泵复垦技术和煤矸石充填压实技术。我国采煤沉陷区治理与土地复垦规模化的研究起源于东部矿区，如山东济宁、安徽两淮、江苏徐州等，并以恢复耕地为主要目的，形成了挖深垫浅、充填复垦、边采边复及引黄河泥沙充填技术等，例如，赵连伦(1991)提出挖深垫浅是综合治理浅沉陷区的成功之路，实现沉陷区造地复田综合治理；1992 年兴隆庄煤矿沉陷区的综合治理方案中提出和应用了充填复垦和非充填复垦两种治理模式(李志伟，1992)。李树志(1993)介绍了沉陷区土地复垦的工程技术措施与生物技术措施，论述了沉陷区土地复垦技术的发展趋势及大力发展生态农业复垦与微生物复垦。胡振琪和刘海滨(1993)将粉煤灰作为主要充填物料充填于沉陷区，增加沉陷区耕地面积。胡振琪等(2013)论述了井工煤矿边开采边复垦技术，论证了其比传统复垦技术提高复垦耕地率最高达37.59%。传统的挖深垫浅、煤矸石、粉煤灰充填复垦技术等均不能解决该区域耕地大量减少的现状，而引黄河泥沙充填技术在解决靠近黄河的采煤沉陷地充填复垦材料短缺的问题的基础上可以复垦大量耕地。然而高潜水位地区因开采沉陷形成大面积季节性积水或常年积水沉陷区，耕地不可能100%得以恢复，故而采煤沉陷区治理中土地复垦的方向应遵循因地制宜的原则，例如，1996年焦作矿区沉陷土地的综合治理中粉煤灰与煤矸石的采煤沉陷区充填的应用，以及对沉陷土地复垦为建筑、农业、林牧及水产养殖的分区研究。胡振琪开展了对粉煤灰充填复垦土壤的特性及环境风险的试验研究(胡振琪等，2004a)，2005年提出了应因地制宜地采用浅层平整法、挖深垫浅法、排矸充填法或全充填压力注浆法处理提前治理采空区，其中回填材料可用毛石砼、粉煤灰或砂或煤矸石等，探讨了各种治理方法的适用条件(胡振琪等，2004b)。韩彩娟根据采煤沉陷地可垦性确定复垦工程技术的适宜性，并对土地平整技术、梯田式复垦技术、挖深垫浅复垦技术、疏排法复垦技术、矸石和粉煤灰充填等各种常用的复垦技术的适用条件、施工方法和步骤进行了归纳总结(韩彩娟，2008)。李凤明论述了采煤沉陷现状及农业复垦技术、建筑复垦技术、景观生态复垦技术及充填开采技术的采煤沉陷区治理技术及应用(李凤明，2011)。对采煤沉陷区治理起初是用机械手段将沉陷深的区域再挖深，形成水鱼塘、莲藕塘，挖出土方垫在沉陷部分高处，可发展农业、果业和林业，形成水田相间的景观，达到水产养殖和农业种植并举的目的。但是随着生态、矿业城市发展，生活条件提高及对较高生活质量的追求，出现了一系列高生态服务价值的湿地公园和矿山地质公园等，其主要是利用植物和生态型景观打造矿山公园或旅游游憩地以实现能源老城向绿色生态型城市的转变，如淮北国家矿山公园、淮南大通国家矿山公园等。根据开发功能不同，采煤沉陷型湿地的开发模式大体可以分为养殖型人工湿地、景观型人工湿地、净化型人工湿地等，安徽省淮北南湖国家城市湿地公园、淮南颍上迪沟国家湿地公园，江苏省九里湖湿地、潘安湖湿地等公园的建设也成为采煤沉陷型湿地治理典型区。部分学者从景观生态学角度对采煤沉陷区进行生态修复景观再造，如杨瑞卿(2011)、常俊丽等(2012)及张冉(2016)研究了采煤沉陷区生态修复景观再造技术，概括了“生态复绿+复垦利用模式”“生态复绿＋郊野景观模式”“生态复绿+城市公园模式”的适用条件。与此同时，地下开采扰动后矿区生态环境要素的自然恢复特征得到重视，例如，胡振琪等(2014)分析了矿山生态系统的自修复和自然修复等恢复方式；卞正富等(2016)的采动中临时性动态地裂缝具有自愈合的特征研究，强调了引导型矿山生态修复模式。对矿区生态修复的研究多侧重于土地利用工程目标、土壤改造、植被重建及与之相关联的微观条件，忽略了宏观地貌景观的重建研究，目前典型的生态修复技术有边采边复技术、土壤改良技术、微生物复垦技术、植物筛选技术、采煤沉陷地湿地构建技术及仿自然地貌形态复垦技术等，而关于这些技术对采煤沉陷区综合治理的区域或阶段适用性研究较少。

纵观国内外对采煤沉陷区综合治理的研究，“自然修复法”“微地形改造”“生态修复景观再造”“仿自然地貌形态复垦技术”是采煤沉陷区综合治理的趋势，而当前关于地表微地形变化对矿区土地功能变化和地表蓄洪防涝能力的影响、地表水系与湿地的景观重构对矿区生态系统影响的研究较少，对采煤沉陷地综合治理与生态修复的技术模式较少，故而构建我国东部采煤沉陷区综合治理与生态修复的关键技术体系势在必行。

在矿井排水、供水和生态环境保护方面，我国排供结合发展大致划分为三个阶段：第一阶段为矿井水利用阶段。利用矿井本身排水作为矿山的供水水源，在我国已有近百年的历史，但由于当时客观条件限制，矿井水利用规模和利用率都相当有限，主要以自排自供为特征，矿井既是排水点又是供水源。第二阶段为水害防治与矿井水综合利用阶段。自 1977 年在广东肇庆三部一局共同组织召开的全国首次“综合治理和利用矿床大面积地下水”的经验交流会后，排供结合的理论与实践运用均得到了长足的发展和深化，对排供结合的理论内涵也进行了更深层次的探讨和理解。认为排供结合不仅仅简单是指矿井水的综合利用，使矿井水为矿区所用，而且排供结合本身也是一项解除矿井水患威胁的防治水技术，排供结合的实质就是在解除水害前提下，将矿井排水经过一定处理程序后用于矿区供水。该阶段在排供结合的方式与工艺、集水建筑物选型、生态环保意识和积极主动供水意识等方面存在不足。第三阶段为武强院士提出的矿山排水、供水、生态环保三位一体结合的优化管理阶段。自 1989 年以来，在全面系统分析我国矿区矿井水患和矿区水资源合理开发利用及生态环境问题的基础上，首次创新性地提出了矿山三位一体优化结合的新思路，从理论上探讨了综合解决煤矿区目前和今后愈来愈严重的排供水矛盾与生态环境问题的可能性，使得这些长期以来未能统筹解决的矛盾和问题，能够在一个统一的大系统理论框架中同时得以综合解决，大大减少了不同行业不同部门由于分别处理和解决这些本来相互关联的矛盾和问题而带来的评价计算误差，降低了从地质勘探到评价管理的成本，拓宽了传统的排供水结合、变害为利的研究思路，从经济、社会、水力技术、生态环境、安全生产和产业结构调整等诸多方面进行了可持续发展的约束评价，使我国煤矿山排供水结合研究的整体水平上升到了一个崭新的发展阶段。为科学解决矿产资源开发过程中诱发的众多矿山环境问题，武强院士提出了解决矿山环境问题的“九节鞭”(武强等，2019)，旨在利用系统工程思路，围绕矿山环境问题梳理、调查、评价与预测、修复治理技术与模式、矿山土地适宜性评价、监测与预警、信息系统研发、法规标准和矿山环境管理九个方面探讨了逐步攻克和解决矿山环境问题的出路。具体总结提出了矿山环境问题的分类方案和各类型的效应特征；制定了矿山环境的现场原位调查技术方法和标准；提出了矿山环境现状评价和针对不同开发方案其环境演化趋势预测的方法与模型；建立了矿山环境修复治理模式体系；构建了修复治理后的矿山土地适宜性评价理论与方法；开发了矿山环境监测与预警技术；研发了基于云平台大数据等现代信息技术的矿山环境信息管理系统；整理了矿山环境相关的法律法规，对比分析了国内外矿山环境法规标准体系特征；阐述了政府和企业在矿山环境管理中的职责；指出了矿山环境研究趋势为从消除矿山环境问题对生态环境产生的负面影响、开发闭坑矿山正效应资源并服务矿业城市经济建设与转型、深部开采矿山环境问题防治理论与方法、地下矿山生态环境、矿山环境问题及其公共安全防治理论与技术装备研发、矿山环境大数据平台建设与人工智能等方面的研究(武强等，2019)。

第五节 国内外综合治理与生态修复实践

一、国外综合治理与生态修复实践

(一)美国采煤沉陷复垦模式(原地类与湿地)

美国是世界上第二大产煤国，煤炭资源十分丰富，煤炭储量占世界煤炭储量的25%，自1983年起，美国已有60%的煤矿用露天开采的方式采煤。美国按地理位置将煤炭资源分为三大地区，即东部阿巴拉契亚地区，中部地区和西部地区，地区分布比较均衡。美国井工开采占的比重较小，且大都采用房柱式开采，造成的采煤沉陷地的规模并不是很大。对于采煤沉陷地来说，美国主要有两个复垦方向，一是复垦至原土地使用类型；二是复垦为湿地加以保护。复垦技术主要为回填、挖沟降水及二者的结合，复垦回填的材料为煤矸石和客土。煤矸石回填复垦土地多用于植树种草或娱乐用地，客土回填复垦土地和挖沟平整回填土地多作为农地。在美国，农业复垦一般占 40%～60%、林业占 30%～35%，其他用途的占 10%以下。

北安特洛浦/罗切尔露天煤矿是美国褐煤生产和生态型土地复垦的典型代表之一(董维武，2010)。矿区位于美国怀俄明州吉列县境内，属温带半干旱大陆性气候，区内煤炭资源丰富。该矿区的地貌重塑主要涉及边坡构筑和修建排水系统等工程，复垦后的土地利用类型主要为耕地、牧场、草地或野生动物栖息地。在边坡构筑中采用分层剥离与分层压实的方式对边坡进行复垦。上覆岩层剥离时应进行适宜性评价，选择适宜的上覆岩层作为充填物，对局部重金属等其他污染相对富集的岩层采取特殊处理。自排土场底部由下至上分层压实，边坡坡长不超过 150m，台阶坡面角为 20°～25°，形成边坡较短、坡度较缓、上凸下凹的边坡构型，使坡面长期保持稳定。边坡构筑完成后对其进行评估，统计分析采前与采后边坡数据，用最小边坡、最大边坡、边坡中值、边坡比例等 4 个指标来表示地形开采前后的变化情况，并在地形图上予以描绘。在排水系统工程修建中，需建立和批准与采后地形匹配的排水系统，即依据地形设计的排水系统应接近自然排水系统的几何形态。排水渠道多沿坡面等高线开挖，同时布设连续的集水坑，以避免水过快冲刷边坡，防止田间径流和水土流失。

美国 Midwestern 废弃矿山位于印第安纳州(Bugosh，2009；杨翠霞，2014)，这块废弃的矿山在再利用之前，自然条件及矿山环境十分恶劣，分布有大量的露天煤渣、被破坏的山体、露天的高墙、老旧泥浆池及高墙附近的酸性废水池。井下渗出酸水，大量酸水排入 Midwestern Creek 后流入了帕托卡河(Patoka River)。在该矿地表水改造湿地处理区的改造工程中采用的是厌氧+好氧工艺。印第安纳州地质调查局的研究结果表明，这种方式很好地改变了水文和水化学条件，缩短了雨水的停留时间，并减少了暴露在酸条件下的机会。

现场的水质监测结果显示修复后矿山的出水水质条件已经得到了很大的改善(图 1-10)。

图 1-10 水质修复前后

(二)德国的景观公园模式

德国鲁尔工矿区位于德国北莱茵·威斯特法伦州西部，是德国重要能源、重型机械制造和钢铁三大支柱产业基地，年产值高于整个地区总产值的 60%。由于煤炭资源的枯竭、煤炭在能源结构中地位的下降、常年采矿导致土地沉陷及资源的贫瘠和生态环境的损坏等问题的加剧，全面开展矿区综合利用和产业结构调整是促进矿区经济走向多元化的必要途径。德国鲁尔工矿区较关注于通过公共游憩空间的环境治理来提升土地利用价值，例如，将工业遗产设施改造成用于商业、文化和旅游等服务设施，传统煤渣满地的工业区改造成森林公园类型的新产业区，将林立的烟囱、废弃的井架变成了农田、绿地、商业区、住宅区、展览馆等，打造旅游业的工业文明景观。该地区逐渐构建了新老工业共同发展、内部联系更加密切、产业布局科学合理的区域工业结构，并成为全世界矿山改造治理的典范(图 1-11)。

图 1-11　鲁尔地区改造后实景照片

诺德斯顿公园位于德国盖尔森基兴市的豪斯特和黑斯勒城区之间，占地 160hm^2，公园前身为 1993 年关闭的北星煤矿场。其境内的埃姆舍河与莱茵-赫尔内运河将矿区划分为南北两部分，北部矿区以矿业设施和废渣飞灰堆场为主，而南部矿区以工业文明时期遗留下来的矿业痕迹和广阔的未利用的土地为主，矿场周围是居民区。在北星煤矿场的开发利用改造过程中重视对矿区历史、现有结构及形式的尊重与保留，采用因地制宜地原则，考虑将现有遗存的工业建筑或机械设施等工业遗迹作为创作设计的元素，形成有特色的体现“工业之后景观”的矿山公园。其治理方式主要涉及土地利用、地形地貌重塑，景观设计和公共设施建设等，旨在实现矿区土地的开发及再次综合利用、建设工业遗址公园和居住社区改造，以及加强豪斯特和黑斯勒两个城区通过规划和综合利用产生的联系(李伟，2017)(表 1-2、图 1-12)。

表 1-2　德国诺德斯顿公园的治理类型与治理特色整理表

治理类型	治理特色
土地利用、地形地貌重塑	修复治理被污染土壤表层，利用废渣及飞灰对矿区地貌地形塑造、重构及植被绿化修复，保留 500m^2 被污染土壤地块展现矿区工业历史
景观设计	维修和保护具有纪念价值的建筑和设备等作为矿区历史延续的标志性景观，如 50m 高的采掘塔被改造成木质的登高瞭望塔，将煤炭混合车间、储煤仓及连接两者的 170m 输送桥被改造为“声音艺术屋”
公共设施建设	开展场地改造建设及新修公共设施，例如，新修自行车道和游步道，增加居住区和工作区联系，在煤矿场两条河流上修建了由红色金属管和钢木混合结构构成的形态各异的 3 座桥，打造城市地标建筑物建设，加强城区间连接

图 1-12 德国诺德斯顿森林公园改造后实景照片

(三)澳大利亚 CRL 矿业公司复垦模式与工艺

澳大利亚 CRL 矿业公司将环境保护，特别是土地复垦看作整个采矿过程的一部分，十分重视“边开采、边复垦”，重视复垦措施和技术的应用。CRL 矿业公司具有自己的土地复垦队伍(图 1-13)，开展土地复垦措施和技术的研

图 1-13 矿业公司复垦队伍

究与应用，将土地复垦工作与整个工艺有机结合，力求复垦进程最短、效果最好。为了达到更好的复垦效果，尽快恢复当地的生态环境，实行先进的复垦工艺，采取种子采集、表土剥离、分层堆放、分层回填、地貌重塑、土地平整、植被恢复等一系列复垦措施。

（四）捷克采煤沉陷地复垦模式

捷克作为欧洲第四大硬煤生产国，其煤炭资源丰富。根据捷克矿业年鉴，捷克境内共有 125 处专属煤矿床，其中 62 处是硬煤，63 处是褐煤。现有采矿场地 53 处，其中 21 处硬煤，32 处褐煤。2007 年，硬煤的产量为 1290×10^4t，褐煤的产量为 4566×10^4t，其中 99.19%的硬煤源于俄斯特拉发-卡维纳煤田，85.16%的褐煤产自北波西米亚地区。

与中国相似，捷克的很多矿区采用井工开采，导致大面积采煤沉陷地的形成和大量煤矸石的产出。据相关资料，捷克煤矸石产量约占煤炭产量的 15%～20%。仅俄斯特拉发-卡维纳煤田累计煤矸石产量就超过了 6.5×10^8t，其中约 65%用于建筑或复垦充填材料等，其余均堆积为煤矸石山。尽可能多地复垦为耕地是捷克 20 世纪 90 年代以前的土地复垦目标，而林地是捷克近年来的优先复垦方向，休闲绿地亦成为有特色的复垦用地类型。捷克复垦公司采用的复垦技术与中国有相同之处，均是在开采损毁前剥离表土，将表土堆积至不会被开采影响到的地方，并对表土进行适当养护，待矸石充填平整后实施复垦表土的回覆平整，其在表土剥离和表土回覆方面采用的是“分层剥离，交错回填”的复垦工艺。Lazy 煤矿位于捷克东部，隶属 OKD 硬煤公司。井工煤炭开采引发大量采煤沉陷地，对当地生态景观环境产生影响。在对采煤沉陷积水区域进行综合治理与生态修复时，简单地修整与加固水域边坡修复常用于休闲娱乐的地方[图 1-14(a)]，供当地居民开展水上娱乐活动；修补地下采煤损毁的道路[图 1-14(b)]；将压实处理后的煤矸石作为路基材料，修建道路[图 1-14(c)]；将煤矸石作为充填材料充填较开阔的采煤沉陷地，压实平整作为建造网球馆等休闲娱乐场地的地基[图 1-14(d)]。

(a) 治理后的水面

(b) 修补后的路面

(c) 煤矸石铺路

(d) 沉陷地上建成的休闲场地

图 1-14 捷克 Lazy 煤矿沉陷地复垦

二、国内综合治理与生态修复实践

（一）生态模式（生态公园、湿地公园和森林公园等）

1. 淮南东辰生态园

东辰生态园位于淮南市潘集区，规划面积 3000 亩（1 亩≈$666.67m^2$），是淮南采煤沉陷区治理的典型案例。其前身为淮南矿业集团潘一矿采煤沉陷区。淮南矿业集团于 2009 年开始对沉陷较浅的沉稳区域采用围堰、抽水、表土剥离、煤矸石回填与覆土等工程措施进行治理；结合沉陷地表特征在复垦土地上种植观赏性花卉苗圃 160 亩，形成改善矿区小气候和生态环境质量的森林植被。采用生态农业与观光休闲相结合的复垦模式，形成了农业试验区、花卉种植区、水产养殖区、设施园艺区、果蔬采摘区、苗木培育区、生态农业、生态公园、水生蔬菜区、综合服务区 10 个分区，各区相互衔接且主题多样，构成一个完整的以“生态农业+休闲游览观光”为一体的新型农业观光园。

按照保护湿地生态系统完整性和开展湿地合理利用的标准，因地制宜地对沉陷区进行了景观规划设计，完成了地形改造、道路、水电等基础设施配套建设，建造了亭、台、廊、桥及动物园等配套景观，养殖了鸵鸟、梅花鹿、孔雀等珍稀观赏动物，生态园内有芦苇荡、鸟岛、果园、荷花园等景观，湖光山色，景色宜人。为满足景区游客对地方绿色健康食品的需求，生态园在复垦土地上种植了草莓、苦瓜、圣女果等绿色蔬菜和水果，养殖了黑毛猪、肉牛及水产产品。公司同时对复垦的土地进行改造，修建了排灌系统，建立标准化农田，全部实施机械化、规模化连片耕作，降低了种植成本，提高了农产品的质量和效益。

东辰生态园在优先考虑生态原则的前提下，兼顾经济效益，目前已建成集土地复垦、水产、禽畜养殖、林业种植、湿地生态、观光农业和休闲旅游等为一体的生态公园，在改善矿区环境与解决就业的同时，初步形成了绿色循环经济产业链，取得了一定的经济效益。2015 年东辰生态园被评为国家AAA 级风景区(图 1-15)。

图 1-15　淮南潘集矿东辰生态园

2. 淮南后湖生态园

后湖生态园位于潘集区泥河镇后湖村，是潘集区从采煤沉陷区特有的自然优势和当地特色农业实际出发，因地制宜，使采煤沉陷地生态植被得到恢复，土地资源得到可持续利用，把采煤沉陷区建成农业开发区和旅游风景区，集“生态+观光+休闲+旅游”为一体的农业产业园区。后湖生态园境内地形平缓，海拔在 20～23m，区内沟渠纵横，水系发达，西南部为采煤沉陷区大水面，最深处达 5～6m，沉陷面积约 800hm^2，每年沉陷进度约为 33hm^2/a。

后湖生态园项目区于 2008 年 10 月启动，一期工程主要在泥河镇后湖村实施治理，投资 5810 万元，治理 4000 余亩；而三期工程初步完成治理任务，形成了新增耕地 6075 亩和养殖水面 3300 亩。依据地理区位、自然环境及实地功能需求建成包括水产养殖区、花卉苗木区、综合服务区、农业试验区、休闲娱乐区和水生蔬菜区等 10 个生态园区（图 1-16），构建成了一个完整的新型农业观光园。

(a) 复垦前

(b) 复垦后

图 1-16 后湖生态园治理前后对比图

后湖生态园采取“公司+合作社+农户”的经营方式，充分地将生态修复与农业产业结构调整相结合，其具有村民土地权属不变、土地用途不改和村民基本收入不减的特征，实现了规范管理透明化、财务收支公开化和经营决策民主化。项目区在该种经营方式的运行下产生的收益分配如下：60%为公司和入股村民的红利，30%支持项目区再生产，10%作为公司与合作社的办公管理费用。泥河镇的后湖村通过集中规划、整理、开发和利用区域内 10000 亩的沉陷土地实现了沉陷区的“废地利用”，治理成果被中央、省、市媒体誉为采煤沉陷区治理的“后湖模式”。

3. 淮北南湖湿地公园

占地面积 5.2km^2 的南湖湿地位于淮北市烈山区的杨庄煤矿沉陷区，其距市中心仅 2.5km。南湖具有深度大和水质好的特点，水面面积达 2.1km^2，适宜通过兴建游乐设施构建水上公园，在改善生态环境质量的同时亦为周围居民提供良好的娱乐休闲生活场所。南湖公园建设始于 1995 年，通过整合不规则沉陷水面、整治水面驳岸，依托龙脊山等景区开发，构建成了具有湖岛风光、高台滑水、环湖道路、旅游住宿和多样生物繁衍的生态系统，于 2005 年被国家建设部批准命名为国家级湿地公园，是一处集蓄水、渔业养殖与休闲娱乐为一体的湖泊生态湿地景观(图 1-17)。

(a) 复垦前

(b) 复垦后

图 1-17　南湖湿地公园治理前后对比图

4. 徐州潘安湖湿地公园

潘安湖位于徐州贾汪区西南部青山泉镇和大吴镇境内，为权台矿和旗山矿采煤沉陷区域。潘安湖是因采煤沉陷而形成的大面积池塘。煤炭开采导致了矿村建筑的倾斜与开裂、耕地沉陷沦为水域，给村民带来了严重的经济负担和生命财产的安全隐患。贾汪区根据采煤沉陷地的不同特点，采取分层剥离、交错回填和煤矸石填充等多种新技术，对“田、水、路、林、村”进行综合整治；对低产田甚至是绝产田实施科学规划措施，治理成高效农业示范区，实现了农业增产和农民增收，缓解了沉陷区的人地矛盾。2008 年徐州政府计划总投资 2.23 亿去构建一个集“湖泊+湿地+乡村农家乐”于一体的规划总面积约为 52.87km^2 的潘安湖湿地公园，其中核心区 15.98km^2。

其秉承“宜水则水、宜农则农、宜游则游和宜生态则生态”的原则，开展基本农田整理、采煤沉陷地复垦、生态环境修复和湿地景观开发将潘安湖湿地公园建设成北部生态休闲区、中部湿地景观区、西部民俗文化区、南部湿地酒店配套区和东部生态保育区的功能格局分区，使其成为全国首个煤矿沉陷区生态修复的湿地公园、国家 AAAA 级旅游景区。实现“从旧矿区到潘安新城，从沉陷重灾区到生态湿地和良田美宅，从百年煤城到徐州市后花园”的美丽蜕变(图 1-18)。

图 1-18 潘安湖湿地公园一期改造治理实景效果

5. 徐州安国湖湿地公园

江苏沛县安国湖国家湿地公园位于江苏省沛县安国镇，总面积 517hm^2。安国湖湿地是因张双楼煤矿采煤沉陷沉降形成的。安国湖湿地从水源净化、湿地景观、生态修复、环境保护、大汉文化 5 个层面进行综合治理与生态修复。共投资 2 亿，总面积 7000～8000 亩(水面约 4000 亩)，已建设历时 4 年。安国湖湿地是沛县生态文明建设重点打造的惠民工程，湿地建设整合沉陷地治理、生态保护、水资源综合利用和文化旅游 4 种元素，分为 6 个功能区，包括由十里芦苇荡、百果花园岛、千亩荷花塘、万鸟栖侯区组成的天然生态区、表流净化区、缓冲隔离区、湿地宣教区、休闲娱乐区和管理服务区，为人们提供自然观光、休闲养生、餐饮娱乐和宣教体验(图 1-19)。

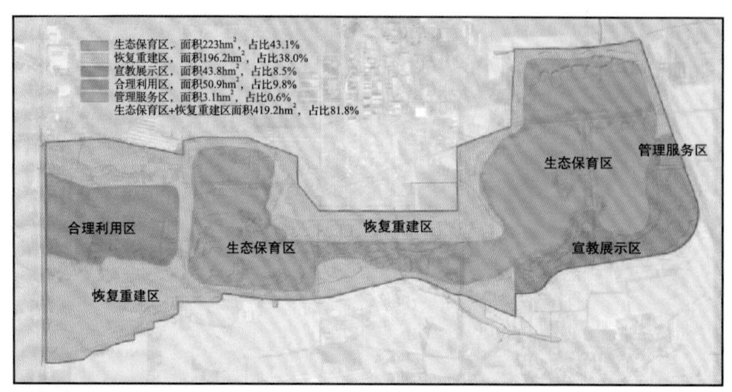

图 1-19　安国湖湿地公园

6. 唐山南湖城市中央生态公园

改造前的唐山南湖城市中央生态公园是开滦矿区 130 多年的煤炭开采而形成了约 $30km^2$ 的采煤沉陷区，其位于唐山市市中心南部 2km 处，其沉陷区内杂草丛生、大量生活垃圾与建筑垃圾堆放的现象严重影响城市的生态环境。作为唐山市重点工程的南湖城市中央生态公园的建设正式开工于 2008 年，通过清除沉陷区内堆放的垃圾 $(800\times10^4m^3)$、粉煤灰 $(800\times10^4m^3)$ 和煤矸石 $(350\times10^4m^3)$ 形成了“五湖九岛”及樱花大道、凤凰台和音乐喷泉等 120 多个景点。营造了包含市民广场、文化娱乐、植物园、城市滨水绿地、酒店会议、休闲娱乐、生态隔离缓冲、湿地保育、公共水域和文化娱乐等功能区，树木成荫、草坪翠绿、湖水清澈的集休闲、娱乐、教育为一体的独具特色景观的森林公园。

南湖城市中央生态公园的开发建设，使唐山城市中央有了一个巨大的城市绿肺和大氧吧，有效地改善了唐山区域气候和生态环境。据气象部门测算，2009 年唐山市区极端最高气温和最低气温分别比常年降低和升高了 2°～3°，降雨量比去年增加了 230mm。通过对南湖沉陷区开展一系列的综合治理与生态修复措施，昔日的南湖沉陷区成为国家 AAAA 级景区——南湖国家城市中央生态公园(国务院批准的第二批国家城市湿地公园)。2009 年 10 月被授予首批“全国生态文化示范基地”称号，2010 年 7 月荣获国家体育休闲示范区、国家户外休闲运动基地、世界极限运动基地，被列为 2016 年世界园艺博览会举办地，成为唐山市引以为豪的一张靓丽的城市名片(图 1-20)。

图 1-20　唐山南湖城市中央生态公园实景照片

7. 淮北任圩林场

任圩林场建设于 1988 年，主要利用在粉煤灰上覆 30～40cm 表土后实施植树造林的植被恢复工程而建设成当前占地面积为 1725 亩的人工林，其中，用材林 1395 亩，经济林 300 亩，苗圃 330 亩，成活率均达 90%。任圩林场的人工造林工程在改善生态环境的同时也取得良好的经济效益。任圩林场于 1991 年开始了“以短补长”主体林业科学试验，当前已经形成在阔叶树下套种的白蜡条 1500 亩，养蚕用的湖桑也扩大到 200 亩，林场的林业年产值可达 40 万元，其经济效益明显。1993 年，安徽省环保局颁发给任圩林场“保护环境先进单位”的奖牌；现在的任圩林场已经是淮北市重要的苗圃基地和森林公园，是农业部与淮北矿业集团合作的科研成果，已在全国推广(图 1-21)。

(a) 复垦前

(b) 复垦后

图 1-21　任圩林场治理前后对比图

(二) 商业用途模式

2007 年初，淮南市鑫森物流商贸有限公司对望峰岗镇境内的沉陷区域进行回填，大规模平整废弃地建园。鑫森物流园项目位于谢家集十涧湖路西路北侧，在谢一矿、谢二矿采煤沉陷区内，续建工程项目始于 2012 年，年度投入资金 500 万元，新建仓库 2 栋，项目区绿化 3000m^2 及其配套设施工程。

鑫森物流园凭借自身优势、地利之优势，不断承接城市商业圈生活资料物流产业的转移，为仓储企业提供安保物业及配套服务。鑫森物流园以新颖的企业行为介入采煤沉陷区的治理和修复，实现了沉陷区废弃土地的再利用，新型产业的发展，带动沉陷区农民就业，改善原有沉陷区环境，为沉陷区的发展注入新活力，为采煤沉陷地的治理探索出科学的新模式(图 1-22)。

图 1-22　淮南市沉陷地治理前后对比图

杨庄镇位于沂水县城东北部，统辖54个行政村，矿产资源开发和利用是全镇的支柱产业，其中龙头企业兴盛矿业被评为“国家级绿色矿山”，并成功在香港上市。旅游资源丰富，文化教育卫生事业发展迅速。全镇经济发展、政治和谐、社会稳定，连续多年被评为省级和市级无邪教乡镇、平安建设先进乡镇、群众信访工作先进单位。村镇实行公众参与、以人为本，煤矿企业采煤获利，分利给当地农民(搬迁安置等)，政府扶持产业转型集聚、就地城镇化(图1-23)。

图1-23　杨庄城镇化模式

(三)渔光互补模式

利用采煤沉陷区水面建设漂浮式光伏发电站，实现储水灌溉、光伏发电和渔业养殖的综合利用，既节约土地资源，又科学利用水面发展绿色清洁能源，达到“渔光互补”一体化，为采煤沉陷区综合治理、开发利用探索出一条新路(图1-24)。

图1-24　沉陷区“渔光互补”模式

（四）“生产+科研+休闲+观光”等多用途模式

洪庄村位于淮北市烈山区，距杨庄煤矿仅 1km，受杨庄煤矿地下煤炭开采的影响，该区 3400 亩良田沉陷成 1000 亩的水面、1000 亩的沼泽地和 1400 亩的低洼地，形成了沉陷积水面积大，沉陷水体深和滩涂面积广的特点。该复垦项目采用“挖深垫浅”的方式充分利用沉陷形成的积水区域，在积水较深处形成 2～3m 深的池塘用于水产养殖，在积水较浅地带形成堤岸或成片土地开展果蔬种植。积极发展果蔬花卉种植和水产与生猪养殖产业，构建集“生产+科研+休闲+观光”于一体的省级农业示范园，形成了水产养殖区（1600 亩）、畜禽养殖区（400 亩）、蔬菜种植区（600 亩）、精品花卉园区（120 亩）及科技示范园区（30 亩）。当前随着产业结构的调整，洪庄村各产业间物质循环利用、重复利用的主体网络正在形成，已成为农、林、牧、副、渔、加工全面发展的新型生态村（图 1-25）。

(a) 复垦前

(b) 复垦后

图 1-25　洪庄沉陷水面治理前后对比图

徐州沛县张双楼煤矿地处高潜水位的平原地区，一般地表下沉 1m 左右就会出现季节性积水。沛县协合新能源有限公司 2013～2015 年规划投资了 6 亿元，在张双楼煤矿沉陷地上分期建设 55MW 光伏发电。根据沛县张双楼煤矿沉陷地的特点，在南部沉陷地回填区域培育了各种经济景观作物，北部 100 亩水面区发展养鱼业，通过修改设计提升太阳能阵列顶部光伏发电板的高度而在其下方种植喜阴类经济植物，进而实现了“农-渔-光”互补综合开发利用。同时，该公司计划再投 10 亿元，建设 70MW 光伏发电和一个光伏科普展览馆，形成安国光伏太阳能园区，与周边湿地融为一体，从而形成集湿地生态旅游、工业光伏参观、农业采摘垂钓于一体的休闲娱乐观光区，做城市的后花园(图 1-26)。

图 1-26　沛县安国镇采煤沉陷地上建起光伏发电基地

河南省永城矿区属大型平原矿区，自 1998 年起形成采煤沉陷区造成地面沉陷 2～3m 深，最大深度达到 3.5m。自 2004 年永城矿区开始在依托“建设用地+养殖用地”和“农业用地+养殖用地”的复垦模式的基础上，秉承“耕地恢复为主，兼顾搬迁用地和水产养殖”综合治理的主导模式，去开展采煤沉陷区的治理与村庄搬迁复垦措施。永城市将沉陷区搬迁工作与新农村建设、小城镇建设相结合，打造村庄搬迁安置典范性工程，形成以“居住+休闲+娱乐+商贸”为一体的综合性小区。经过近 10 年治理，如今的永城煤矿沉陷区，已经发生了翻天覆地的变化，当地村民也“因祸得福”，过上了更高质量的生活，彻底告别了“出门一身黑、在家住危房”的历史。复垦后的塌陷区不但建成了鱼塘，而且在周边的土地上大豆长势也很好(图 1-27)。

(a) 复垦前

(b) 复垦后

图 1-27　永城市采煤沉陷区治理前后对比图

（五）矿井水综合利用模式

徐州九里矿区主要有庞庄煤矿、夹河煤矿、王庄煤矿、九里拾屯煤矿（宝应煤矿），截至 2008 年 6 月，累计形成采煤沉陷地 2215.0hm^2。受采煤沉陷影响，地表水系、农田、水利设施、道路、村庄等遭到不同程度的破坏，一方面造成煤矿区的建设和农业用地紧张，人地矛盾突出；另一方面生态环境遭到破坏，出现环境严重污染、水土流失、土地盐渍化等，这些问题严重制约了矿区的可持续发展。

采煤沉陷区主要位于九里矿区，由于地下潜水位高，采煤沉陷积水严重，地表水系遭到破坏，对采煤沉陷积水区和区域水系进行综合整治是采煤沉陷地治理与生态重建的关键之一。徐州全市矿井涌水量每年外排 $4.5\times10^7m^3$ 以上。对井下所有涌水点进行水质动态监测发现，徐州矿区矿井水的水质良好，经过简单处理后即可达到生产用水的标准，甚至可以作为生活饮用水水源。因此，矿区各煤矿根据各自的情况，因地制宜，合理规划，合理利用矿井外排水，一方面减少污废水排放对周围环境的影响，另一方面可以节约水资源，这个做法一举两得，大大促进了矿区可持续发展（图 1-28）。

图 1-28　九里采煤沉陷区综合利用效果图

郑州煤炭资源丰富，但各矿井存在不同程度的水害，各矿井的排水量逐年增加。据郑州煤炭工业集团有限责任公司（简称郑煤集团）8 个矿井和市、乡镇 118 个矿井初步统计，矿井年排水量达 $5.9316\times10^7m^3$，平均每日排水量达 $1.625096\times10^5m^3$，其中郑煤集团所属各矿井年总排水量为 $4.8541\times10^7m^3$，占全部矿井排水量的 81.2%。但突水或淹井事故时有发生，截至 2004 年底，发生淹井事故 15 起之多，其中郑煤集团所属各矿淹井或局部淹井 9 次，严重影响煤炭开采和矿井建设。同时，郑煤矿区是一个老矿区，东风煤矿和王沟煤矿已经闭坑，其中存着大量的老窑水，该水长期不循环，致使受粉煤灰影响的老窑水物理性质差并含有大量的悬浮物和细菌。如果奥灰水位持续下降，老窑水将穿层污染奥灰水，产生地下水污染的环境问题。另外，新密市规划兴建新密电厂，拟定需水量 $9\times10^4m^3/d$，将带来供水紧张问题。因此，郑州矿区排水、供水、环境保护的矛盾相当突出，应进行科学的管理和水资源的合理利用。为此，基于地下水流模拟模型和供排水结合模型，构建了地下水系统排水、供水、环保结合优化管理模型，其目的是在不发生环境恶化的条件下，使城市供水达到最大，矿井排水量最小，管理规划期为 10 年。以带压开采计算的安全水头值作为约束条件，计算可得，芦沟矿排水 $31000m^3/d$（本矿用 $18000m^3/d$+新密电厂 $13000m^3/d$）、裴沟矿排水 $44000m^3/d$（本矿用 $25000m^3/d$+新密市 $10000m^3/d$+新密电厂 $9000m^3/d$）、米村矿排水 $33000m^3/d$（本矿用 $20000m^3/d$+新密电厂 $13000m^3/d$）、新密市水源 $60000m^3/d$（全部新密市）、矿务局水源 $19000m^3/d$（矿务局用 $10000m^3/d$+新密电厂 $9000m^3/d$）、王庄矿排水 $10000m^3/d$（全部新密电厂）。最终各水源除供本部门用外，其余均可供给电厂，电厂可获得供水 $54000m^3/d$。

梧桐庄煤矿隶属于冀中能源峰峰集团有限公司，梧桐庄煤矿为生产矿井，1987 年 10 月由邯郸设计研究院完成矿井初步设计。1995 年 11 月由邯郸设计研究院完成矿井修改初步设计，设计生产能力 $120\times10^4t/a$，服务年限 82.6 年，全井田地质储量 4.41×10^8t。梧桐庄煤矿具有极为特殊复杂的水文地质条件，在建井和生产阶段发生过多次严重突水事故。1995 年 12 月 3 日，在建井期间发生了断层突水，导致了淹井事故。2000 年 5 月 14 日，采煤过程中掘进工作面左帮淋水增大，出水量 $166.2m^3/h$。2001 年 3 月 10 日，该矿巷道顶板发生突水，实测增加水量 $130m^3/h$，导致巷道再次被淹。2002 年 6 月 7 日，该矿首采区工作面发生异常涌水，出水量 $450m^3/h$，致使工作面被淹，整个采区处于半停产状态（表 1-3）。梧桐庄煤矿矿井水具有 Ca^{2+}、Mg^{2+}离子含量较高的高矿化度特征和煤粉为主的高悬浮物特征，矿化度达 5000mg/L、总硬度达 2000mg/L、悬浮物含量 1800mg/L，属典型的“三高”（高矿化度、高硬度和高悬浮物）废水。大量的高矿化度矿井水作为生产废水未经处理直接外排，使矿区周边的生态环境遭到了严重破坏，当地农民和梧桐庄煤矿均受到了巨大的经济损失。

表 1-3　梧桐庄煤矿矿井逐年涌水量统计表

年份	矿井涌水量/(m^3/min)			备注
	最大涌水量	最小涌水量	平均涌水量	
1998	4.92	3.71	4.37	
1999	3.97	3.32	3.71	
2000	7.07	3.61	5.02	5 月 14 日陷落柱突水 2.77m^3/min
2001	9.45	5.75	7.57	3 月 10 日陷落柱突水 2.17m^3/min
2002	18.10	9.00	13.96	3 月 21 日、6 月 7 日、8 月 11 日，大煤底板突水，涌水量分别为 2.00m^3/min、7.50m^3/min、0.40m^3/min
2003	17.45	10.40	13.89	
2004	13.00	10.50	12.00	8 月 10 日、12 月 17 日大煤底板突水，涌水量分别为 3.00m^3/min、2.50m^3/min
2005	11.10	7.30	9.24	
2006	7.20	5.40	6.45	
2007	6.20	4.30	5.31	
2008	4.46	3.66	4.29	
2009	4.81	4.15	4.52	
2010	5.39	4.80	5.06	
2011	5.30	4.80	4.94	
2012	5.12	4.64	4.87	
2013	5.28	4.85	4.95	
2014	14.42	5.25	6.32	7 月 27 日陷落柱突水，涌水量 187.73m^3/min
2015	11.56	5.51	7.43	
2016	6.24	5.99	6.13	
2017	6.21	4.56	5.37	

该矿根据井田地质构造和水文地质条件，研究矿井突水机理，梧桐庄煤矿对采煤工作面陷落柱和导水异常区进行注浆治理，使矿井涌水量减少 $1.58\times10^3m^3/h$，封水效果达 85%；对矿井水处理利用，每年节约水资源 $2.85\times10^6m^3$，节约自来水费用 165 万元；实施矿井水回灌工程，每年可削减悬浮物排放量 4197t；悬浮物排放量 788t；COD_{Cr} 排放量 394t。将矿井水控制、处理、利用、回灌和生态环保五位一体优化相结合的策略保护了煤矿周边地区的生态环境，同时也实现了煤矿绿色开采、可持续开采的战略目标。

第二章

我国东部采煤沉陷区综合治理及生态修复理论框架

第一节　可持续与和谐发展理论

可持续发展理论是指既满足当代人的需要，又不对后代人满足其需要的能力构成危害的发展，以公平性、持续性、共同性为三大基本原则。可持续发展理论的最终目的是达到共同、协调、公平、高效、多维的发展。经济、人口、资源、环境等内容的协调发展构成了可持续发展战略的目标体系，管理、法制、科技、教育等方面的能力建设构成了可持续发展战略的支撑体系。可持续发展的能力建设包括决策、管理、法制、政策、科技、教育、人力资源、公众参与等内容。

采煤沉陷区是由资源、环境、经济、人口四个子系统通过相互作用、相互依赖、相互制约而构成紧密联系的复杂体系(白中科等，1998)。遵照可持续发展原则，将采煤沉陷区可持续发展定义为：采煤沉陷区资源开发、环境保护、经济和社会发展相互协调，保持采煤沉陷区总资本存量，既能满足当代采煤沉陷区发展的需要，又能满足未来本区的发展需要。其实质是在经济和社会发展过程中兼顾采煤沉陷区的局部利益和全局利益，充分考虑自然资源的长期供给和生态环境的长期承载能力(陈利根等，2016)。其内涵是指采煤沉陷区要努力实现经济的持续、稳定和健康的发展，不断提高矿区人民的生活水平，在矿区资源开发中，采用更清洁、更绿色的技术，尽可能提高矿产资源采收率，减少环境资源的消耗，合理利用采煤沉陷区内的各种资源，为矿区的发展提供良好的环境。可持续与和谐发展是我国东部采煤沉陷区发展的前提，资源、环境、经济、人口和谐发展构成我国东部采煤沉陷区可持续与和谐发展的目标，以生态文明建设理念为引导，促进产业转型发展，利用产业转型拉动乡村振兴，以乡村振兴促进产业发展，解决矿区的生产、生活、生态问题，实现“矿、地、水、林、田、湖、村”全要素综合整治、系统修复。

管理、法制、科技、法律法规等方面的能力建设构成了东部采煤沉陷区可持续发展战略的支撑体系。①可持续发展的管理体系。实现采煤沉陷区可持续发展需要一个非常有效的管理体系。历史与现实表明，环境与发展不协调的许多问题是决策与管理的不当造成的。因此，提高决策与管理能力就构成了采煤沉陷区可持续与和谐发展建设的重要内容。采煤沉陷区可持续发展管理体系要求培养高素质、高能力的决策人员与管理人员，综合运用规划、法制、行政、经济等手段，建立和完善采煤沉陷区可持续发展的组织结构，形成综合决策与协调管理的机制。②可持续发展的法制体系。与采煤沉陷区可持续发展有关的立法是采煤沉陷区可持续发展战略具体化、法制化的途径，与采煤沉陷区可持续发展有关的立法的实施是可持续发展战略付诸实现的重要保障。因此，建立采煤沉陷区可持续发展的法制体系是可持续发展能力建设的重要方面。可持续发展要求通过法制体系的建立与实施，实现自然资源的合理利用，使生态破坏与环境污染得到控制，保障采煤沉陷区经济、社会、生态的可持续发展。③可持续发展的科学技术系统。科学技术是采煤沉陷区可持续发展的主要基础之一。没有较高水平的科学技术支持，可持续发展的目标就不能实现。科学技术对采煤沉陷区可持续发展的作用是多方面的，它可以有效地为采煤沉陷区可持续发展的决策提供依据与手段，促进可持续发展管理水平的提高，加深人类对矿区资源与自然关系的理解，扩大矿区自然资源的可供给范围，提高矿区资源利用效率和经济效益，提供保护生态环境和控制环境污染的有效手段。采煤沉陷区可持续发展必须不违背国家可持续发展的有关政策和法规，国家可持续发展为采煤沉陷区可持续发展提供了发展的环境。

和谐理论的基本思想是如何在各个子系统中形成一种和谐状态，从而达到整体和谐的目标。新时期矿业废弃地复垦修复是以和谐理论为目标进行的生态综合治理与系统修复，其目的是使矿业废弃地中的“矿、地、水、林、田、湖、村、人”等各子系统最终达到一种和谐发展的状态。

当今社会，环境保护越来越受到人们的关注，环境保护已经属于一种文化范畴。20 世纪后期，人们逐渐认识到环境与发展不是互相对立的关系，而是相互促进的关系。自然界拥有丰富的资源，其中矿业资源更是富饶，但矿区的开采也对环境造成了不小的伤害。大规模的矿山开发与矿产品加工会造成土壤酸化、大气污染、水土流失加剧、水污染等一系列生态环境问题，严重制约着社会经济的可持续发展(李树志，2014；李晋川等，2009)。因此，对矿区进行修复，使其可以重新利用就显得尤为重要。

矿区及其周边经济、人口、资源、环境等内容的协调发展构成了和谐理论的目标体系。在对这一理念的理解上，结合前人在矿区和谐发展问题上的研究，可以明确新时期矿业废弃地复垦与生态修复可持续“和谐”发展是矿区结构性经济变革的一种模式，矿区可持续“和谐”发展不仅仅指与经济的和谐发展，更不可能只是资源的开发利用，而是指矿区的生态、经济、科技和社会的和谐发展。矿区生态系统演变与研究体系如图2-1所示。

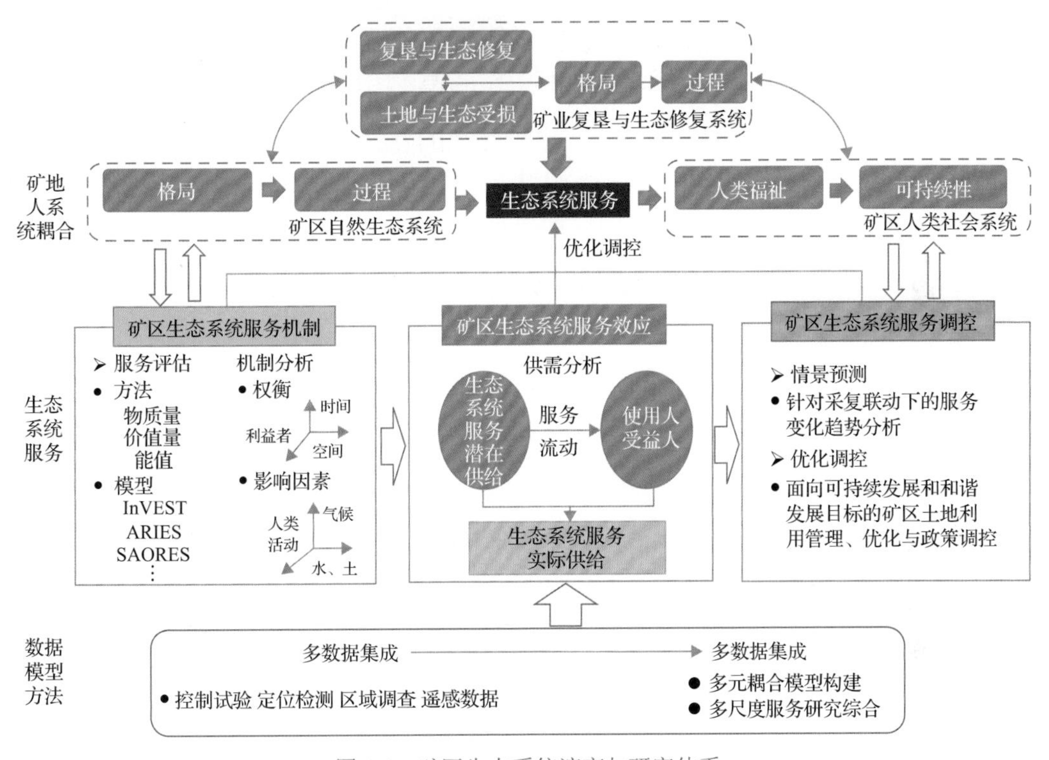

图2-1　矿区生态系统演变与研究体系

第二节　采煤沉陷区综合治理理论

循环经济理论以“减量化、再利用、再循环”为原则，以提高资源的利用率为目标，将经济增长对环境的影响减少到最低，把人类对资源的索取控制到自然能够自我调节恢复的范围内，实现物质利用循环化、经济增长合理化、生态污染最小化，实现人类-经济-生态三者的和谐发展。

通过不断的探索实践，东部采煤沉陷区形成了绿色开采发展模式、资源综合利用发展模式、产业链延伸发展模式与生态和谐发展模式相结合的循环经济理论。习近平总书记对煤炭的环保问题高度重视，曾经非常精辟地指出，煤炭的大量开采和使用带来两大突出问题：一是煤炭开采带来的生态损害，核心是地下水破坏和生态环境损伤问题；二是煤炭消费带来的环境破坏，主要是煤炭燃烧污染物排放问题。煤炭产业必须推动能源技术革命，带动产业升级①。煤炭绿色发展保障国家能源安全，支撑国家现代化建设可持续发展，促进战略性新兴产业发展，实现高碳能源低碳发展，推动大气污染防治，推进环境友好型社会建设，推动煤炭生产和消费革命，助力工业文明向生态文明转变，具有战略意义。煤炭绿色开发和清洁利用是煤炭工业升级的主动选择和必由之路。

资源综合利用主要指在矿产资源开采过程中对共生、伴生矿进行综合开发与合理利用，以及对生产过程中产生的废渣、废水(液)、废气、余热、余压等进行回收和合理利用(肖金凯，1997)。东部采煤沉陷区煤炭资源的大规模、高强度开发，导致煤矸石、矿井水、煤矿瓦斯等副产物急剧增长，采煤沉陷区生态环境压力日益加大。长期以来，我国东部采煤沉陷区的资源综合利用在煤炭资源开发过程中扮演着重要角色，以煤炭资源综合开采、深度加工、多元发展为基础，以获得最佳的综合(经济、环保、社会)效益为目标，按其资源特性进行充分利用。随着东部采煤沉陷区煤炭工业结构性改革的深入，在推动煤炭能源生产与消费革命的大背景下，梳理煤炭矿区资源综合利用现状，总结煤炭矿区资源综合利用的发展经验，研究发展前景并提出资源与环境约束条件下的煤炭可持续健康发展建议，对东部采煤沉陷区生态文明建设意义重大。

资源型矿区由于受到资源有限性和不可再生的限制，加之资源型矿区发展对矿产资源的高度依赖性和经济结构单一性等因素，资源型矿区发展到一定程度就会面临一系列的问题。延长东部采煤沉陷区的产业链，发展替代产业，使资源型矿区产业向多元化方向发展，是东部采煤沉陷区实现可持续发展的根本出路。资源型矿区延伸产业链的必要性：延伸矿区产业链是产业结构合理化的要求，延伸矿区产业链是资源导向型思维向市场导向型思维转变

① 煤炭的绿色开采(上)——神东环境保护与生态再造启示录.(2016-01-26)[2019-12-20]. http://szb.ylrb.com/html/2016-01/26/content_36510.htm.

的需要，延伸矿区产业链是产业演进、实现替代的战略选择，延伸矿区产业链是加快推进粗放型增长方式向集约型增长方式转变的需要，延伸矿区产业链是资源型矿区摆脱困境的迫切要求，延伸矿区产业链是资源型矿区建立循环经济模式的需要。资源型矿区产业链延伸的原则包括：有利于矿区经济运行的可持续发展的原则、需求收入弹性系数和生产率上升原则、产业关联效应原则、知识技术密集型原则、比较优势原则。

社会经济的增长既要考虑当前发展的需要，又要考虑未来发展的需要，不要以牺牲后代人的利益为代价来满足当代人的利益。在对这一理念的理解上，结合前人在矿区可持续发展问题上的研究，可以明确东部采煤沉陷区可持续和谐发展是矿区结构性经济变革的一种模式，矿区可持续发展不仅仅指经济的可持续发展，更不可能只是资源的持续开发利用，而是指矿区社区的生态、经济、科技和社会的可持续协调发展(汪向阳，2003)。

第三节　采煤沉陷区生态修复理论

系统修复理论以“减量化、再利用、再循环”为原则，“减量化”针对的是输入端，旨在减少进入生产和消费过程中物质和能源流量。可以通过预防的方式而不是末端治理的方式来避免废弃物的产生。“再利用”属于过程性方法，目的是延长产品和服务的时间强度，也就是尽可能多次或多种方式地使用产品。“再循环”属于输出端方法，通过把废物再次变成资源以减少最终处置量，也就是废品的回收利用和废物的综合利用。这三个原则都是以提高资源的利用率为目标，从而将经济增长对环境的影响减少到最低，把人类对资源的索取控制到自然能够自我调节恢复的范围内，实现物质利用循环化、经济增长合理化、生态污染最小化，实现人类-经济-生态三者的和谐发展。

复垦修复是指对生态系统停止人为干扰，以减轻负荷压力，依靠生态系统的自我调节能力与自我组织能力使其向有序的方向进行演化，或者利用生态系统的这种自我恢复能力，辅以人工措施，使遭到破坏的生态系统逐步恢复或使生态系统向良性循环方向发展(周萱，2009)，主要指致力于那些在自然突变和人类活动影响下受到破坏的自然生态系统的恢复与重建工作，恢复生态系统原本的面貌。例如，砍伐的森林要恢复原有的生机，退耕还林让动物回到原来的生活环境中。生态和谐是落实科学发展观、实现可持续发展的基石。我们必须站在构建和谐社会的高度去考虑生态建设、生态恢复、环境保护问题。构建和谐社会离不开统筹人与自然和谐发展，统筹人与自然和谐发展的基础和纽带是生态建设。加强生态建设是构建社会主义和谐社会极为重要的条件。历史上，人类曾经崇拜依赖于自然、利用改造自然，而现在我们倡导人与自然的和谐发展。

近十年来，我国东部采煤沉陷区开发发展迅猛，矿业在国民经济中的地位、作用直线上升，吸引的资本无论增幅还是增速是几十年前不能比拟的。作为国民经济的基础产业——矿山开采业的经济贡献令人注目。在我国生活水平不同程度提高的条件下，对自身生存环境的关注度和要求空前提高。身边的矿业资源既要带来经济和实惠，又不导致山清水秀的自然环境变味、消失。我们正在经历矿山经济快速发展与矿山环境恶化矛盾挑战的重要阶段。可持续发展的矿业经济，必须直面这一矛盾的挑战。虽然国家对矿山土地复垦和矿山地质环境保护与恢复治理出台了相关的法规和政策，但是很多历史遗留的矿山环境问题依然很多，矿山环境保护与生态修复的形式依旧很严峻。因此，东部采煤沉陷区生态修复成为整个矿区环境保护与治理的重点和难点。

采煤沉陷区生态修复或重建是一项长期持久的工程，应该根据矿山总体规划及矿山环境治理与恢复治理计划统一实施。不但需要在矿山开采之前就考虑好矿山开采后的修复方向，即修复目的的明确性，并在开采时对表土、植物种子库进行收集和保存，以便在开采后合理利用；同时还应该在矿山开采时对一些破坏强度不大的地区进行保护，制定边开采边恢复的计划，这样就会减小矿山开采后修复的难度，同时降低矿山开采对周边地区造成的污染，减小其破坏程度和影响范围。而在保证矿区安全的前提下，矿区生态修复将会成为整个矿山开采过程中和开采后的重点和难点。因此通过矿山地质灾害治理、矿区有毒有害物质处理、土壤基质改良、植被恢复等一系列措施的实施，经过人为工程措施和自然生态修复的结合，被破坏的矿区生态系统得以重建，最终形成一个稳定健康的矿区生态系统(胡振琪，2009；吕春娟等，2011)。

第四节　效果评价理论

生态系统服务(ecosystem services)的功能是在生态系统与生态过程所形成

及所维持的人类赖以生存的自然环境条件与效用，生态系统服务价值(ecosystem service value，ESV)评估现已成为环境经济学和生态经济学的研究重点之一，并有助于人类福利和经济可持续发展相关研究的深化(赵同谦，2004)。Constanza 等最先将生态系统服务功能划分为气候调节、水分调节、物质循环、娱乐及文化价值等 17 类生态系统服务价值功能，估算了全球生态系统服务价值。生态系统服务是指人类从生态系统获得的所有惠益，包括供给服务(如提供食物和水)、调节服务(如控制洪水和疾病)、文化服务(如精神、娱乐和文化收益)，以及支持服务(如维持地球生命生存环境的养分循环)。

煤矿区是典型的生态脆弱型和矿产资源型相结合的区域，在生态环境、经济和社会发展等方面独具特色。它既不同于现代化大都市，也不同于农业、湿地等自然、半自然生态系统。矿区开采对其生态系统服务功能会产生很大影响，矿业不断开发，矿产资源日益枯竭，因资源枯竭而被废弃的矿山不断增多，大量的矿业废弃地引发了一系列的社会、经济和生态环境问题，制约了城镇可持续发展，矿山采复过程中，生态系统处于不停的演替过程中。如何恢复矿区的生态系统服务功能，使其仍能发挥价值，就显得尤其重要。可以通过矿区的物质生产能力、涵养水源能力、土壤保护能力及旅游文化价值来判断矿区的生态系统服务功能(邱文玮，2014)。矿区开采会促进区域经济增长，在区域经济增长的同时，一定区域内的土地利用类型也会发生变化，相对应类型的生态服务价值发生不同程度的改变。因此，探究采煤沉陷区土地利用变化及其生态服务价值影响对于采煤沉陷区土地利用的可持续发展和生态环境的改善有着重要作用。矿区是人类活动影响和干扰比较剧烈的区域，探讨采矿活动对生态系统服务功能的影响具有典型意义。目前，部分学者就此开展了相关研究。Norgaard 等指出，可以通过对矿区生态系统的修复来实现其功能上的可持续发展。Larondelle 等采用生态系统服务方法评估采矿活动对德国东部矿区景观格局的影响，强调未来发展重点在于粮食生产和生物能源利用。李保杰等(2015)认为在矿区土地复垦实施过程中根据生态服务价值(ESV)的变化对土地利用结构进行调整，有助于矿区土地效益达到最大化。顿耀龙等(2014)指出土地利用结构变化在一定程度上导致生态功能失调，由于矿区生态环境的复杂性，应合理调控生态系统的组成、结构和功能。徐占军等(2012)通过植被净初级生产力的计算，认为采矿区气候是影响环境的主导因素，增加耕地和林地的NPP值可改善生态环境。陈淳(2015)认为采矿活动会破坏植物群落的组成和结构，需进行人工干预加快生态系统的修复过程。因此，研究土地利用变化下的生态系统服务价值变化，采取科学有效的生态修复方法，对协调矿产资源开采与生态系统的平衡发展、改善矿区生态环境、提高生态系统服务价值具有重要意义。

综合治理与生态修复效果评价应遵循“可综合反映生态系统状况、可体现支撑经济社会发展的需求、可反映生态系统变化趋势、数据可获得且成本较低”等原则。从区域与场地两个尺度设计评价指标(表2-1和表2-2)。

表2-1 区域尺度生态修复效果评价指标体系

内容	指标	数据	数据获取方法
生态格局	自然生态系统面积比例	森林、草地、湿地面积	遥感
	景观破碎化指数	森林、草地、湿地斑块数量、面积、密度与聚集度	遥感
生态问题	退化土地面积比例	水土流失、沙漠化、石漠化、盐碱化面积	遥感与分析
	生态退化指数	不同程度水土流失、沙漠化、石漠化、盐碱化面积	遥感与分析
生态资产	森林、草地、湿地资产指数	不同质量等级的森林、草地、湿地资产综合指数	遥感与分析
	区域生态资产指数	不同质量等级的各类生态资产综合指数	遥感与分析
生态产品	调节服务产品功能量	土壤保持、水源涵养、洪水调蓄、防风固沙功能量	监测与模拟
	调节服务产品价值量	各类生态产品的价格	调查与统计

表2-2 场地尺度生态修复评价指标体系

属性	评价内容	评价指标	评价方法	资料来源	评价标准
生物多样性	生物多样性	植物、脊椎动物(鸟类和哺乳类)、无脊椎动物、微生物等多样性	多度指数、香农维纳指数、相似性指数	样地样线调查、采样鉴定	参考系(或原始生态系统)物种
	目标物种	目标物种、恢复物种或指示物种	物种数量和多度统计	样地样线调查	参考系物种
植被结构	植被类型盖度	乔木、灌木、草本植被盖度	统计	地表调查、无人机等遥感调查	参考系植被
	植被生物量	乔木、灌木、草本生物量、凋落物量	乔木和灌木采用相对生长方程、草本和凋落物采用收获法和收集法	样地调查	参考系植被生物量
	植被垂直结构	植被垂直层级数量	统计	植被调查	参考系森林
	植被空间结构	斑块景观指数	Fragstats软件	遥感获得的植被分布图	参考系景观结构
	林木结构	林木密度、断面积、高度	统计	样地调查	参考系森林

续表

属性	评价内容	评价指标	评价方法	资料来源	评价标准
生态过程	生产力	乔木、灌木、草本生产力	多年统计	多次样地调查	参考系生产力
	土壤有机质和养分含量	土壤有机质、碳、氮、磷、钾、钙、钠、镁	统计	野外采样 室内分析	参考系土壤
	生物相互作用	采食、扑食、传粉、寄生等	统计	野外调查	参考系 生态系统
生态服务	产品提供	粮食、蔬菜、水果	统计	样地调查	参考系 生态系统
	调节服务	水源涵养、土壤保持、防风固沙、降温增湿、固碳	InVEST 模型	GIS 数据和 样地数据	参考系 生态系统
	文化服务	旅游、教育、休闲	统计	问卷调查	参考系 生态系统

第三章

我国东部采煤沉陷区类型与分布特征、现状与趋势

第一节　采煤沉陷分类及其特征

东部地区煤炭资源开采历史悠久，开发强度高、时间长、开采深度大、开采最为充分。多煤层重复开采导致东部地区地表耕地沉陷面积及深度都很大，并且地表耕地长期处于动态沉陷过程中。

东部矿区主要位于黄淮海冲积平原地带，部分矿区分布于山地和丘陵地区。不同地形地貌的土地损毁表现形式均不同，因此东部采煤沉陷应根据地形地貌有所区分。鉴于此，将东部采煤沉陷地区按地形地貌(山地区、丘陵区、平原区)进行分类(图 3-1)。

一、山地采煤区

山区地貌起伏大，开采下沉对原地表影响不大，而且东部雨水充沛，植被覆盖度高，微小的附加坡度对当地水土流失情况影响不大。而地表下沉时会引起拉伸变形，当拉伸达到一定值时引起地表的张裂，就会形成宽度和深度不同的大小裂缝。山顶和凸形地貌部位将产生附加的水平拉伸变形，山谷和凹形地貌部位将产生附加的水平压缩变形，所以山区地表裂缝大多分布在山顶、梁峁等凸形地貌部位和凸形边坡点部位，谷底等凹形地貌部位一般很少出现明显的采动裂缝。

山区地表移动变形分布之所以与平地不同，主要是因为地形微地貌引起的附加滑移的影响，而山区采动滑移引起的移动和变形分布主要与地形和地表倾角有关。

在东部矿区中山地采煤沉陷地的损毁表现形式以采动裂缝为主，对于急倾斜矿层或埋藏较浅的资源，还会形成沉陷坑。

东部矿区中，安徽山地采煤区面积为 2.9×10^4hm^2，河北山地采煤区面积

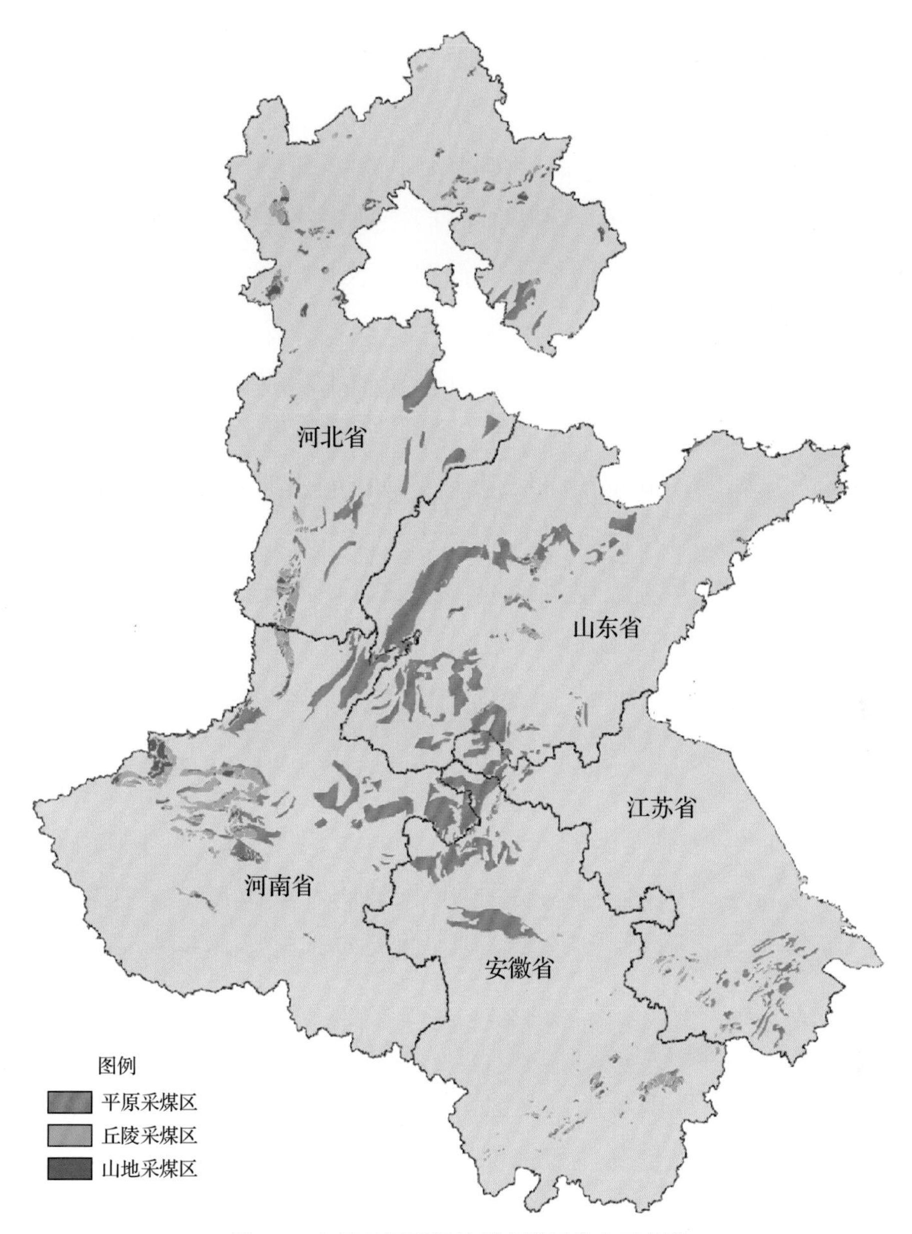

图 3-1　东部矿区不同地型含煤区分布示意图

为 1.773×10^5hm^2，河南山地采煤区面积为 1.834×10^5hm^2，山东山地采煤区面积为 2.55×10^4hm^2，江苏山地采煤区面积为 1.37×10^4hm^2。

二、丘陵采煤区

丘陵区井工采煤破坏了开采区域岩体原始应力的平衡状态，应力重新分配，最终达到新的平衡。在此过程中，上覆岩层和地表产生连续的移动、变形和非连续的破坏(冒落、断裂、弯曲)，最终涉及地表，形成沉陷盆地、漏斗状沉陷坑及台阶状断裂，地表的不均匀沉降改变了地表微地形，引起地面标高变化和附加坡度，造成不同程度的水土流失。

顶板、底板较硬的矿区，采煤沉陷后，地表产生沉陷盆地，严重时会形成沉陷坑，使原地貌起伏度增加，变得凹凸不平，与此同时因水平拉伸形成的地表裂缝使耕地田块被分割，变得破碎零乱，无法正常耕作，由于斑块面积变小，土地利用率随之下降。地表沉陷还使土壤侵蚀加剧，随着沉陷深度增加、坡度变大，水力侵蚀不断增大，地表沉陷使重力侵蚀(如崩塌、滑坡、错位等)发生的概率增加，当地面坡度达到 30°左右时，受采动影响，地表将可能出现采动滑坡，引发地质灾害(黄翌等，2014)。

我国东部矿区中丘陵采煤沉陷地的损毁表现形式以采动裂缝和沉陷盆地为主。安徽、河北、河南、山东、江苏丘陵采煤区面积分别为 8.78×10^4hm^2、1.94×10^4hm^2、4.197×10^5hm^2、4.86×10^4hm^2、3.64×10^4hm^2。

三、平原采煤区

中东部平原地区是我国的农业生产区，土层厚度大，且多为黏土层，所以当变形发育至地表时，其破坏强度将减弱，裂缝减小，在耕作时可自动闭合；倾斜会导致附加坡度的出现，使原有地貌变得凹凸不平，影响农业生产。

在地下煤炭开采影响波及地表以后，受采动影响的地表从原有标高向下沉降，在采空区上方地表形成一个比采空区大得多的沉陷区域，即下沉盆地。东部平原矿区地表潜水位高，潜水位平均高度为 1～5m，地面下沉抬高了地下水位，从而使该区域产生季节性积水或常年积水，土地失去了农业生产功能。地表由采矿前的陆生生态环境演变为采矿后的水生生态环境。

在东部矿区中丘陵采煤沉陷地的损毁表现形式以沉陷盆地或沉陷积水为主，并伴有轻微的裂缝。

东部矿区中，安徽平原采煤区面积为 7.068×10^5hm^2，河北平原采煤区面积为 6.099×10^5hm^2，河南平原采煤区面积为 1.2040×10^6hm^2，山东平原采煤区面积为 1.4604×10^6hm^2，江苏平原采煤区面积为 3.978×10^5hm^2。

第二节 矿区采煤沉陷现状分析

截至 2017 年，我国东部矿区的沉陷总面积为 4.064×10^5hm^2，其中河南省的沉陷面积最大，达到 1.287×10^5hm^2，江苏省的沉陷面积最小，为 2.5×10^4hm^2。从沉陷位置来看，主要分布在河南西部、山东南部、安徽北部，其中鲁南和淮北区域的沉陷最为严重。

一、东部山地采煤区沉陷现状分析

东部矿区山地采煤区面积为 4.289×10^5hm^2，1990 年至今累计采煤量为 8.58×10^4t，山地采煤区的沉陷面积为 1.7162×10^4hm^2，已有文献的研究表明，基于不同的采厚、采深和地质构造条件，山地采煤区的万吨煤沉陷率为 0.05～0.2。东部矿区山地采煤区沉陷面积如图 3-2 所示。东部矿区中，河北省山地采煤区的沉陷面积为 7460.5hm^2，山东省山地采煤区的沉陷面积为 225.6hm^2，河南省山地采煤区的沉陷面积为 7471.5hm^2，安徽省山地采煤区的沉陷面积为 1606.1hm^2，江苏山地采煤区的沉陷面积为 398.4hm^2，其中，河南省和河北省山地采煤区的沉陷面积较大，江苏省和山东省山地采煤区的沉陷面积较小。

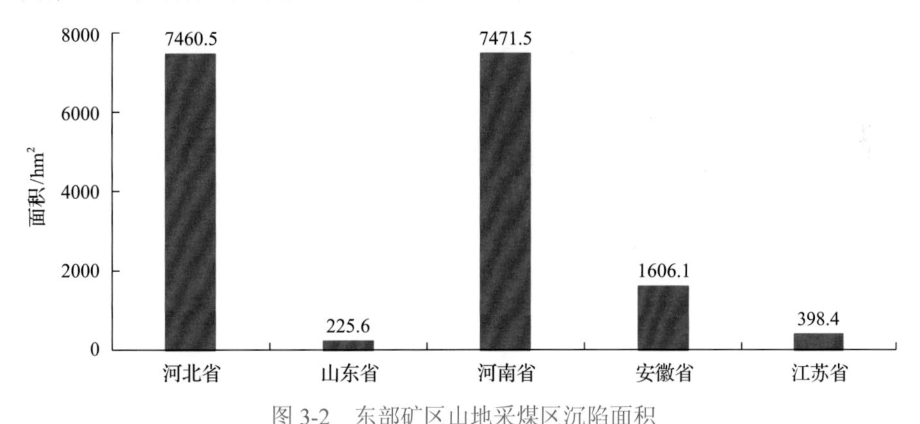

图 3-2 东部矿区山地采煤区沉陷面积

二、东部丘陵采煤区沉陷现状分析

东部矿区丘陵采煤区面积为 6.119×10^5hm^2，1990 年至今累计采煤量为 16.38×10^8t，丘陵采煤区的沉陷面积为 4.42×10^4hm^2，已有文献的研究表明，基于不同的采厚、采深和地质构造条件，丘陵采煤区的万吨煤沉陷率为 0.18～

0.27。东部矿区丘陵采煤区沉陷面积如图 3-3 所示。东部矿区中，河北省丘陵采煤区的沉陷面积为 11026.0hm^2，山东省丘陵采煤区的沉陷面积为 2116.5hm^2，河南省丘陵采煤区的沉陷面积为 23082.3hm^2，安徽省丘陵采煤区的沉陷面积为 6564.4hm^2，江苏丘陵采煤区的沉陷面积为 1428.9hm^2，其中，河南省丘陵采煤区的沉陷面积最大，江苏省丘陵采煤区的沉陷面积最小。

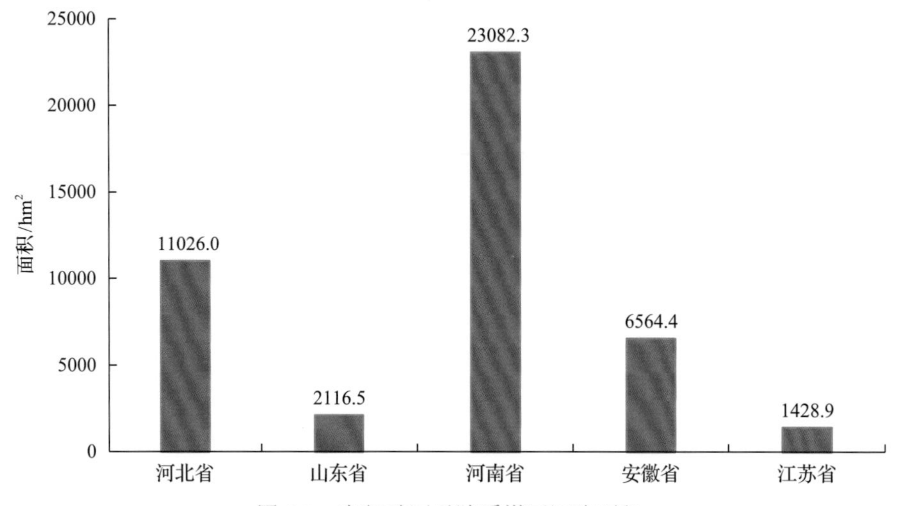

图 3-3　东部矿区丘陵采煤区沉陷面积

三、东部平原采煤区沉陷现状分析

东部矿区平原采煤区面积为 4.3789×10^{6}hm^2，1990 年至今累计采煤量为 86.27×10^{4}t，平原采煤区的沉陷面积为 3.451×10^{5}hm^2，已有文献的研究表明，基于不同的采厚、采深和地质构造条件，平原采煤区的万吨煤沉陷率为 0.24～0.4。东部矿区平原采煤区沉陷面积如图 3-4 所示。东部矿区中，河北省平原

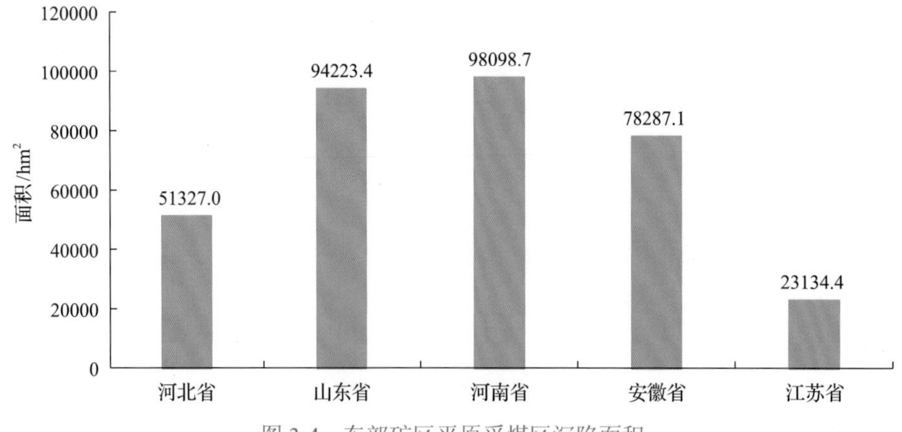

图 3-4　东部矿区平原采煤区沉陷面积

采煤区的沉陷面积为 51327.0hm²，山东省平原采煤区的沉陷面积为 94223.4hm²，河南省平原采煤区的沉陷面积为 98098.7hm²，安徽省平原采煤区的沉陷面积为 78287.1hm²，江苏平原采煤区的沉陷面积为 23134.4hm²，其中，河南省平原采煤区的沉陷面积最大，江苏省平原采煤区的沉陷面积最小。

第三节　采煤沉陷趋势分析

一、东部采煤沉陷近期趋势分析

本节根据东部矿区近五年的累计原煤产量预测 2025 年的原煤产量，并根据含煤区各地类面积比例、万吨沉陷率，预计分析了东部采煤区沉陷近景趋势。

到 2025 年，东部矿区中，河北省总沉陷面积为 1.387×10^5hm²，山东省总沉陷面积为 2.403×10^5hm²，河南省总沉陷面积为 2.265×10^5hm²，安徽省总沉陷面积为 2.487×10^5hm²，江苏省总沉陷面积为 3.37×10^4hm²，分别占东部矿区总沉陷面积的 15.62%、27.06%、25.51%、28.01%、3.80%。其中河南省总沉陷面积较大，江苏省总沉陷面积较小。

到 2025 年，东部矿区中，河北省山地采煤区的沉陷面积为 11299.63hm²，山东省山地采煤区的沉陷面积为 1527.12hm²，河南省山地采煤区的沉陷面积为 9893.19hm²，安徽省山地采煤区的沉陷面积为 3463.74hm²，江苏山地采煤区的沉陷面积为 403.84hm²，其中，河北省山地采煤区的沉陷面积较大，江苏省山地采煤区的沉陷面积较小。东部矿区山地采煤区沉陷面积如图 3-5 所示。

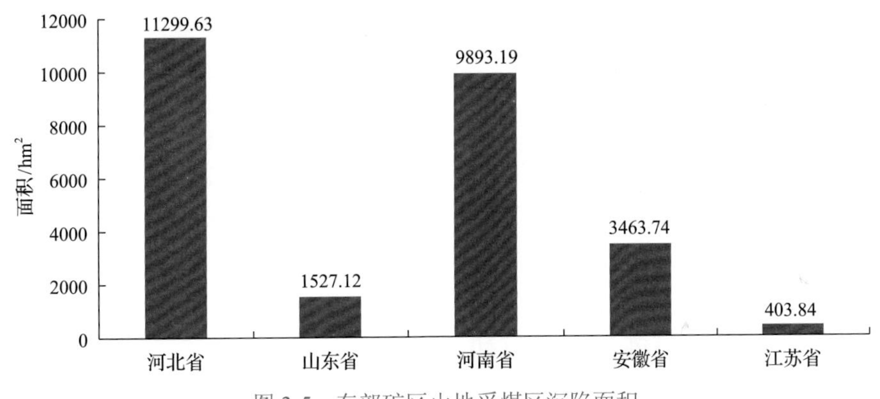

图 3-5　东部矿区山地采煤区沉陷面积

到 2025 年，东部矿区中，河北省丘陵采煤区的沉陷面积为 23709.79hm²，山东省丘陵采煤区的沉陷面积为 5578.47hm²，河南省丘陵采煤区的沉陷面积为 43393.3hm^2，安徽省丘陵采煤区的沉陷面积为 20099.64hm^2，江苏省丘陵采煤区的沉陷面积为 2056.55hm^2，其中，河南省丘陵采煤区的沉陷面积最大，江苏省丘陵采煤区的沉陷面积最小。东部矿区丘陵采煤区沉陷面积如图 3-6 所示。

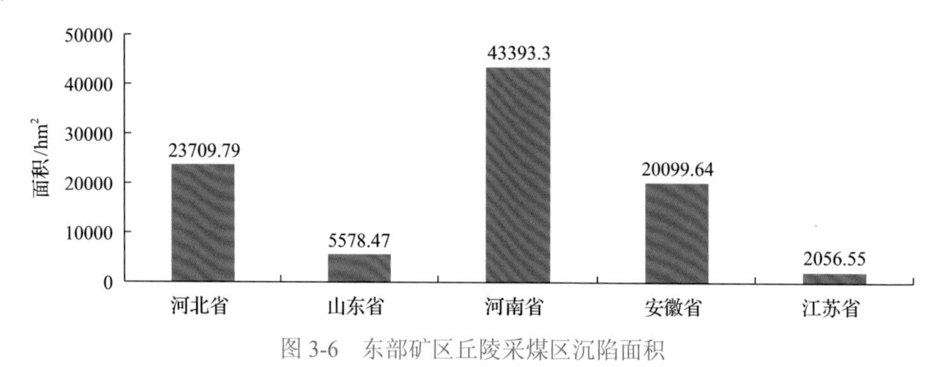

图 3-6　东部矿区丘陵采煤区沉陷面积

到 2025 年，东部矿区中，河北省平原采煤区的沉陷面积为 103653.26hm^2，山东省平原采煤区的沉陷面积为 233223.87hm^2，河南省平原采煤区的沉陷面积为 173193.81hm^2，安徽省平原采煤区的沉陷面积为 225119.18hm^2，江苏平原采煤区的沉陷面积为 31269.79hm^2，其中，山东省平原采煤区的沉陷面积最大，江苏省平原采煤区的沉陷面积最小。东部矿区平原采煤区沉陷面积如图 3-7 所示。

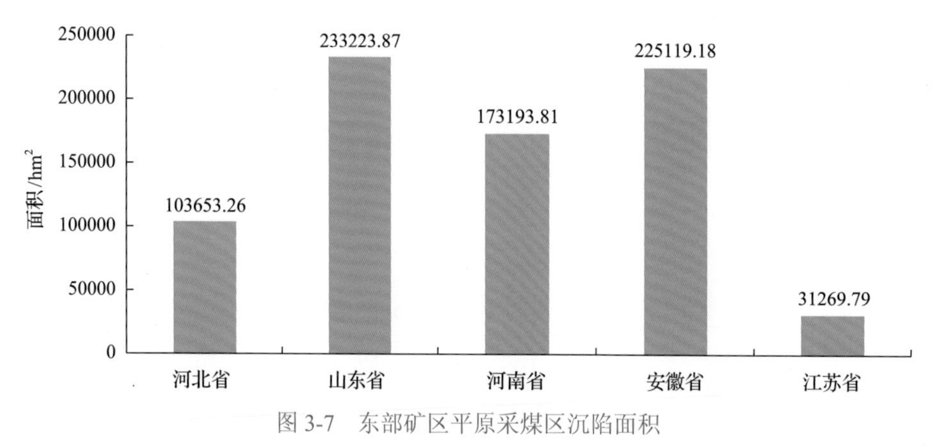

图 3-7　东部矿区平原采煤区沉陷面积

二、东部采煤沉陷远景趋势分析

东部矿区含煤区域主要分布的地形有平原、丘陵和山地，其中，在远期采煤规划中，平原采煤区面积为 4.9818×10^6hm^2，占 77.66%，丘陵采煤区面积为 9.072×10^5hm^2，占 14.14%，山地采煤区面积为 5.255×10^5hm^2，占 8.20%。

其中河北省共沉陷 1.2291×10^6hm^2，山东省共沉陷 1.6916×10^6hm^2，河南省共沉陷 1.9677×10^6hm^2，安徽省共沉陷 9.124×10^5hm^2，江苏省共沉陷 6.137×10^5hm^2，分别占东部矿区总沉陷面积的 19.16%、26.37%、30.68%、14.22%、9.57%。东部矿区高潜水位采煤区远景沉陷情况见图 3-8。

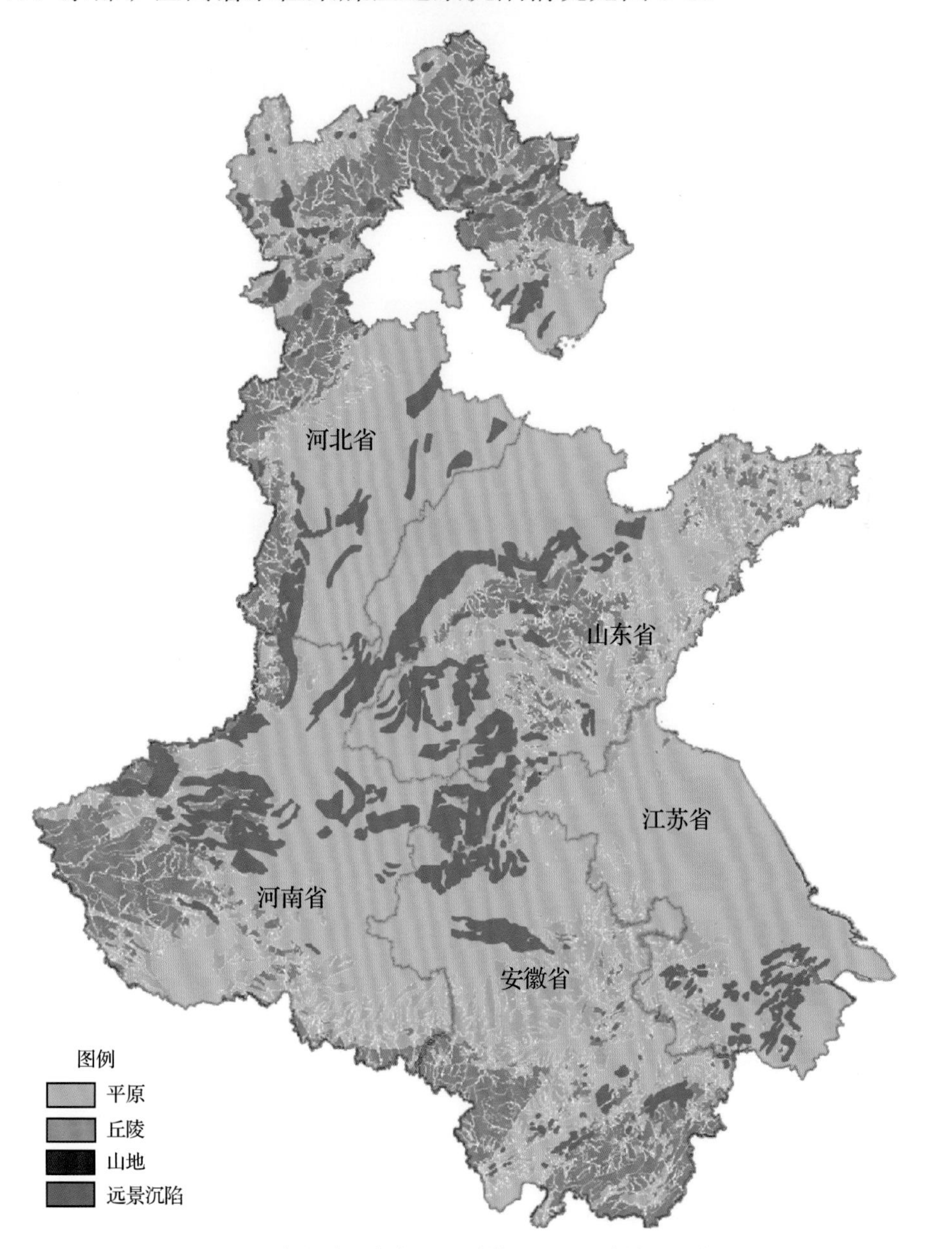

图 3-8　东部矿区高潜水位采煤区远景沉陷情况示意图

本节根据东部矿区不同的采深和地质构造条件，并结合移动角，对远景采空区外延相应距离进行分析计算，预测出未来的采煤沉陷趋势。

（一）东部矿区山地采煤区沉陷远景趋势分析

东部矿区中，河北省山地采煤区的沉陷面积为 237100hm^2，山东省山地采煤区的沉陷面积为 33100hm^2，河南省山地采煤区的沉陷面积为 199700hm^2，安徽省山地采煤区的沉陷面积为 36200hm^2，江苏山地采煤区的沉陷面积为 19400hm^2，其中，河南省和河北省山地采煤区的沉陷面积较大，江苏省和山东省山地采煤区的沉陷面积较小。东部矿区山地采煤区沉陷面积如图 3-9 所示。

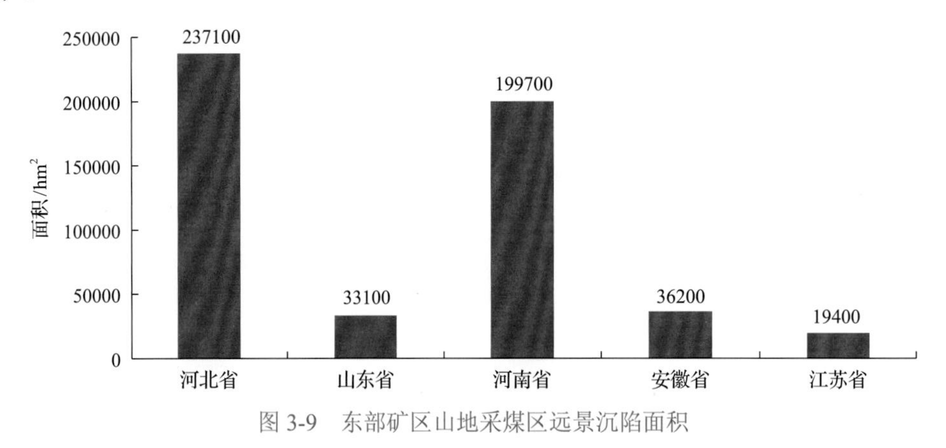

图 3-9　东部矿区山地采煤区远景沉陷面积

（二）东部矿区丘陵采煤区沉陷远景趋势分析

东部矿区中，河北省丘陵采煤区的沉陷面积为 238300hm^2，山东省丘陵采煤区的沉陷面积为 55100hm^2，河南省丘陵采煤区的沉陷面积为 458000hm^2，安徽省丘陵采煤区的沉陷面积为 102200hm^2，江苏省丘陵采煤区的沉陷面积为 53600hm^2，其中，河南省丘陵采煤区的沉陷面积最大，江苏省丘陵采煤区的沉陷面积最小。东部矿区丘陵采煤区沉陷面积如图 3-10 所示。

（三）东部矿区平原采煤区沉陷远景趋势分析

东部矿区中，河北省平原采煤区的沉陷面积为 753700hm^2，山东省平原采煤区的沉陷面积为 1603400hm^2，河南省平原采煤区的沉陷面积为 1310000hm^2，安徽省平原采煤区的沉陷面积为 774000hm^2，江苏平原采煤区的沉陷面积为 540700hm^2，其中，山东省平原采煤区的沉陷面积最大，江苏省平原采煤区的沉陷面积最小。东部矿区平原采煤区沉陷面积如图 3-11 所示。

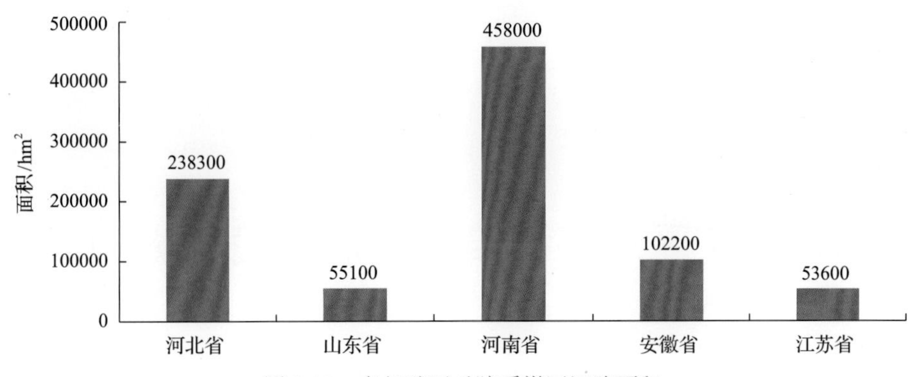

图 3-10　东部矿区丘陵采煤区沉陷面积

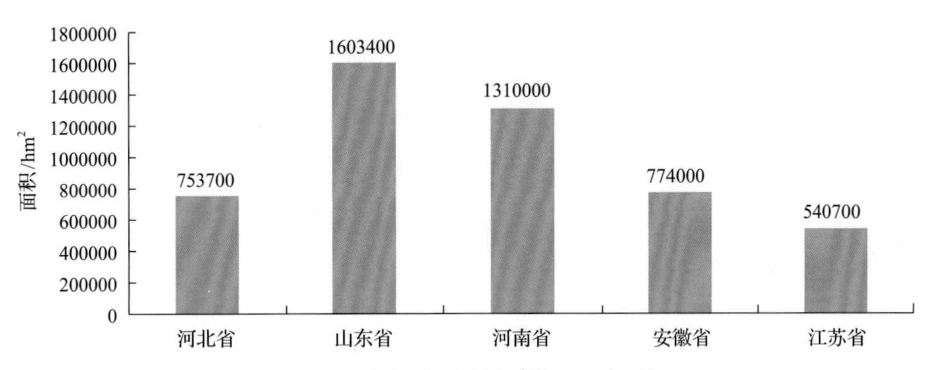

图 3-11　东部矿区平原采煤区沉陷面积

第四章

我国东部矿区采煤沉陷对生态环境的影响

第一节　采煤沉陷对土地资源的影响

一、采煤沉陷对地形地貌的影响

煤炭开采后，受开采影响的地表从原有标高向下沉降，形成下沉盆地、地裂缝、台阶、沉陷坑等，原有的地表形态发生改变。对相同的地质采矿条件，若地表的自然条件不同，开采引起的破坏形式也会表现出明显的差异，进行复垦的模式也会截然不同。东部平原矿区开采致使地面大面积沉陷，使地面的标高改变，常形成平缓的下沉盆地，盆地的外边缘区出现裂缝及台阶，改变了地表坡度，原来平坦的土地变得坑坑洼洼，到处都是深坑和矿山废弃物，对地形、地貌的影响通常非常明显(刘宏华和徐军，2011；侯新伟等，2014)。很多城市的道路、公园等基础设施都因采煤沉陷出现裂缝，甚至断裂、沉陷，使原有的平原地貌变为一种特殊的丘陵地貌(白中科等，2006)。在高潜水位矿区，如淮北、徐州、兖州、枣庄等矿区，地表因采动沉陷后潜水位上升，形成下沉盆地，出现季节性积水和常年积水，曾经的良田变成一片汪洋，严重影响土地的使用，造成矿区耕地大量减少(Booth, 2010)。在济宁、淮北等矿区，主城区内分布有大量的沉陷区，甚至沉陷积水区，原本平缓的地形变得起伏，道路和房屋建筑遭到破坏，限制了城市空间发展。在自然保护区范围内，煤炭开采引起的地表形态变化致使自然景观发生改变，野生动物的栖息环境遭到破坏。动物栖息环境的改变，许多野生动物难以适应沉陷后的环境，逐渐因环境不适宜和缺少食物大量迁移乃至死亡。

以巨野县为例，巨野县大部分属于缓坡平地，煤层埋深在–600～–1200m，煤层最厚达 11.36m，平均厚度 7.16m，开采后造成的地面沉陷，会形成 1～10m 深度不等的下沉盆地、沉陷漏斗、台阶、地表裂缝等，同时地表潜水位上升，大气降水排泄不畅，常常会造成积水。据预测，到闭矿，巨野县常年积水面积达 $1.205154 \times 10^4 hm^2$，季节积水面积达 $4.66176 \times 10^3 hm^2$。采矿区地表植物遭到破坏，加之地表坡度的改变，坡面冲刷强度加大，导致土壤侵蚀加剧、水土流失严重，容易出现裂隙、滑动，原生态地貌的完整性遭到破坏，地貌景观破碎度增加，沉陷积水区边缘形成缓坡地，不利于农业生产、设施建设和群众生活，见图 4-1。

图 4-1　采煤沉陷对地形地貌的影响

二、采煤沉陷对土地利用结构的影响

东部高潜水位地区煤炭开采方式主要是井工开采，井工开采不可避免地会造成诸如地表沉陷、裂缝、沉陷坑、台阶下沉、滑坡等地质问题。从而导致区域水土流失，对原有的地表植被及生态造成极大的破坏，引起土地利用结构的变化。

根据全球 30m 地表覆盖数据(2010 年)统计，我国东部矿区含煤区内土地利用类型包括耕地、森林、草地、灌木地、湿地、水体、人造地表、裸地等(图 4-2)，其中耕地主要分布在黄淮海平原，地处东部矿区的中部区域；森林、灌木林主要分布在河北省东北部、河南省西北部、安徽省南部区域，这主要与地形有关，河北省北部位于阴山山脉、河南省西北部处于小秦岭山脉、安徽省南部位于黄山山脉；含煤区内的水体或湿地主要存在于太湖、徽山湖、长荡湖、滆湖、石臼湖、长江及黄河，水体下煤炭的开采属于“三下采煤”的一种，可能引起突水事故的发生，所以必须研究含煤区内水域的分布，尽可能减少水体对煤炭开采的影响。

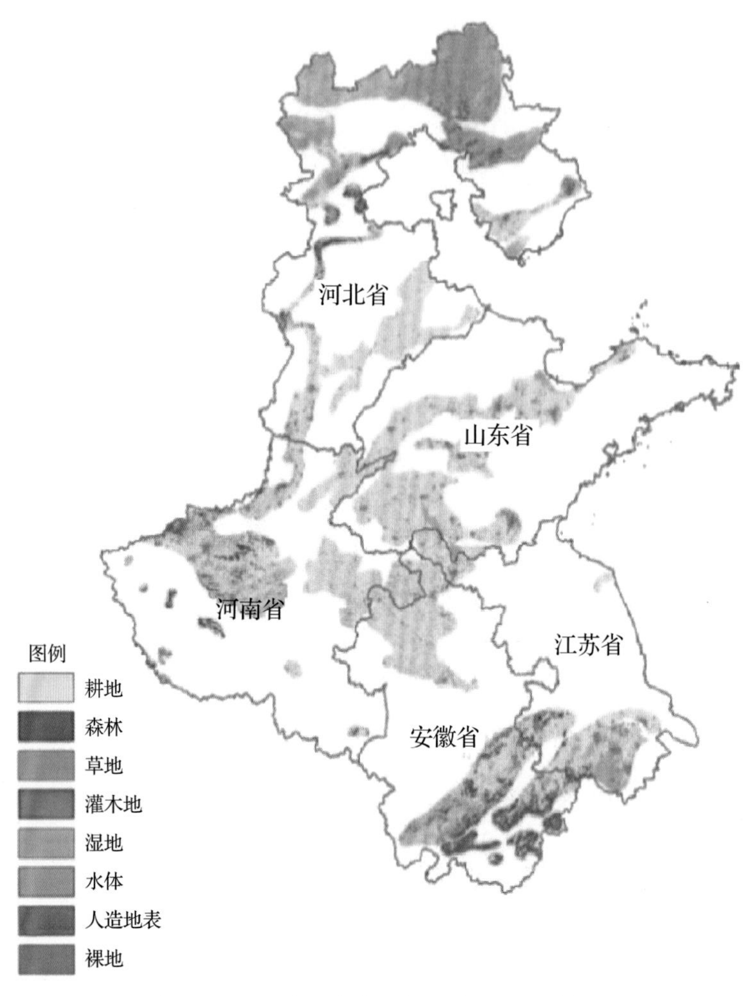

图 4-2　东部矿区含煤区土地利用现状示意图

东部矿区含煤区面积共 248011km²，其中耕地面积 157073.7km²，占含煤区面积的 63.33%，森林面积 31131.1km²，占含煤区面积的 12.55%，人造地表面积 27008.3km²，占含煤区面积的 10.89%，草地面积 22463.6km²，占含煤区面积的 9.06%，以上四种地类总面积占含煤区总面积的 95.83%（图 4-3），主要原因是东部矿区人口密集，河南、山东等都是农业大省，土地资源紧张，裸地和灌木地分布很少，含煤区内的湖泊较少，水域和湿地面积也相应较少。市级尺度含煤区内，张家口市耕地面积最大，为 8106km²，其次是亳州市（6837km²）、济宁市（6477km²）、商丘市（6099km²）、菏泽市（5751km²）、潍坊市（5000km²）、沧州市（4858km²）、承德市（4813km²）等；亳州市人造地表面积最大，为 1249km²，其次是商丘市（1181km²）、菏泽市

($1062km^2$)、济宁市($1039km^2$)、潍坊市($963km^2$)等；苏州市水体面积最大，为 $1672km^2$，其次是无锡市($999km^2$)、济宁市($845km^2$)、安庆市($798km^2$)、常州市($628km^2$)等。

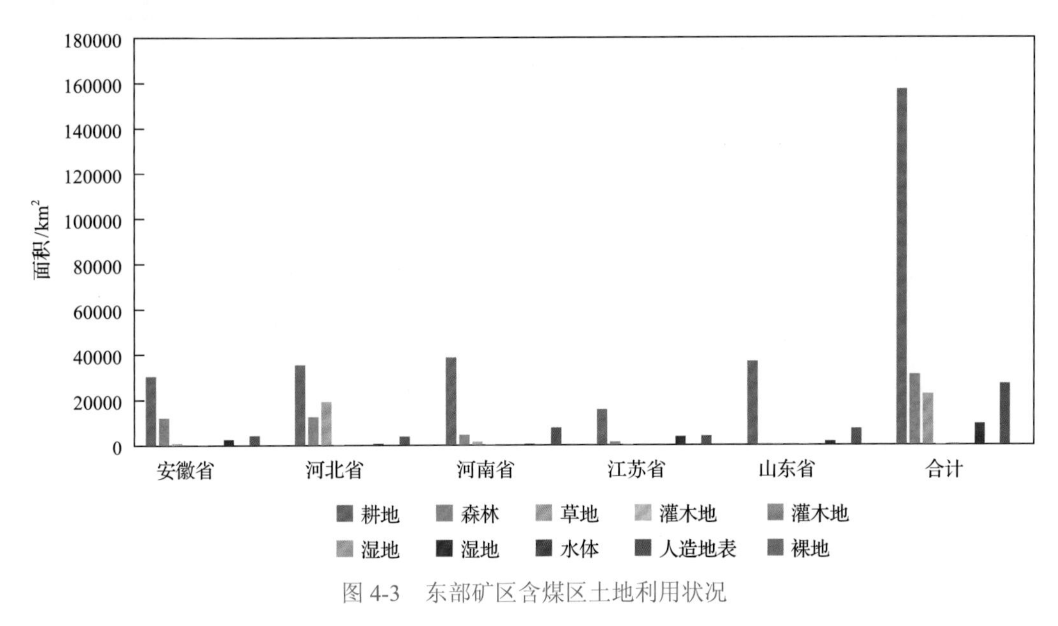

图 4-3　东部矿区含煤区土地利用状况

煤炭资源的开采影响最大的土地利用类型就是耕地，该区域的耕地主要分布在平原，特别是山东、河南等粮食主产省份，大多属于国家保护的基本农田，煤炭开采会引起土地沉陷、损毁、压占、污染等问题，这一系列问题都将导致耕地的减少，进而危及到国家粮食安全。在高潜水位区域，煤矿开采引起地面变形下沉，导致地下水出露为地表水，降水和地表水的汇集，形成沉陷积水。所以土地利用结构变化特征主要表现为耕地向水体转换。

三、采煤沉陷对耕地资源的影响

(一)煤粮复合区基本情况

我国煤粮复合区分布广泛，据统计，我国煤粮复合区面积占耕地总面积的 42.7%，其中煤炭保有资源与耕地复合面积占全国耕地总面积的 10.8%，按基本农田占耕地总面积的80%计算，我国则约有 32.6%的基本农田下埋藏有煤炭资源，根据全球 30m 地表覆盖数据(2010 年)统计，东部矿区含煤区面积 $2.459\times10^5km^2$，耕地面积 $4.881\times10^5km^2$，煤粮复合区面积 $1.569\times10^5km^2$，煤粮复合区面积占耕地总面积的 32.15%，河南省和山东省煤粮复合区面积最大，分别为 3.86×10^4km^2 和 3.68×10^4km^2，占本省耕地比例分别为 35.32%和 29.89%（表 4-1）。

表 4-1　东部矿区煤粮复合区概况（2010 年）

行政区	总面积/10^4 km^2	含煤区		耕地		煤粮复合区	
		面积/10^4 km^2	占全省比例/%	面积/10^4 km^2	占全省比例/%	面积/10^4 km^2	占耕地比例/%
安徽省	14.01	5.03	35.90	8.27	59.03	3.04	36.76
河南省	16.56	5.22	31.52	10.93	66.00	3.86	35.32
河北省	18.77	7.15	38.09	10.06	53.60	3.54	35.19
山东省	15.64	4.67	29.86	12.31	78.71	3.68	29.89
江苏省	10.20	2.52	24.71	7.24	70.98	1.57	21.69
合计	75.18	24.59	32.71	48.81	64.92	15.69	32.15

（二）耕地资源分布特征

为充分摸清煤炭开采对耕地资源的影响，本书基于地形起伏度实现了东部矿区高潜水位煤粮复合区耕地资源的分等定级，其基本思想为：基于 ArcGIS 平台将东部矿区高潜水位含煤区数据与土地利用数据叠加，获取东部矿区煤粮复合区分布情况，然后将其与区域地形起伏度数据叠加，获取基于地形起伏的煤粮复合区耕地资源分布（图 4-4），并通过对其进行分等定级，获取东部矿区煤粮复合区地形起伏度分级图，以摸清区域耕地资源分布特征。

在参考牛文元、封志明等研究的基础上，我们将东部矿区地形起伏度定义为五省范围内平均海拔水平面上的地形起伏度：

$$\text{RDLS}=\text{ALT}/1000+\{\text{RALT}\times[1-P(A)/A]\}/500 \tag{4-1}$$

式中，RDLS 为地形起伏度；ALT 为区域内平均海拔，单位为 m^{-1}；RALT 为区域内平均高差，单位为 m^{-1}；$P(A)$为区域平地面积，单位为 km^{-2}；A 为区域总面积，单位为 km^{-2}，本书以 1km×1km 栅格为评价单元，即 A 值为 1km^2；500（单位为 m）为我国中低山的平均海拔，视为我国基准山体高度。

通过对东部矿区含煤区地形起伏度分布图进行分等定级，可获得东部矿区煤粮复合区地形起伏度分级图，将煤粮复合区按照地形起伏度大小分为 6 级，分级标准见表 4-2。

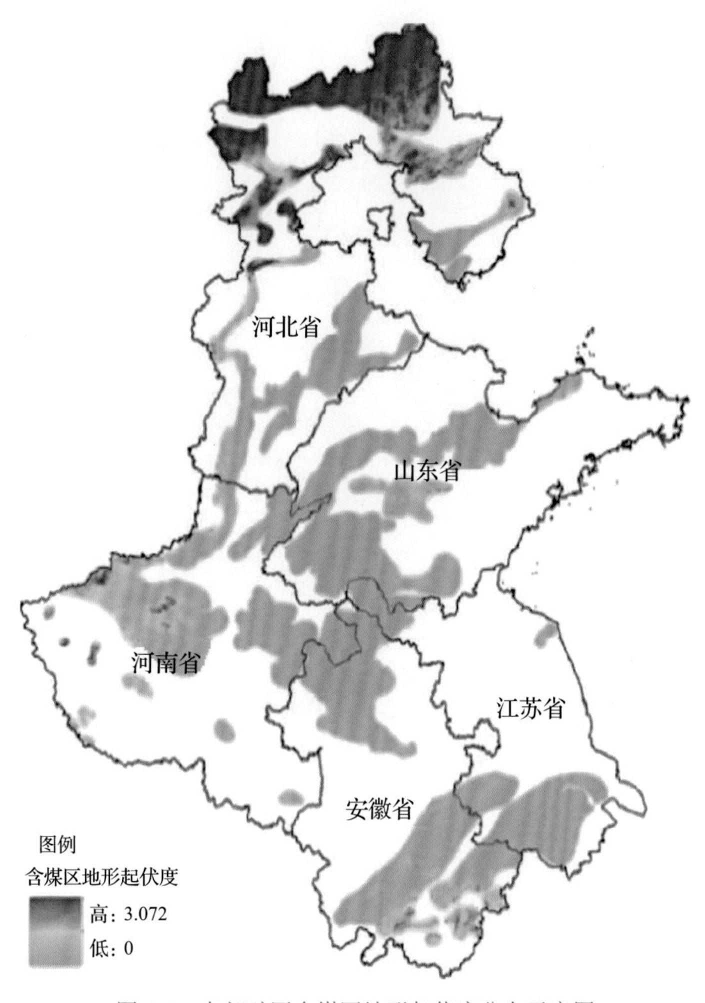

图 4-4　东部矿区含煤区地形起伏度分布示意图

表 4-2　基于地形起伏度的分级标准

分级	地形起伏度（RDLS）		
	分级标准	面积/km^2	比例/%
一等地	0～0.05	89222.28	56.86
二等地	0.05～0.1	23995.91	15.29
三等地	0.1～0.5	26349.62	16.79
四等地	0.5～1.0	8054.37	5.13
五等地	1.0～2.0	9269.03	5.91
六等地	2.0～2.615	24.79	0.02

按以上 RDLS 分级标准对煤粮复合区进行分级显示，如图 4-5 所示，一等地主要分布在黄淮海平原，一等地可以视为平原区，是人类活动最密集的

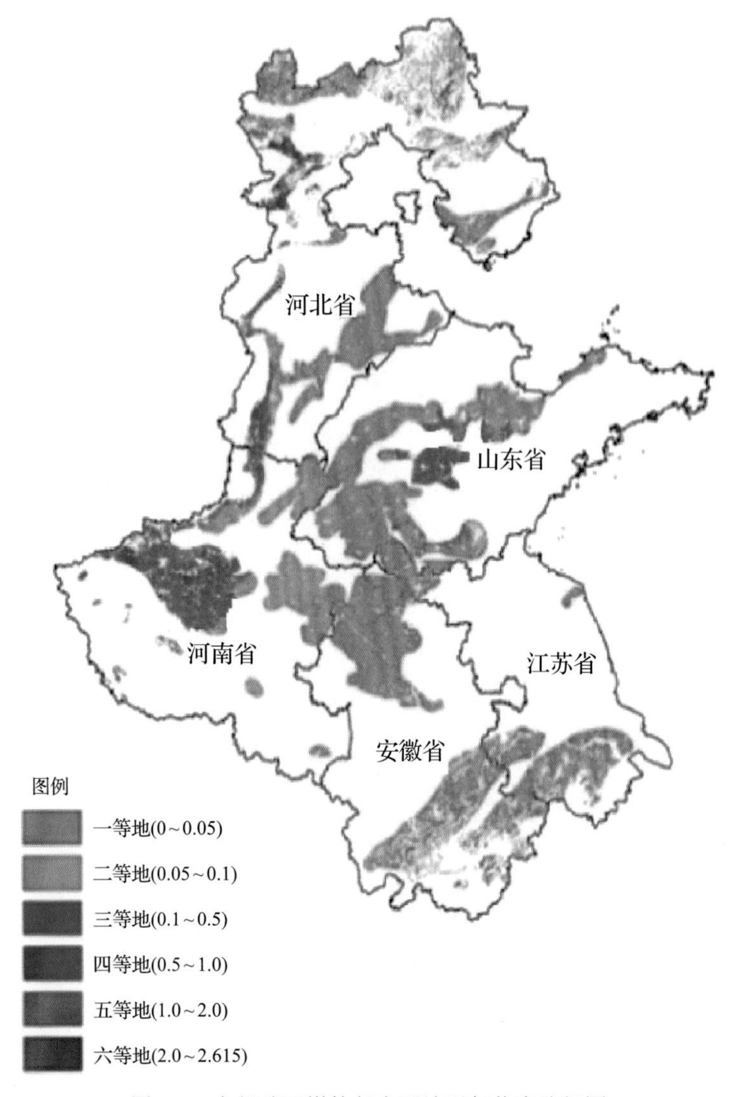

图 4-5 东部矿区煤粮复合区地形起伏度分级图

区域，不仅土壤肥沃，而且便于耕种。就各省的煤粮复合区而言，安徽省一等地面积最大，为 26371km^2。其次是山东省、河北省、江苏省，分别为 23493km^2、16121km^2、14937km^2。排名最后的是河南省，仅有 8070km^2。河南省煤粮复合区面积排名第一，但河南省的一等地面积最小，说明河南省煤粮复合区耕地分布的地形起伏较大，煤炭开采影响到的高质量耕地并不多。市域范围内，亳州市一等地面积最大，为 6827km^2，其次是济宁市、沧州市、菏泽市、商丘市、衡水市、聊城市、潍坊市、徐州市、唐山市。可以看出，一等地受影响较大的市域主要分布在山东省、安徽省和河北省。县级尺度内，受影响的一等地面积大于 1000km^2 的有：濉溪县、蒙城县、涡阳县、无为县、谯城区、永城市、寿光市、利辛县、郡城县、萧县、夏邑县、齐河县、巨野县、郸城县，这些县主要分布在安徽省境内，其他省份分布较少，其中江苏省由于含煤区面积较小，受影响的县域内一等地面积没有超过 $1000km^2$ 的。

就不同等级耕地总面积而言，随着地形起伏的增大，耕地面积急剧减少，一、二、三等地占耕地总面积的 88.94%，并且主要分布在东部矿区的中部区域。在河南省西北部和河北省北部，虽然有耕地的分布，但由于地形起伏过大，已明显不适宜耕种，该区域不仅土壤贫瘠，而且不利于农产品、肥料等的运输，如河北省张家口市，五等地面积高达 $6186km^2$，虽然耕地面积大，但是耕地质量低，在该区域内，可适当地以煤炭资源开采为主，耕地保护为辅，进一步协调国家能源保障与粮食安全之间的关系。对煤粮复合区地形起伏度（RDLS）的分级，可以说明耕地的地形分布特征，便于对煤粮复合区耕地进行适宜性评价。

四、采煤沉陷对土壤特性的影响

（一）地表沉陷对土壤的影响

首先，从地表移动过程来看，地表点的移动状态可分为下沉和水平移动，而描述地表移动盆地内移动和变形的指标是：下沉、倾斜、曲率、水平移动、水平变形、扭曲和剪切变形等。地表在下沉过程中的上述地表形变使沉陷盆地内土壤在局部紧实或松散，从而使得沉陷区内土壤的容重、土壤孔隙度、充水孔隙度、微生物活动指数等土壤性质发生变化（匡文龙和邓义芳，2007；王辉和刘德辉，2000）。其次，煤炭开采改变了沉陷区内地表径流状况、改变了沉陷区地下潜水深度，从而使得沉陷区土壤水分条件发生变化。而且在沉陷区局部，受水平拉伸变形的影响和地表不均匀沉陷的作用，可能产生地表裂缝或台阶式位移沉陷，从而加速土壤水分的蒸发。上述原因可能使沉陷区土壤的充水孔隙度、土壤导水率、孔隙水电导率等理化性质发生变化（顾和和等，1998）。再次，煤炭开采引起地表下沉，在沉陷区内地形坡度也是影响土壤理化性质的重要因素（魏江生等，2006；赵明鹏等，2003）。开采沉陷在沉陷区内产生形成地表坡地，在降雨、风蚀等外界因素影响且地表植被相对薄弱的地方，坡地表土流失，会使得沉陷区土壤质地、容重、黏土含量、pH、总有机质含量、充水孔隙度等性质发生变化（何金军等，2007；陈龙乾等，1999）。

（二）煤矸石淋溶对土壤的影响

煤炭开采不可避免地会产生大量的煤矸石，煤矸石经雨水淋溶进入水域或渗入土壤，会影响水体和土壤，并被植物根部所吸收，影响农作物的生长，造成农业减产和农产品污染。大气和水携带的煤矸石风化物细粒可飘洒在周围土地上，污染土壤，煤矸石山的淋溶水进入潜流和水系，也可影响土壤。因此，煤矸石经过淋溶会严重影响土壤环境。我国煤矸石大多露天堆放，其自身理化性质决定了煤矸石山堆放场形成过程中的主要环境胁迫因子有：①物理结构不良，持水保肥能力差；②极端贫瘠，N、P、K 及有机质含量极低，或是养分不平衡；③重金属含量过高，影响植物各种代谢途径，抑制植物对营养元素的吸收及根系的生长；④极端 pH，煤矸石硫化物氧化产生硫酸，严重时 pH 接近 2，酸性条件又进一步加剧重金属的溶出和毒害，并会导致养分不足。这些不利因素单独或集中出现，会导致煤矸石山堆放场废弃地大多为不毛之地。

煤矸石是伴随着煤层的形成而产生的，因此煤矸石中微量元素的来源与煤相似，在煤矸石中，微量有毒元素都有无机态或有机态的可能性，只是结合的程度不同。当有毒微量元素以有机态存在为主，即微量有毒元素通过碳氢键与有机物大分子相结合时，一般不易淋溶出来；当以无机态或吸附态存在为主，即微量有毒元素以盐类形式与其他化合物结合时，在淋溶作用下，有毒微量元素易分解出来。另外，煤矸石中有毒微量元素的状态同时受煤矸石 pH 和氧化还原电位的制约，以及其他化合物种类的影响，不同状态的有毒微量元素在适当的环境条件下是可以相互转化的。因此，有毒微量元素在煤矸石中的贮存状态就成为有毒微量元素化学活性大小的关键所在。

煤矸石经雨水淋溶进入水域或渗入土壤，会影响水体和土壤，并被植物根部所吸收，影响农作物的生长，造成农业减产和产品污染。大气和水携带的煤矸石风化物细粒可飘洒在周围土地上，污染土壤，煤矸石山的淋溶水进入潜流和水系，也可影响土壤。例如，煤矸石中有毒微量重金属元素随之迁移至土壤中，对土壤造成污染。

煤矸石中微量元素对土壤的影响主要有两种途径：一是含微量有毒元素的煤矸石粉尘直接降落于土壤；二是煤矸石淋溶液进入土壤。淋溶液中元素浓度较低，煤矸石以粉尘形式进入土壤的微量有毒元素甚少，说明不同微量有毒元素在土壤中的累积性不同，且煤矸石中微量有毒元素对土壤的污染是一个长期缓慢的过程。

第二节　矿区采煤沉陷对植被的影响

在高潜水位地区，煤炭开采引起地表下沉，下沉值较大的区域可能形成常年性积水或季节性积水。常年积水区域地表原始植被无法生存，原始植被被新生的湿地植被或水生植被代替，故植被类型也发生变化，农作物生产力下降大于 80%，造成农业减产或绝产，对农田耕作影响严重。季节性积水区域会造成农业减产，生产力下降 30%，对农田耕作影响较严重。其他沉陷区沉陷深度较小，对农田耕作和农作物产量影响不大，农田耕作正常进行（王双明等，2017）。

另外，采矿过程中产生的重金属离子、高酸性物质是植被生长的限制因子。而且，沉陷区土壤理化性质由开采前的均质状态变为非均质状态，影响沉陷区植被的种类和多样性。且采矿中较高的金属含量对绝大多数植物的生长发育都产生严重抑制和毒害作用。采矿过程中还会产生一些高酸性物质，强的酸度通常也是植物在矿地定居的最大限制因子。在半干旱区采煤区，在沉陷干扰作用下，植物群落的建群种几乎无变化，群落生物多样性没有显著差异，植物种数及植被盖度与沉陷及沉陷年限有关。

在生态红线范围内，煤炭开采引起的地表沉陷严重区域，大量土地沉入水中，陆地生态系统变为湿地生态系统，原始植被将被新生的湿地植被或水生植物代替，植被类型将发生改变。在耕地红线范围内，地表沉陷将影响农业生产，致使农作物将减产或绝产，从而影响农民生活。

一、东部矿区归一化植被指数（NDVI）分布特点

煤炭开采会影响到含煤区生态环境，NDVI 可以反映出含煤区植被的生长状况，利用含煤区矢量边界对东部矿区 NDVI 数据进行裁剪，得到含煤区 NDVI 分布图（图 4-6）。

由图 4-6 可以看出，NDVI 值较高的区域主要集中在黄淮海平原与河北省的东北部，结合土地利用数据可知，黄淮海平原土地利用类型以耕地为主，而河北省的东北部以森林和灌木林为主，这些作物的 NDVI 值相对较高，河北省的西北部以草地为主，因为草地的 NDVI 值相比森立和灌木林较小，所以河北省西北部 NDVI 值相对较低。利用 ArcGIS 软件的 ZonalStatistics 函数进行统计分析发现（表 4-3），五个省份的含煤区面积所占比例与 NDVI 总和所占比例几乎相等，说明 NDVI 的总和主要与面积大小有关，从 NDVI 平均值可以看出：安徽、河南、河北、山东四省含煤区 NDVI 分布的差异性并不大，

江苏省由于含煤区水域面积较大，NDVI 平均值偏小，标准差较大。

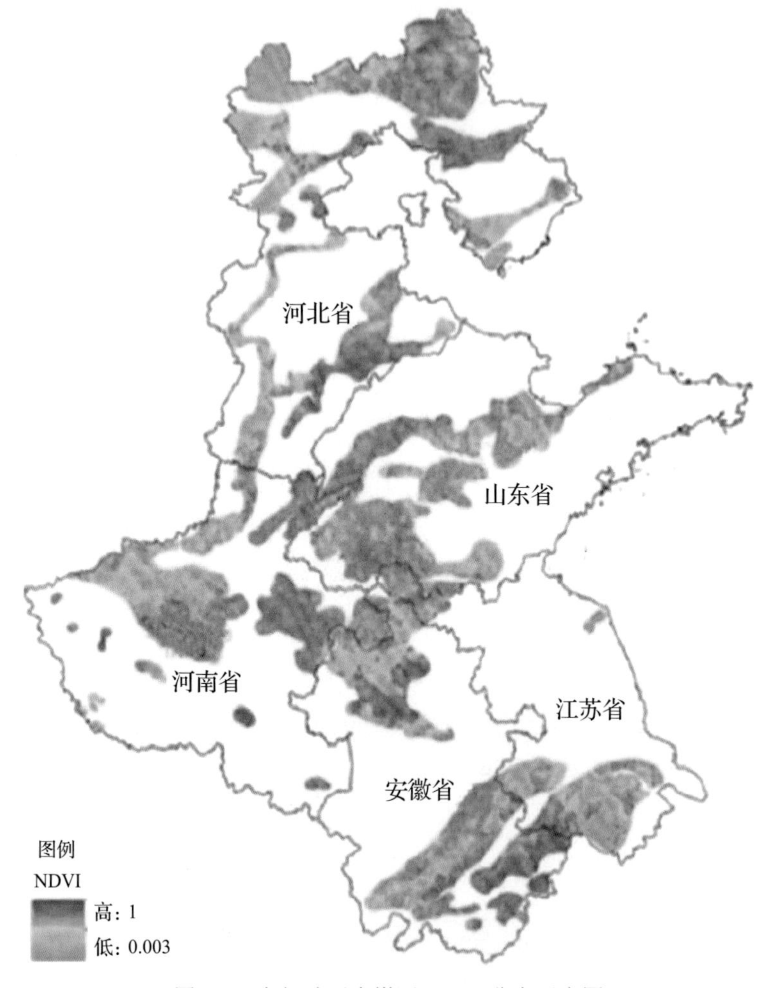

图 4-6　东部矿区含煤区 NDVI 分布示意图

表 4-3　东部矿区含煤区 NDVI 分布

行政区	含煤区		NDVI			
	面积/10^4km^2	比例/%	平均值	标准差	总和	比例/%
河北省	7.15	29.07	0.78	0.15	168355.9	30.54
山东省	4.67	18.99	0.79	0.14	106105.6	19.25
河南省	5.22	21.23	0.8	0.13	117276.8	21.28
安徽省	5.03	20.46	0.8	0.14	110649	20.07
江苏省	2.52	10.25	0.71	0.23	48842.99	8.86

图 4-7 表示了不同 NDVI 值的栅格数目，NDVI 的分布呈现出正态分布的特征，分布曲线的峰值所对应的 NDVI 值为 0.85，曲线的拐点所对应的 NDVI

值分别为0.64和0.94，在两拐点之间的栅格数为555475，占栅格总数的78.75%，体现了正态分布的集中性，离NDVI=0.85越近，NDVI值出现的概率越大。

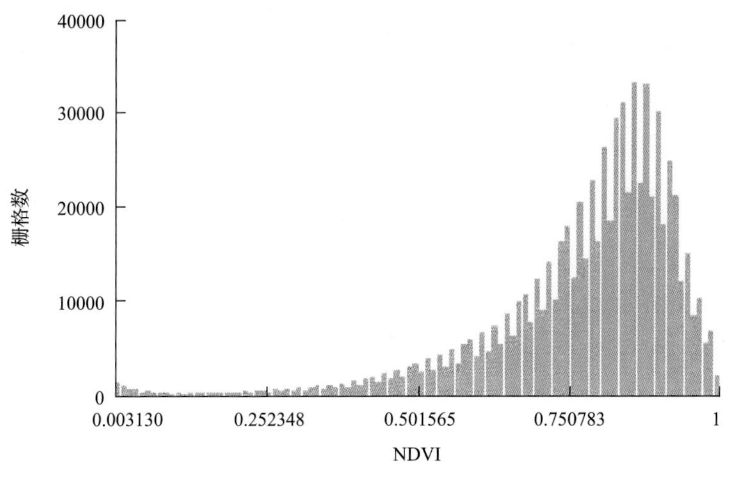

图4-7　含煤区NDVI值分布状况

二、东部矿区植被覆盖度（VFC）分布特点

植被覆盖度是指植被垂直投影到地面的面积占区域总面积的比例，常用于生态环境、气候、水土保持、植被变化等方面的研究。常用的测量方法有遥感估算和地面测量两种，遥感估算常用于区域尺度，地面测量常用于田间尺度，目前较为实用的遥感估算方法是利用植被指数进行近似估算，例如李苗苗等（2004）基于像元二分模型的估算模型：

$$VFC = (NDVI - NDVI_{soil}) / (NDVI_{veg} - NDVI_{soil}) \tag{4-2}$$

式中，NDVI 为归一化植被指数；$NDVI_{soil}$ 为完全无植被覆盖或裸土区域的NDVI；$NDVI_{veg}$ 为完全被植被覆盖像元的NDVI。

当研究范围内近似取值=0/100%时，式（4-2）可表示为

$$VFC = (NDVI - NDVI_{min}) / (NDVI_{max} - NDVI_{min}) \tag{4-3}$$

式中，$NDVI_{max}$ 和 $NDVI_{min}$ 分别为研究区域内NDVI最大值和最小值，由于噪声的存在，$NDVI_{max}$ 和 $NDVI_{min}$ 一般取一定置信度范围内的最大值和最小值。

在ENVI平台上，运用Basic/Statistics/ComputeStatistics工具，对研究区NDVI进行统计分析，取累积概率为95%和5%的NDVI值，得到0.952941和0.450980。NDVI值大于0.952941的像元，VFC取值为1；NDVI值小于

0.450980 的像元，VFC 取值为 0；介于二者之间的像元使用式(4-4)计算 VFC 值：

$$(\mathrm{b1}\ lt\ 0.450980)\times 0+(\mathrm{b1}\ gt\ 0.952941)\times 1+(\mathrm{b1}\ ge\ 0.450980\ and\ \mathrm{b1}\ le\ 0.952941)\times \{(\mathrm{b1}-0.450980)/(0.952941-0.450980)\} \tag{4-4}$$

式中，b1 为 NDVI 影像波段；0.450980 为累积概率达到 5%时的 NDVI 值；0.952941 为累计概率达到 95%时的 NDVI 值。此外，式(4-4)用 SQL 编程语言表达，其中，*lt* 为小于；*gt* 为大于；*ge* 为大于等于；*and* 为逻辑运算与；*le* 为小于等于。

通过波段运算，获得含煤区植被覆盖度分布图(图 4-8)，从图上可以看出，植被覆盖度(VFC)与归一化植被指数(NDVI)具有相似的空间分布规律。

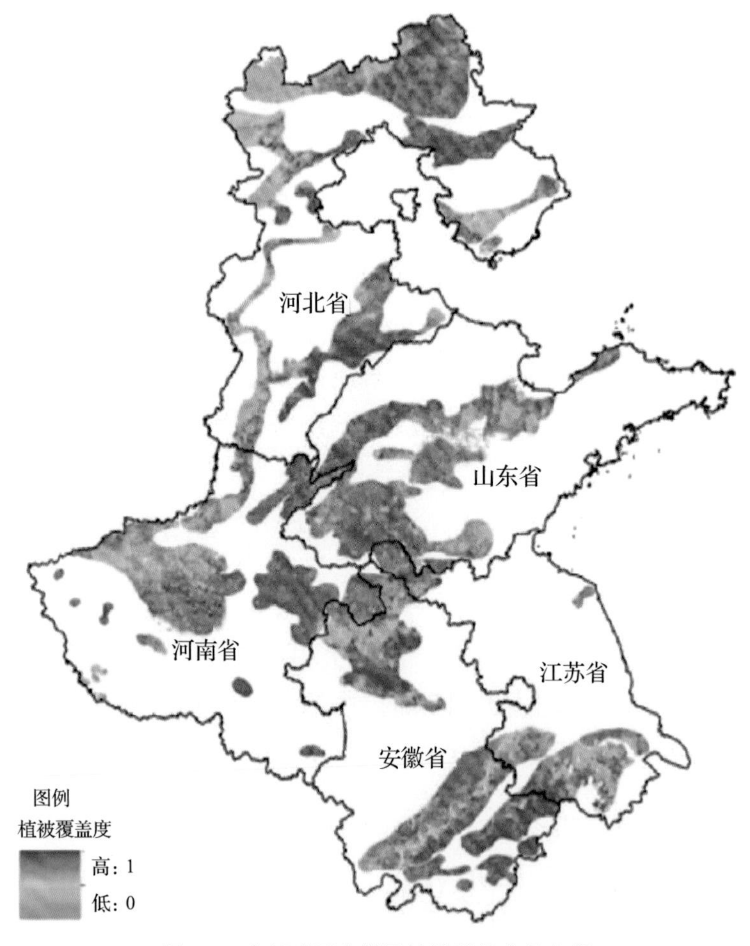

图 4-8　东部矿区含煤区植被覆盖度分布图

对比含煤区 NDVI 和 VFC 的空间分布状况(图 4-7 和图 4-9)发现，二者都大致服从正态或偏正态分布，VFC 为 0.82 时所对应的栅格数最多，两个拐点所对应的 VFC 值分别是 0.58 和 0.94，与 NDVI 的拐点值也保持了一致性，但 VFC 的值为 1 和 0 的栅格数较多，分别为 37909 和 32657 个，这主要与像元二分模型的假设有关，通过设置置信区间对栅格值进行重新赋值。运用 ArcGIS 的多变量(Multivariate)统计分析工具计算两个图层的相关矩阵，两数据层之间的相关系数达到 0.95，说明了两个图层在空间分布上保持了很高的一致性。

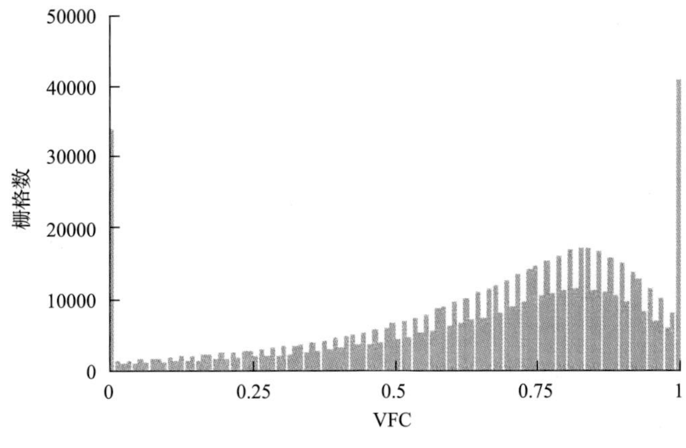

图 4-9 含煤区 VFC 空间分布状况

第三节 采煤沉陷对水资源的影响

在我国东部高潜水位地区，开采沉陷造成地下水系破坏、水利设施受阻，由于潜水位高，沉陷深的地方往往低于矿区潜水位，出现常年积水，无法排出，形成封闭的湖泊或沼泽。在沉陷较浅的地方常形成土壤盐渍化，而在沉陷区边缘地带水土流失严重，导致矿区生态系统退化。另外，采煤沉陷后，采空区的冒落和下沉会造成地下导水裂隙带贯通，地下水的径流条件发生改变，造成地表水源和地下含水层水源的漏失，从而使采空区的地下水位降低，许多地表井泉等水源的水量减少甚至干涸，还导致煤矿周围各含水层疏干，使得本来就十分珍贵的地下水和地表水资源更加紧张。改变区域土壤层水分的动态关系，使地表更趋于干燥，抗蚀能力减弱，水土流失加剧，破坏了农田生态系统，在干旱区甚至导致土地荒漠化。此外，东部平原沉陷区沉陷积水前土地大部分为农田，长期施用化肥，土壤中的氮、磷等营养元素含量较高，沉陷积水后，水体的富营养化程度较高，还有建筑垃圾、生活垃圾等长期浸泡在水中，污染物质不断释放进入水中，造成沉陷积水区水质较差。地表沉陷也可使水体受到污染，即地表或地下水通过松散层和岩层沉陷裂缝渗入井下采空区或深部含水层的过程中，可能携带地表和岩土层中的细菌和有害物质，同时在矿井和采空区中积存时，又可能受到人为和工作面作业过程中的废油、煤尘及废水的污染，矿井废水如不经处理就排放到河流中，也可使河流水系受到污染，河流生态系统遭到破坏。

当然，开采沉陷也有其有利的一面，采煤沉陷导致地下水出露为地表水，水环境转化也非常剧烈。原有的陆相生态系统因沉陷盆地常年积水或季节性积水而演变为水相、水陆两相生态系统，野生动物的种群也可能出现相应增多的情况。煤矿开采后地面变形下沉，有利于降水和地表水的汇集，经简易处理后，沉陷坑的积水在干旱季节可以提供部分灌溉水源。沉陷区在复垦后，积水坑可以被改造成为公园的人造小湖泊等游乐场所。

以济三矿区为例进行分析：

济宁三号煤矿三煤层开采形成的垮落带最大高度为30.3m，最大标高–672.45m，三煤层开采后形成的导水裂缝带最大高度为 115.54m，最大标高–587.21m。导水裂隙带上方存在超过 600m 厚的弯曲下沉带岩土层(含有 2 层含水层和 3 层隔水层)，其中有平均厚度 120.6m 的岩浆岩隔水层及第四系下组底部的黏土隔水层，以及第四系中组隔水层(平均厚度 54.2m)。岩浆岩隔水层，富水性较弱，隔水性能较好，有效阻隔了矿井水与湖水之间的水力联系，因此，济宁三号煤矿水下采煤是安全的，不仅不会导致湖水流失，而且在弯曲下沉带中的含水层的潜水也不会受到影响。

由于地下水埋深较浅，煤炭开采导致湖底下沉到潜水位以下，不仅降低了地表湖水的下渗程度，还会使湖水接收浅层地下水的侧向补给，在一定程度上提高了南四湖的库容量和水量，减缓湖泊淤积，增强南四湖的调蓄能力和抵抗自然灾害的能力，有效遏制南四湖水域面积逐年萎缩的趋势，扩大芦苇等挺水植物、鱼类、鸟类等生物的生存空间，改善自然保护区的生态环境，提高自然保护区的生物多样性水平。特别是，济宁三号煤矿所处的湖区，位于南四湖的北部边缘，水深 1～2m，大旱年份，湖水容易干涸，济宁三号煤矿在该处的水下开采加大了水深，往往有利于该处水域及其湿地的保护。

第四节　采煤沉陷对村庄用地的影响

长期以来，煤炭资源的大规模开采为我国国民经济的高速发展提供了充足的能源储备，但也对矿区地形地貌和生态环境造成了严重破坏，迫使地表大量村庄、房屋等建构筑物远地搬迁。据不完全统计，我国“三下”压煤量达 137.9×10^8t，其中村庄下压煤量达 52.21×10^8t，占建筑物下压煤量的 60%，其中尤以河南、河北、山东、安徽、江苏等人口密集、村庄集中的高潜水位平原地区更为突出，压煤量占全国村庄下压煤量的 55%以上，影响人口达 1321.64 万人。本节以安徽省淮南矿区为例，对淮南市村庄用地因煤炭开采造成的损毁情况进行统计，分析高潜水位地区村庄用地损毁变化特征。

一、采煤沉陷对村庄用地规模的影响

(一) 村庄用地规模变化

依据遥感解译的结果，淮南市 2005～2015 年村庄用地的总面积整体呈现不断增加的趋势，2005 年、2010 年和 2015 年村庄用地的总面积分别为 20895.57hm^2、22479.69hm^2 和 23721.83hm^2。

村庄用地比重是指行政单元内村庄用地的面积占行政单元各地类总面积的比例，计算公式如式(4-5)所示。村庄用地比重可以反映区域不同时段内村庄用地的差异及疏密程度。

$$P = \frac{S_r}{S} \tag{4-5}$$

式中，P 为淮南市历年村庄用地比重；S_r 为各年居民点用地面积；S 为淮南市行政区总面积。2005～2015 年淮南市村庄用地比重变化趋势如图 4-10 所示。

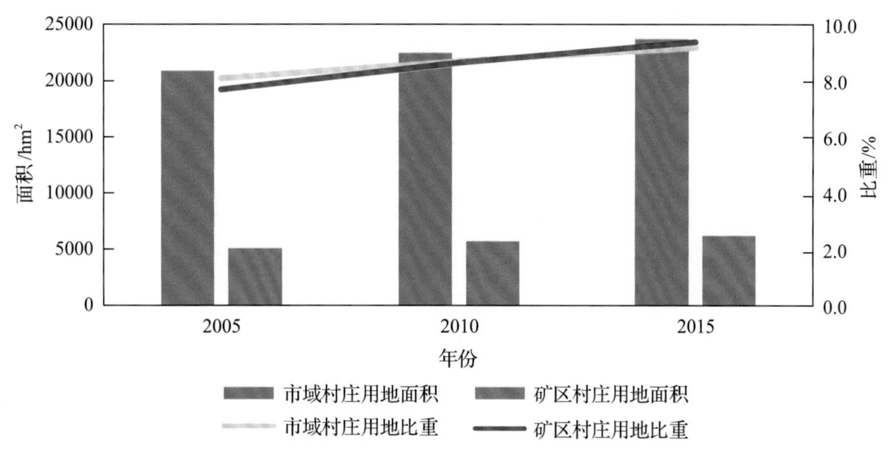

图 4-10　2005～2015 年淮南市村庄用地比重变化趋势

当 $P<0.001\%$时，可以定为稀疏区；当 $0.001\%\leqslant P<1\%$时，可以定为较稀疏区；当 $1\%\leqslant P<5\%$时，可以定为较密集区；当 $P\geqslant 5\%$时，可以定为密集区。通过图 4-10 可以发现，2005 年、2010 年和 2015 年淮南市、淮南矿界范围内村庄用地比重均大于 7%，为村庄分布密集区域。

（二）村庄用地扩展强度变化

村庄用地变化的单一动态度可以反映村庄用地的扩展强度，是反映其扩展强弱和速度快慢的指标，其实质是区域范围内村庄用地面积对其年均扩展速度进行的标准化处理，这样可以使不同时间段的村庄用地扩展速度具有可比性。为了反映区域村庄用地变化的剧烈程度，引入土地利用变化单一动态度对淮南市村庄用地变化剧烈情况进行分析。土地利用变化单一动态度是对不同土地利用变化的差异进行对比，并可以预测今后土地利用的趋势，其公式为

$$K=\frac{U_b-U_a}{U_a}\times\frac{1}{T}\times 100\% \tag{4-6}$$

式中，K 为研究区域在某一时段内村庄用地的利用动态度；U_a、U_b 为研究初、末期村庄用地的数量；T 为研究时段，设 T 的时段为年；K 的值则表示该研究区村庄用地年变化率。

通过测算可以发现，2005～2010 年淮南市村庄用地利用动态度为 1.52%，2010～2015 年淮南市村庄用地利用动态度为 1.11%；淮南矿区内 2005～2010 年利用动态度为 2.48%，2010～2015 年为 1.70%。可以看出虽然市域和矿区的村庄用地的面积在不断增长，但增长速度逐步减缓，矿区村庄用地的增长速度快于市域范围内村庄用地面积的增长速度。

（三）村庄用地扩张紧凑度变化

村庄用地的扩张分为填充式与外延式两种。如果随着村庄用地内部空间的逐渐填充，村庄用地边缘的凹凸性将变小，这样村庄用地的外部轮廓应趋于紧凑；而如果村庄用地扩展属于外延类型，则往往导致村庄用地形态趋于非紧凑性形态。紧凑度的计算公式为

$$D=\frac{2\sqrt{pU}}{C} \tag{4-7}$$

式中，D 为紧凑度，D 值为 0～1；U 为村庄用地面积；C 为村庄用地轮廓周长。当紧凑性数值越大时，其村庄用地形状就越具有紧凑性；反之形状的紧凑性越差。通过计算可以发现，2005 年淮南市村庄用地紧凑度为 0.00840，2010 年为 0.00875，2015 年为 0.00964。淮南市村庄用地扩展紧凑度不断增加，说明淮南市村庄用地不断聚集。

二、采煤沉陷对村庄用地空间演变的影响

利用 GIS 技术，分别对 2005～2010 年、2010～2015 年的土地利用图进行叠加分析，提取出村庄用地的变化图斑，从而得出各研究时段内村庄用地与其他类型土地之间的转换关系，有利于进一步研究村庄用地的变化情况。再通过村庄用地变化图斑获取变化信息，从而提取转移矩阵，并着重分析各研究区域的转换面积和比例，如表 4-4 所示。

表 4-4　各研究期村庄用地转换矩阵

转换方向	2005～2010 年		2010～2015 年	
	转换面积/hm^2	占原地类比例/%	转换面积/hm^2	占原地类比例/%
耕地→村庄用地	5635.40	3.23	5575.87	3.51
林地、园地、草地→村庄用地	294.62	3.55	459.07	5.79
其他用地→村庄用地	72.48	4.02	564.77	40.23
村庄用地→耕地	350.40	1.68	716.87	3.19
村庄用地→城镇用地	865.84	4.14	1759.15	7.82
村庄用地→林地、园地、草地	634.67	3.04	157.54	0.70
村庄用地→水域	2408.08	11.52	2724.01	12.11
村庄用地→其他用地	159.39	0.76		

从表 4-4 中可知，新增村庄用地的来源主要为耕地、林地(包括园地、草地)和其他用地。从新增村庄占用耕地来看，2005～2010 年占用耕地面积最多，占用面积达到 5635.4hm^2，占 2005 年耕地面积的 3.23%；2010～2015 年占用耕地面积有所下降，为 5575.87hm^2，占 2010 年耕地面积的 3.51%，但比重较 2005 年上升 0.28%。从新增村庄占用林地、园地、草地来看，2005～2010 年，新增村庄用地占用面积达到 294.62hm^2，占 2005 年林地、园地、草地面积的 3.55%；2010～2015 年占用林地、园地、草地面积有所上升，为 459.07hm^2，为 2005 年占用面积的 1.56 倍，占 2010 年耕地面积的 5.79%，比重较 2005 年

上升 2.24%。从新增村庄占用其他用地来看，2005～2010 年，新增村庄用地占用面积达到 72.48hm^2，占 2005 年其他用地面积的 4.02%；2010～2015 年占用其他用地面积面有所上升，为 564.77hm^2，为 2005 年占用面积的 7.79 倍，占 2010 年耕地面积的 40.23%，比重较 2005 年上升 36.21%。村庄用地转换为其他地类的情况中，村庄用地转换为水域的面积最多，其他情况依次为城镇用地、林地(包括园地、草地)、耕地和其他用地。从村庄用地转换为水域来看，2005～2010 年，村庄用地沉陷为水域的面积为 2408.08hm^2，占 2005 年村庄用地面积的 11.52%；2010～2015 年村庄用地沉陷为水域的面积有所上升，为 2724.01hm^2，为 2005 年占用面积的 1.13 倍，占 2010 年村庄面积的 12.11%，比重较 2005 年上升 0.59%。从村庄用地转换为城镇用地来看，2005～2010 年，村庄用地通过城镇化建设成为城镇用地的面积为 865.84hm^2，占 2005 年村庄用地面积的 4.14%；2010～2015 年村庄用地成为城镇用地的面积有所上升，为 1759.15hm^2，为 2005 年占用面积的 2.03 倍，占 2010 年村庄面积的 7.82%，比重较 2005 年上升 3.68%。从村庄用地转换为耕地用地来看，2005～2010 年，村庄用地通过土地整理、土地复垦成为耕地的面积为 350.4hm^2，占 2005 年村庄用地面积的 1.68%；2010～2015 年村庄用地成为耕地的面积有所上升，为 716.87hm^2，为 2005 年占用面积的 2.05 倍，占 2010 年村庄面积的 3.19%，比重较 2005 年上升 1.51%。

总的来看，淮南市及东部高潜水位地区村庄用地与其他地类的转换呈现如下特征：①随着国家对农村发展的关注、社会主义新农村的建设，农村的发展与建设对村庄用地的转换起了很大的推动作用；②从研究期来看，新增村庄用地的主要来源是耕地、林地(包括园地、草地)和其他用地；③由于后期耕地保护及生态保护政策的约束，虽然耕地一直是新增村庄用地的最大来源，但是村庄用地对其他用地占用的依赖加大；④从研究期来看，村庄用地的转换方向主要为水域、城镇用地和耕地；⑤淮南及东部高潜水位地区作为煤炭资源丰富的城市，受煤炭资源的开采影响，村庄用地沉陷为水域一直是村庄用地转换的最大方向，且沉陷数量逐步增加；同时，煤炭资源的开采可以为当地带来经济的增长，从而推动当地的城镇化进程，村庄用地转变为城镇用地的进程稍有加快；随着土地节约集约利用等土地保护政策的颁布，土地整理、土地复垦工程逐步受到重视和广泛实施，村庄用地整理为耕地的面积随之加大。

第五节　采煤沉陷对人居环境的影响

采煤沉陷不可避免地会引起地表村庄、建构筑物异地搬迁，压煤村庄搬迁对农业生产有着深远的影响。东部高潜水位采煤区压煤村庄搬迁的规模较大，涉及人口较多，搬迁后耕作半径有着显著地增加，往返路途的费用消耗增加，不利于田间的精耕细作，农业结构也发生改变。搬迁新址临近城镇，出入方便，人口聚集，便于劳动力发生转移，改为从事其他产业。搬迁后对道路设施和公共设施的要求更高，需要地区的社会保障工作与时俱进，跟上社会发展需求的脚步。本节以山东省兖州区为例，从耕作便利度、劳动力与农业结构调整和社会保障三个方面来研究采煤沉陷对人居环境的影响。

一、采煤沉陷对耕作便利度的影响

耕作半径的增加会直接降低耕作的便利度，削弱农民从事生产活动的积极性，考虑农业生产的方便程度，一般以耕作半径作为衡量住宅区和农业生产区布局是否适应的指标。耕作半径指从住宅区到耕作地尽头的距离。耕作半径太大，农民下地的往返消耗时间较多，不利于精耕细作和田间管理。村庄搬迁后耕作半径有了显著增加，农民从事农业生产的便利程度就会下降，为了缩短从居住地到耕作地所消耗的时间，需要改进出行的交通工具，为了减少路途时间，有些农民会选择在农田一劳作就是一天，午饭也选择自己带饭就地解决，减少来回奔波的时间，在调查问卷中对耕作便利情况做了统计，如表 4-5 所示。

表 4-5　搬迁前后耕作便利情况变化

比较项目	往返费用增加	往返次数增加	日均耕作时长增加	新增交通工具	耕作期午饭地点变化
人数/人	144	41	121	128	118
比例/%	72.0	20.5	60.5	64.0	59.0

从表 4-5 中可以看出耕作半径增加后，交通工具需要更新，最直接的效应就是往返费用增加了。为了减少路途消耗的时间，农民只能减少往返的次数，在该次调查中往返次数增加的人数主要集中在就近搬迁的小南湖村和澹台墓村。日均耕作时长相应增加了，有 59%的农民干脆就在田地间解决午饭。

二、采煤沉陷对劳动力与农业结构调整的影响

劳动力是农业生产不可或缺的生产要素。由于耕作半径增加，很多以前从事农业劳动生产的中老年人因为出行的不方便只能放弃劳动，村庄搬迁靠近城镇，加上煤炭开采导致耕地数量减少，不少劳动力被释放出来改为外出打工或者从事其他产业。劳动力向非农产业和城镇转移，既是工业化和现代化的必然趋势，也是实现农民收入增加，促进农村经济发展的有效途径，具有积极作用。但是农村劳动力转移使农地荒芜或农民耕种土地的积极性下降，不利于农业技术的创新、推广与使用，又易产生资本外流，不利于农业的可持续发展，也有消极作用。在调查中发现采煤沉陷导致大片的耕地积水，不再适宜耕作，人均耕地只有 0.3～0.7 亩，仅仅依靠种地作为生活来源已经不现实了，调查结果中有 66%的农民生活主要依靠种地，完全依靠种地的人只占 8.5%，主要是专门从事规模经营的农业大户。在调查中对已经放弃从事农业生产的人数进行了统计，如图 4-11 所示。

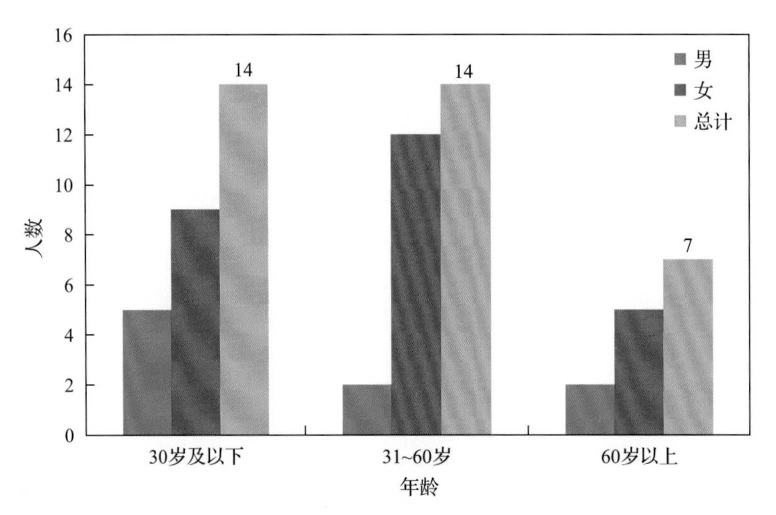

图 4-11　不同年龄段放弃农业生产的人数

调查的 200 人中一共有 35 人搬迁放弃了农业生产，其中男性为 9 人，女性为 26 人，31～60 岁的女性放弃农业生产的人数最多，究其原因，一方面是出于技术水平的限制，不方便使用交通工具；另一方面是大多数 50 多岁女性的主要家庭职责是在家照看年幼的孙子孙女，农业生产主要由家中壮年劳动力完成。30 岁以下的男性调查中有 5 人放弃农业生产，其中 4 人外出打工，1 人在社区内开办小型超市。耕作半径的变化对于农业结构调整也起了一定的

作用，不同种类农作物所需的耕作方法和管理方式不同。相比于经济作物和蔬菜的种植来说，林业和果园的种植、管理和采摘等工作的周期比较长，消耗的人力物力较少，且对管理要求比较低，比较适合于耕作半径的增加。在调查中，村民原来习惯于在旧村址或者临近耕地上划定一定面积的区域种植蔬菜，以满足日常生活的需要，搬迁后新村址主要是楼房，且离地距离比较远，已不再适合继续从事蔬菜种植。

三、采煤沉陷对社会保障的影响

目前，兖州区有效利用煤炭企业支付的补偿资金，结合当地村镇发展规划，按新农村建设的要求，依据现有的条件和基础，鼓励集中搬迁，对矿区范围规划期内需要搬迁的村庄进行了统一规划，采取合村并点的方法，促进新村建设向城镇、中心村集中。同时对办公、教育、医疗等公共公益事业进行整合，统一集中规划。新村在一定程度上实现集约节约用地，改变了村容村貌，转变了农民的生产生活方式，有力地促进了新农村建设。但是，搬迁后也存在着一系列的社会问题和生活隐患，为了对矿区范围内搬迁的村庄进行统一规划、统一部署，执行统一的搬迁标准，需要各村庄相对集中到一起以便于统一规划住宅，统一供水、供电、供暖。搬迁后虽然在公共基础设施建设、城乡统筹发展方面有所改善，但是耕作半径的增加导致了异地搬迁村民远离旧址后耕种土地不方便又引起了一系列问题。为了降低搬迁居民的生产开支，使耕作半径的增加对农业生产的影响减小到最低，当地政府与相关部门要做好社会保障工作，如给予交通和生产补贴等，修建田间道路或者统一配置大型机械方便进行农业生产，对于劳动力要进行技术指导与培训，既要提高农业生产水平，又要保障释放出来的劳动力有合理的就业渠道，提高生活水平。因此，当地政府的社会保障工作是否到位也影响了农业生产的进行。据调查，该区八个已搬迁村庄政府均没有给予交通补助费，也没有配备专门的往返公交车，这在一定程度上增加了村民的支出费用和生活难度。大型机械能够提高田间劳作的工作效率，降低人力和时间的消耗，能够做到省时省力。俗话说得好，“要想富，先修路”，一个地区的交通直接影响了当地的经济发展与社会进步。平坦宽阔的田间道路能够减少农民在路途上消耗的时间，方便大型农业机械进出田地，为耕作的顺利进行提供了基础保障。对大型机械的配备情况和田间道路的修复情况的看重，说明农民越来越注重科学技术在农业生产中的作用，运用新技术来提高农业生产综合实力，走科技兴农之路。在调查中道沟社区和澹台墓村村委会专门配备了大型耕作机械，耕作期间村民只需交少量的钱就可以使用，既省时又省力，该做法受到了群众的肯定。对于田间道路的修复，该地区政府主要是通过土地整治的方式进行的。

第六节　我国东部采煤沉陷区综合治理及生态修复制约因素

一、自然制约因素

东部平原矿区地表潜水位高，潜水位平均高度为 1～5m，其中河北省开滦矿区潜水位高度 1～3m，河南省永夏矿区潜水位高度 1～4m，安徽省淮北、淮南、皖北等矿区潜水位高度 1.5～3.5m，江苏省丰沛、徐州矿区潜水位高度 1～1.5m，兖州、济宁、枣滕等矿区潜水位高度 1.5～3m。在地下煤炭开采影响波及地表以后，受采动影响的地表从原有标高向下沉降，在采空区上方地表形成一个比采空区大得多的沉陷区域，即下沉盆地(下沉深度大于 10mm)。平原矿区潜水位高，地表下沉进一步抬高了潜水位，使地下水埋深下降，从而使该区域产生季节性积水或常年积水，地表由采矿前的陆生生态环境演变为采矿后的水生生态环境。积水后在地表形成深浅不等、大小不一的各自封闭的沉陷水面，其中部深、四周浅，类似于天然湖泊，水面面积从几亩到数千亩不等，积水深度与煤层开采厚度、潜水位标高、外河水位等因素有关。

高潜水位矿区煤层数量众多、可采煤层厚度较大，开采对地表耕地造成的影响十分严重，特别是安徽省淮南、淮北矿区和山东省兖州、滕州等地，开采沉陷损毁耕地尤为严重。耕地损毁特征：一是沉陷面积大。据不完全统计，煤炭开采已经导致山东省(济宁市、菏泽市)、安徽省(淮南市、淮北市)和江苏省沉陷土地面积累计达到 $9.31\times10^4hm^2$，常年积水耕地面积达到 $3.87\times10^4hm^2$，2020 年沉陷土地面积将累计达到 $11.14\times10^4hm^2$，其中，菏泽市巨野矿区闭矿时形成沉陷地近 $6.67\times10^4hm^2$，占巨野矿区面积的 87%，将造成 32 万农民无地可种。二是沉陷积水面积大。菏泽市巨野矿区三煤层厚 6～8m，采煤沉陷系数为 0.8～0.9，沉陷深度普遍为 4.8～7.2m，2020 年积水面积将达 $0.33\times10^4hm^2$，闭矿时积水面积近 $4\times10^4hm^2$；淮南矿业属于煤层群开采，平均煤层厚度 30m，煤层开采地表沉陷深度和积水面积都很大，且随着煤层群不断重复开采，积水区面积占沉陷区面积的比重不断增加、最大积水深度不断增加。沉陷预测表明，2012年、2020年、2030年、2050年最大积水深度分别为10m、13.3m、16.2m、20m，积水面积占沉陷面积比重分别为33%、60%、71%、97%（表4-6）。

表4-6　我国东部采煤沉陷地现状及预测表

地区	采煤沉陷地现状及预测
济宁市	累计沉陷土地3.2×10^4万m^2，绝产耕地面积2×10^4万m^2，减产耕地1.1×10^4万m^2，每年新增沉陷地0.27×10^4万m^2，至2020年沉陷地面积达5×10^4万m^2，到21世纪下半叶沉陷地面积达2.667×10^5万m^2
菏泽市	龙固矿、彭庄矿、郭屯矿已经形成采煤沉陷地0.07×10^4万m^2，其中常年积水123.6m^2，季节性积水140m^2。今后，巨野矿区每年新增采煤沉陷地0.10×10^4万m^2，其中常年积水或者季节性积水达333.33万m^2，2020年积水面积达0.33×10^4万m^2，2025年累计沉陷土地1.29×10^4万m^2，闭矿时积水面积近4×10^4万m^2
淮南市	采煤沉陷土地为1.68×10^4万m^2、积水面积约0.36×10^4万m^2，2020年沉陷土地1.87×10^4万m^2、积水面积1.13×10^4万m^2、最大积水深度13.3m；2030年沉陷土地2.75×10^4万m^2、积水1.95×10^4万m^2、最大积水深度16.2m；2050年沉陷土地5.16×10^4万m^2、积水5.02×10^4万m^2、最大积水深度20.0m
淮北市	累计沉陷土地1.87×10^4万m^2，每年新增沉陷土地0.05×10^4～0.07×10^4万m^2，预计2020年新增沉陷面积1.53×10^4万m^2（深层沉陷面积0.33×10^4万m^2，其中80%为耕地）

随着采煤沉陷地的日益增多，危害越来越大，各级政府及国土资源部门、煤炭企业高度重视，投入了大量人力、物力和财力进行沉陷区治理工作，取得了较好的经济、社会和生态效益。但是，由于东部高潜水位采煤区煤层较厚，沉陷深度较大，地表积水严重，受充填物料和覆土及复垦成本的影响，耕地恢复率整体不高。菏泽市到2025年累计沉陷土地1.94×10^5亩，治理面积1.57×10^5亩，治理率81%，恢复耕地1.19×10^5万亩，形成7.5×10^4亩水面；淮南市目前累计投入治理资金21亿元，治理面积3.3×10^4亩；淮北市目前治理1.5×10^5亩，恢复耕地8.1×10^4亩，水域用地1.25×10^4亩，养殖水面2.2×10^4亩，预计到2020年综合治理利用沉陷地2.2×10^5亩；河南煤业化工集团永煤公司目前累计沉陷地5×10^4亩，累计投入治理资金15亿元，治理面积1.16×10^4亩，恢复耕地7810亩，养殖水面3347亩；江苏省至2008年累计治理面积1.122×10^5亩，耕地复垦率50%。从已治理成果可以看出沉陷区耕地恢复率有限，已治理沉陷地中耕地恢复率一般为50%～70%，未治理沉陷区域因沉降幅度大、地表长期积水，且受平原区填充物严重不足的影响，根本无法复垦为耕地，多作为养殖水面等加以利用，不可避免地导致沉陷区内耕地数量的大量减少。

《济宁市采煤塌陷地治理规划（2010—2020年）》将引黄充填和湖泥充填等充填新技术引入济宁市采煤稳沉沉陷地治理中，依据各县（市、区）采煤沉陷地的特点，充分利用河泥及湖泥等充填物分区域对沉陷地进行充填复垦，以最大限度地恢复耕地。北部引黄充填治理区利用距离黄河较近，黄河泥沙丰富的特点，规划采用引黄充填的方式进行治理，规划期末耕地恢复率达到91%；中东部生态治理区依据采煤沉陷地积水面积大、深度大的特点，规划打造矿山生产-沉陷地治理技术展示-休闲娱乐-度假为一体的旅游新亮点，对靠近城区的沉陷地，利用煤矸石、粉煤灰及城市建设垃圾等进行充填复垦，规划作为建设用地，以解决城区发展用地难题，规划期末耕地恢复率仅为42%；南部沿湖湖泥充填治理区，在保护微山湖生态功能的前提下，采用抽湖底淤泥的方式对沉陷地进行充填复垦，规划期末耕地恢复率为 64%。从总体上来看，规划期内济宁市治理采煤沉陷地25324hm^2，恢复耕地14829hm^2，耕地恢复率为59%(表4-7)。

表4-7　济宁市采煤沉陷地治理耕地恢复率情况

治理区域	治理方式	治理目标/hm^2	恢复耕地/hm^2	恢复耕地率/%
北部引黄充填治理区	引黄充填	5659	5176	91
中东部生态治理区	生态治理	12039	4772	40
南部沿湖湖泥充填治理区	湖泥充填	7626	4881	64
合计		25324	14829	59

《巨野矿区采煤塌陷地治理总体规划(2011—2025年)》将边采边复技术引入非稳沉沉陷地治理中，规划定位巨野矿区为“中国东部矿区采煤沉陷地边开采边治理的样板”，将边采边复治理工程作为实现资源与环境协调，煤炭与粮食兼得，经济发展与生态文明并举的重要举措。边采边复采煤沉陷地治理工程涉及太平镇、龙堌镇和田桥镇，主要治理龙堌煤矿的采煤沉陷地。该工程规划总治理规模1828hm^2，恢复耕地面积1010hm^2，耕地恢复率55%(表4-8)。

表4-8　菏泽市龙堌煤矿边采边复治理耕地恢复率情况

重点治理项目	涉及乡镇	治理目标/hm^2	恢复耕地/hm^2	耕地恢复率/%
龙堌煤矿近期重点治理项目	龙堌镇	918	555	60
龙堌煤矿中期重点治理项目	龙堌镇、太平镇	910	455	50
合计		1828	1010	55

《安徽省皖北六市采煤塌陷区综合治理规划(2012—2020年)》预计2020年末，皖北六市沉陷面积将达到1.0120852×10^5hm^2，通过对沉陷区农用地和农村居民点用地复垦，预计可恢复耕地 5.778621×10^4hm^2，复垦耕地率达

57.1%，余下区域将复垦为林地、建设用地、精养鱼塘或水域等。治理规划中，将沉陷区积水深度小于 1.5m 的区域作为重点治理区，优先治理成耕地或建设用地；深度为 1.5～3m 的区域作为一般治理区，优先发展渔业养殖；深度大于 3m 的区域作为简易治理区，原则上治理为湖泊、水库和旅游综合发展区域。

综上分析和治理规划实例可以看出：东部平原矿区因潜水位高和多煤层重复采动，地表耕地积水范围广、深度大，积水耕地复垦具有难度大、成本高、周期长等特点，在这种情况下，受平原区充填物料和表土缺乏的影响，无论采取何种复垦技术，积水耕地恢复率都难以得到显著提高，矿区耕地面积减少趋势无法从根本上得到解决。

二、技术制约因素

（一）复垦工艺局限性强

采煤沉陷地复垦能恢复部分耕地，在一定程度上缓解矿区人地矛盾，为此，东部地区土地复垦研究早就引起了各方学者的高度重视，已产生了以充填复垦、非充填复垦为代表的稳沉沉陷地复垦技术和以“边采边复”为代表的非稳沉沉陷地复垦技术。充填和非充填复垦技术主要针对稳沉后的沉陷地，利用土壤和容易得到的矿区固体废弃物，如粉煤灰、煤矸石、尾矿渣、沙泥、湖泥、水库库泥和江河污泥等来充填采煤沉陷地，利用疏排法、挖深垫浅法等进行非充填复垦，使沉陷地恢复到设计地面高程来综合利用土地。但这些传统复垦方式普遍存在耕地恢复率低、土壤生产力不高、成本高、施工难度大、复垦时间长、可能造成土壤二次污染等缺陷。①疏排法、挖深垫浅等非充填复垦技术复垦时间长、耕地恢复率低。②煤矸石、粉煤灰、尾矿渣充填复垦需要大量的复垦材料，这些材料的运距大、经济成本高，且目前矿区基本将煤矸石、粉煤灰等工业废弃物加以资源化利用，已没有足够的可供充填的煤矸石或粉煤灰。特别地，煤矸石等填充物所含的一些化学成分或重金属污染物可能造成土壤的二次污染，影响农作物的生长和农产品质量，《土地复垦条例》明确规定“禁止将重金属污染物或者其他有毒有害物质用作回填或者充填材料”，现在各地基本不将煤矸石等作为充填材料进行沉陷地耕地复垦。③沙泥、湖泥、水库库泥和江河污泥等充填物数量少、多用作就近沉陷地复垦，且复垦成本高、难度大。以边采边复为代表的非稳沉沉陷地复垦技术虽然在理论上能大大提高耕地恢复率，但因复垦技术体系复杂，目前尚处于研究阶段，只在山东、安徽等个别矿区进行了试验，大面积推广应用还需很长一段时间。

(二)治理周期长，复垦时机难以抉择

矿区土地复垦因其涉及复垦周期长、监控难度大、治理难度大等已经成为我国生态治理的重要课题。地下煤炭资源的开采从采空区的形成到最终的地面稳定是一个漫长的过程，时间跨度可从 6 个月到 5 年，地表从开始受影响到影响基本结束持续的时间就要经历更长的过程。与此同时，还需要分期协调矿区压煤村庄加固、搬迁事宜，再加上地质条件、技术、资金、认识水平等诸多不定因素给采煤沉陷区治理带来诸多阻碍，如压煤村庄二次搬迁，短时间内一次性解决矿区沉陷问题难度太大，所以当前对于沉陷地治理通常采取分期分批治理。此外，由于现代化开采技术的广泛应用，沉陷区沉陷面积越来越大、沉陷速度越来越快、形成稳沉区时间长，采煤沉陷区综合治理工作周期也将加大。

在长期的治理周期内，地表受采矿的影响是一个持续渐变的过程，选择合理的复垦时机对节约矿区资金成本、及时改善矿区生态环境显得尤为重要。一方面，如果复垦时间过早，沉陷还没有完全影响到地表，虽然能抢救出更多的表土资源，但是复垦工程在后续开采过程中受到下沉、拉伸变形、倾斜变形、曲率变形的影响程度就会更大，从而导致复垦失败；另一方面，如果复垦措施过晚，过多的表土资源已经沉入水底，复垦工程不可避免地需要面对水下施工、表土损失等因素的影响，从而造成复垦成本增加、复垦难度增大的问题。因此，沉陷发育的过程中，合理的复垦时机选择不仅仅能抢救出更多的表土资源，提高复垦耕地率，同时，也可使复垦工程能承受后续下沉及变形的影响。

边采边复是一项系统工程，如何优选合理的复垦时机涉及多方面的因素。随着煤炭开采，地表逐渐下沉，进而在高潜水位地区形成地表积水，耕地丧失生产能力。复垦时间不同(积水前后)，复垦措施不同，积水后施工不仅会增加工程成本，而且损失了土壤资源。复垦时机的选择由地面沉陷的发展及表征形式所决定，一方面，地面沉陷的发展及表征与该地区特定的地质条件

相关(煤炭资源的埋深、覆岩的坚硬程度、松散层厚度、褶皱、裂缝);另一方面,采矿系统(采矿方法、顶板管理方式、采矿布局、采矿时序等)与社会自然条件(村庄分布、地下水埋深、地形地貌、水系分布、灌溉系统)等因素的影响也至关重要。地表沉降主要取决于矿体的开采深度、开采厚度、地形条件、采空区填充等,但沉陷盆地对地表农业生产的影响主要通过积水、坡地水土流失、裂缝、对水工建筑的破坏等形式表现,具体的表征形式如积水区域深度与分布、裂缝的出现时间与范围,水工建筑破坏与变形的程度又与采矿系统、社会自然条件相关,根据这一特点,将影响复垦时机的因素大致分为 3 类:地质条件、采矿方法、社会自然条件,在此基础上再细分为 18 个亚类,如图 4-12 所示。综上分析,复垦时机的选择是一个复杂的综合分析过程,将任何因素孤立地拿出来讨论都不足以全面地反映复垦时机选择的客观性与科学性,从而在很大程度上加大了矿区复垦的难度。

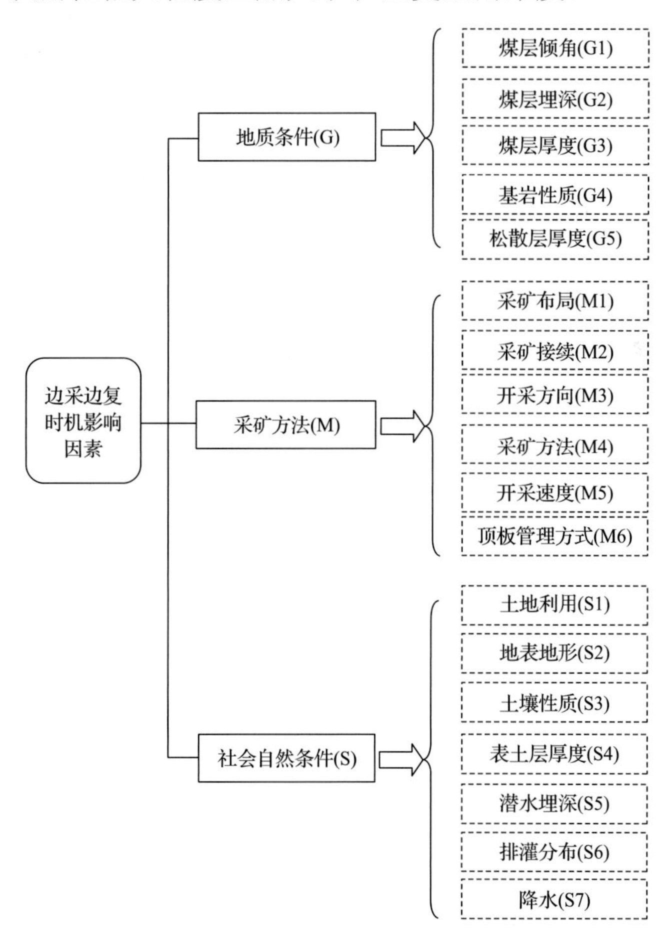

图 4-12 复垦时机优选影响因素

三、政策制约因素

(一)压煤村庄搬迁“供地与落地”存在两难，补偿标准不合理

我国的土地管理法规和政策是世界上最严格的。而严格的耕地保护和不断增长的城乡建设用地强劲需求，导致近年来出现一个突出的问题，不但城市建设用地供应紧张，农村集体建设用地供应也同样紧张，农地转用指标不足，造成在原本已经紧张的村庄和农地布局中，选址建设新村存在两难：一是新村征地困难，二是新村选址落地困难。

首先，压煤村庄所涉及的搬迁的新村征地困难，其根本原因有二：一是土地用途转用难，即农用地转为建设用地困难，这是由土地利用总体规划、土地利用年度计划、耕地占补平衡等严格约束条件所导致的；二是土地权属转移难，即集体土地征为国有，或不同集体经济组织之间土地权属转移困难，这是由补偿安置协商难，征地程度复杂等导致的。其外在表现有以下两点：第一，建设用地指标供应量少，或者说没有指标。农用地转建设用地过程复杂，由于有年度计划指标的严格控制，各省市的用地指标是由国家分配的，如果当前年度没有农转用指标，依据相关政策规定，建设用地土地报批是无法通过的。第二，占用农地的审批程序比较耗时，使得征用土地无法及时得到批准，阻碍矿山的正常生产。矿山企业所面临的又一困难问题是新村址占地审批程序，如果审批程序过于缓慢，村庄的搬迁进度也会受此影响，也会限制企业的生产进度。但是现行的土地征用程序过程较为烦琐，同时，压煤区域在村庄搬迁之后大部分土地沉入水中，无法继续使用，土地数量大大减少，这与当前的挂钩流转、土地置换等制度不相符，在很大程度上阻碍了征地进展。

其次，压煤村庄选址布局之所以困难，主要是人地矛盾加剧造成的。已有新村选址布局困难表现在很多方面：第一，单纯为了居民生产生活的方便，村庄搬迁的新址大多选择在主要的道路和河流两边，一方面对于村民来说是极大的安全隐患，另一方面道路的畅通与安全也受到严重影响；第二，为了节约用地，居民点的布局过于拥挤，一些村民可能会因此不适应；第三，村民饮水的水源、水量、水质等诸多问题亟待考察；第四，村民对耕作半径的意愿度在进行选址时未得到充分考虑，给村民耕作和生产造成不便；第五，新村址的选择在建设指标的限制下，可选范围缩小，并且很多新

村址仍会受到后续开采的影响，再次出现下沉，如果未得到正确的处理，就会造成二次搬迁，增加了房屋处理的费用成本，给村民的生命财产安全带来极大威胁。

压煤村庄搬迁过程中存在的另一个突出问题是“搬迁补偿标准低”，导致部分矿区居民抗拒搬迁，一方面耽搁了复垦进程，延长了治理周期，另一方面也加剧了矿区人地矛盾。我国在开展全国国有重点煤矿采煤沉陷区治理工作时，明确规定国有重点煤矿采煤沉陷区受灾的城镇居民是按户均 60m^2 补助，而农村居民是按户均 50m^2 补助，且户均每平方米补助的标准农村居民也低于城镇居民近百元。在实际情况中，农村住宅面积普遍大于城镇，因此，农村居民对补助政策的差异难以理解，导致农村治理推进困难。另外，有些农村受损户，在前期摸底调查期间，其房屋受损程度较轻，但近几年来，房屋受损程度加剧，已成为危房，提出搬迁要求，但因所在村均是沉陷区无地可用，需跨乡搬迁，因补偿标准较低加之建设用地难以提供，工作难以开展。安置补偿标准低，表现在人均补偿房屋面积低、单位面积补偿标准低。

为了压煤村庄搬迁工作顺利实施，现在高潜水位地区一般会采取土地“占-补”平衡的方法，但存在很多共性突出问题，如占地征地难、补地还地难、搬迁过程不流畅等。从以往的村庄搬迁的经验来看，“占-补”平衡的方法一般有两种形式。

第一种形式，就是直接的“先占后补”的方法。此用地方法需要面对的首要问题就是占地和补地困难。由于搬迁新村的选址要求，可占用的土地面积本身就极其有限的同时，原有的耕地资源还可能被盲目地占用。另外，在多方客观因素的共同作用下，土地“占-补”就会出现不平衡的问题，如数量不平衡或者等量不等质。

第二种方法就是“先补后占”。使用此方法，可以在一定程度上解决土地占补不平衡的问题。可是，采煤沉陷区可用的土地本就不多，可以用来“补”的土地面积就更加稀少。如果搬迁村庄的用地需求无法及时满足，搬迁工作就会停滞不前，在影响村庄搬迁进度和矿井开采进度的同时，也给压煤村庄村民的正常生产生活带来了诸多不便。

村庄搬迁受“占补”平衡约束，不得不以农用地，特别是耕地复垦作为重要内容，搬迁补偿和占补平衡给矿山企业和地方政府带来了沉重的经济负担，探索新的模式势在必行。

(二)报损核减无渠道，耕地保护压力空前巨大

高潜水位采煤沉陷区历史欠账多，耕地面积持续减少的趋势又难以遏制，目前平原区耕地后备资源已面临枯竭，未来靠开发耕地后备资源补充沉陷损毁耕地已无操作空间，加之缺乏采煤沉陷地报损相关法律和政策依据，尽管原来的耕地已经变成了水面，但目前尚无采煤沉陷地的报损制度，造成核减没有渠道，地方政府耕地保护任务难以完成、耕地保护压力空前巨大。

2003 年前，按照国家规定，对沉陷地治理后实在不能恢复耕种条件的由政府进行征收，企业出补偿费，治理之后返还给当地矿区群众使用，较好地解决了沉陷区治理和失地农民补偿问题。但 2003 年以后国家实行建设用地指标、耕地保有量指标和基本农田保护面积指标控制，沉陷地征收指标难以获得或者征用成本大大增加，地方政府为完成耕地保护任务、暂时解决群众补偿问题，多采取“以补代征”或“征而不转”的做法，由煤炭企业年年补偿农民青苗费，政府不对已变成水域的沉陷耕地进行用途变更，导致耕地“图、数、实地”不一致，影响了耕地数量和空间分布的真实性。并且，在煤炭行业兼并重组整合过程中，绝大部分地方煤矿采煤沉陷区的治理主体在这轮煤矿兼并重组过程中辗转灭失，造成众多地方采煤沉陷区的治理责任主体无从认定，为当地政府、乃至省政府遗留下了沉重的治理负担。

以安徽省淮北市为例，截至 2012 年底，历年采煤沉陷区总面积达到 27.02 万亩，未征用土地面积达到 11.21 万亩，其中耕地面积达 10.21 万亩，未征用土地采取由煤炭企业支付青苗费的方式对失地农民进行补偿(表 4-9)。

表 4-9　淮北市采煤沉陷区征地及补偿情况调查表

已批准征收采煤沉陷区情况					未批准征收采煤沉陷区情况				
征地总面积/万亩	农用地专用/万亩	耕地/万亩	农民自种及水产养殖等/万亩	政府统筹使用/万亩	未征地总面积/万亩	农用地专用/万亩	耕地/万亩	青补支付单位	青苗费补偿标准/(元/亩)
15.81	15.02	13.22	9.37	4.07	11.21	11.60	10.21	采煤企业	700～2400

资料来源：淮北市国土资源局

(三)不完全征收补偿方式，无法解决失地农民社会保障

受农转用指标不足限制，地方政府一般采取“以补代征”或“征而不转”的不完全征收方式对农民进行补偿，但都无法从根本上解决失地农民的长远生计和社会保障问题，随着耕地面积的持续大量减少，失地农民就业、养老

等问题日益突出，对社会稳定产生很大的影响，也制约了地矿统筹发展。

首先，县区、乡镇政府采取“以补代征”的形式与煤矿企业达成协议，每年以青苗费形式给予群众补偿，农民为追求年年补偿的短期利益，对复垦持观望态度，不积极、不支持、甚至不愿意复垦。“以补代征”的补偿方式无法履行征地手续，老百姓无法成为法律意义上的失地农民，也无法办理社保，即使办了也是很低的标准，百姓长远的社会保障缺乏。如果企业效益滑坡，不能及时支付青苗费，势必引发重大社会问题，存在重大安全隐患。其次，“征而不转”的不完全征收补偿标准比正常征地补偿标准低很多，根本无法解决失地农民就业、养老等社会保障问题，沉陷区群众没有享受到煤炭开采带来的收益，且补偿没有达到正常标准，致使其心理极不平衡，影响沉陷区社会稳定。此外，不完全征收后的土地所有权、使用权、经营权等产权关系不清晰，长期下去势必产生土地权属纠纷，加上缺乏土地流转的政策支持，导致沉陷区土地流转不畅，影响进一步土地使用。

（四）多重税费负担重，煤矿企业复垦资金压力大

对采煤沉陷耕地，煤矿企业除补偿失地农民以外，还要缴纳多重税费和环境治理保证金，企业经济负担重，对沉陷地治理投入资金不足，影响了沉陷区综合治理。首先，企业补偿标准逐年提高，由每年 700～1300 元/亩逐步提高到 1700～2400 元/亩，再加上地面附着物要一次性补偿到位，煤矿企业普遍反映补偿标准过高，企业补偿压力非常大，复垦积极性受影响。其次，煤矿企业要缴纳水土流失费、耕地占用税、土地占用税、矿山环境治理保证金，以及对征收土地年年交土地使用税等多重税费，同时，企业还要承担复垦治理费用，这样就形成了多重费用，给企业加强沉陷区复垦治理资金投入带来很大困难。再次，国家对保证金返还设置了非常高的要求，采煤沉陷治理项目的投资规模必须达到 1 亿元才返还保证金，但实际治理中，项目规模一般很难达到这一要求，造成保证金难以返还用于沉陷地治理，企业对此意见很大。最后，采煤沉陷区综合治理，特别是对历史遗留的沉陷地治理需要大量资金投入作为支撑，各地仍遗留大量未治理采煤沉陷区，仅靠市级财政资金投入很难在短期内“还清旧账”。同时，离城市较为偏远的地区，采煤沉陷造成的道路、桥、涵、闸等基础设施受损较为严重，生态环境日益恶化的问题较为突出。由于缺乏资金投入，当地群众生产生活水平受到不同程度的影响。

经梳理，高潜水位采煤沉陷地复垦治理中存在的问题如图 4-13 所示。

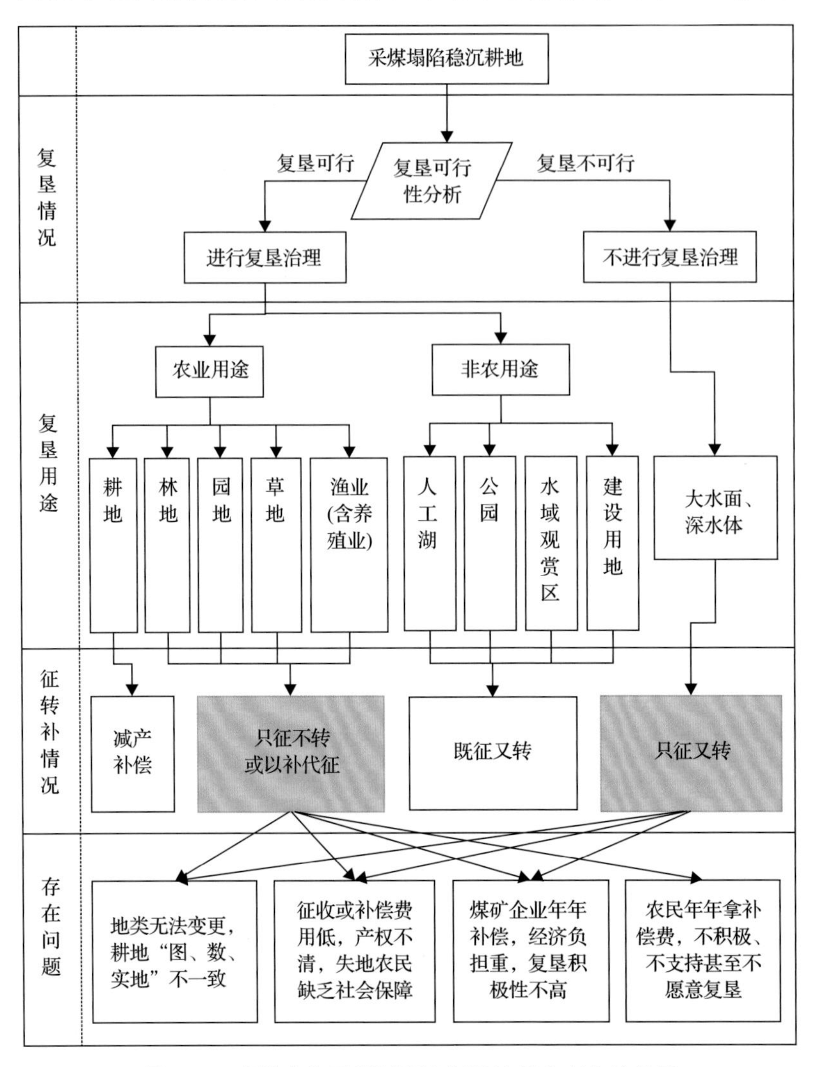

图 4-13　高潜水位采煤沉陷地复垦治理中存在的问题

第五章

采煤诱发地层扰动破坏特征和“煤-水”双资源矿井开采关键技术

我国煤炭资源储量虽然丰富，但是，煤炭资源与水资源呈逆向分布，存在有煤的地方缺水，有水的地方缺煤的局面。另外，我国煤矿床充水条件极为复杂，使得大部分矿区面临着水害威胁、水资源紧缺与生态环境恶化等问题。据统计，全国共有 61 处煤矿的矿井正常涌水量超过 1000m^3/h，其中有 26 处矿井位于我国东部地区。随着我国东部煤矿区煤炭资源的开采，这些问题及其产生的环境负效应也十分突出，具体表现为：①大面积、高强度的煤炭开采造成采矿区及周边地区的地表沉陷和地裂缝，导致地表水体下渗，严重者可造成断流干涸；②地下水被人为疏干或受采动裂隙影响向下渗漏，浅、中层地下水逐年被疏干，形成了区域性地下水位降落漏斗；③大范围的漏斗严重影响了矿区和周围地区各类水源井的供水能力，有些水源井甚至因无水而废弃，使得矿区及周围地区的居民取水困难，从而产生排水、供水矛盾；④深部含水层降落漏斗不断增大，在短时间内难以恢复；⑤未加处理的矿井水直接排入地表水体中，造成河流污染，并进一步扩散和传播；⑥矿井排水造成区域地下水位下降，植物难以生长，甚至出现土地沙漠化，进而影响生态环境。

为了更加安全、环保、高效地开采利用煤炭资源和矿井水资源，减少煤矿突水事故和保护生态环境，我国亟须提出一套理论和技术来解决矿山安全开采、水资源利用和生态环境保护三者之间的尖锐矛盾和冲突，而“煤-水”双资源矿井协调开采理论与技术可以很好地解决这个难题。所谓“煤-水”双资源矿井协调开采，即在确保矿井生产安全、水资源保护利用和生态环境质量的前提下实施的开采技术和方法，以达到水害防控、水资源保护利用与生态环境保护三位一体结合系统整体最优的目的。其内涵是：在煤炭资源开采中，将地下水视作资源，通过合理的开采技术方法，消除其“灾害属性”的负效应，通过将矿井水资源化利用，挖掘其“资源属性”的正效应，同时尽量避免破坏扰动与煤系同沉积的含水层结构，达到煤炭和水的“双资源”共同开发与矿区生态环境保护的协调、可持续发展目的，最终实现煤矿区水害防控、水资源保护利用、生态环境改善的多赢目标。

第一节　煤层开采诱发顶底板含(隔)水层结构的扰动破坏规律

一、煤层覆岩采动破坏特征与规律

采矿对煤层顶底板岩层的破坏主要有两种(图 5-1)：一是工作面回采后，采空区上覆岩层发生破坏，形成的导水裂隙带向上扩展直至影响到顶板含水层，使上覆水体沿裂隙带涌入采空区；二是在采动影响下，底板隔水层遭到破坏，底板承压水进入采空区。

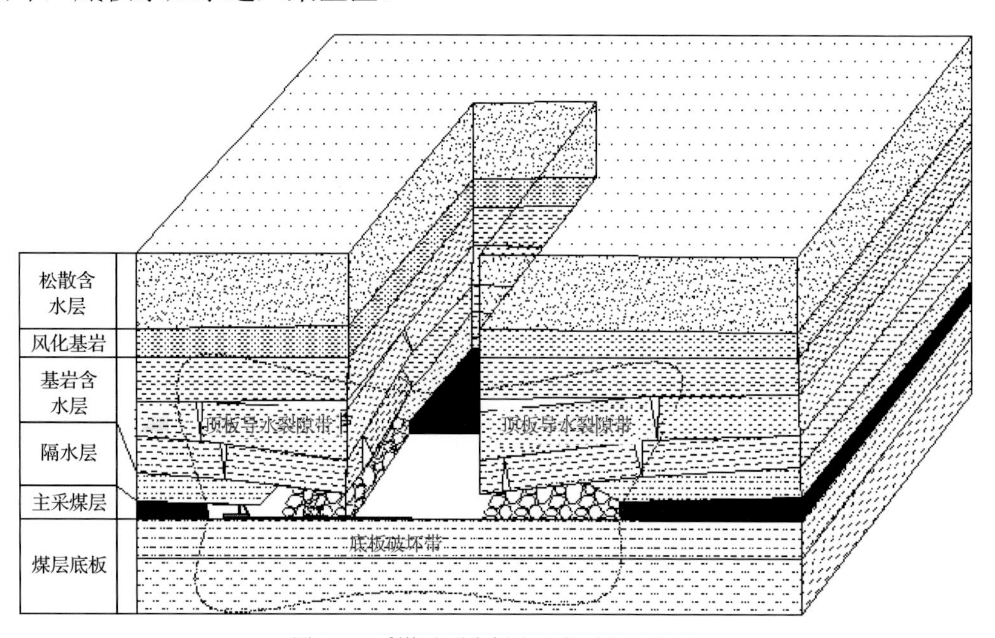

图 5-1　采煤对顶底板岩层的破坏示意图

(一)煤层覆岩采动破坏特征

1. 煤层覆岩采动破坏的分带特征

煤层开采后，上覆岩层发生破坏，且具有明显的分带性。当开采达到一定深度时，上覆岩层形成“上三带”(自下而上称为垮落带、裂隙带、弯曲下沉带），如图 5-2 所示，而浅埋煤层一般只形成垮落带和裂隙带。

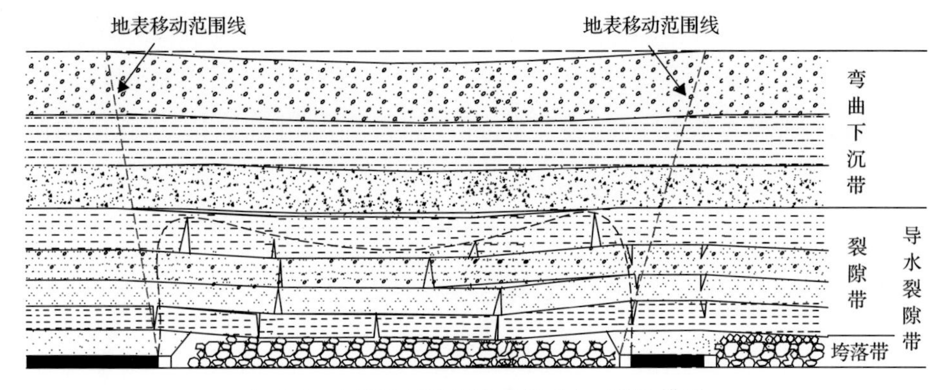

图 5-2 上覆岩层破坏形成的“上三带”模型

垮落带位于覆岩的最下部，由采煤引起的力学不平衡造成煤层直接顶呈不规则的块状掉落，直到充满采空区为止。垮落带内空隙较多，当隔水层位于垮落带内时，其隔水性能将完全破坏，垮落带是上覆水体和泥沙溃入井下的良好通道。

裂隙带位于垮落带的上方，仍然保持一定的连续性，但是垂直裂隙、倾斜裂隙及水平离层裂隙较发育且相互连通，不具有隔水能力。因此，当隔水层位于裂隙带内时，其隔水性被破坏，破坏程度由裂隙带的下部向上部逐渐减弱。当含水层位于裂隙带内时，水体涌入工作面，但泥沙一般无法透过裂隙带进入工作面。

弯曲下沉带是裂隙带与地表之间的岩层，呈整体弯曲下沉移动。弯曲下沉带基本呈整体移动，特别是当岩层为软弱岩层及松散土层时。采煤后在地表形成下沉盆地，工作面边缘出现 3～5m 的拉裂隙。当弯曲下沉带含有隔水层时，其隔水性受到微小影响或不受采动影响。因此，弯曲下沉带具有隔水保护层的作用。

2. *煤层覆岩采动破坏的空间形态*

对于倾角 0°～35°的水平-缓倾斜煤层，垮落带位于采空区内且呈枕形形状；裂隙带一般位于采空区边界之外且呈马鞍形；弯曲下沉带为沿走向及倾向均基本对称的下沉盆地[图 5-3(a)]。

对于倾角 36°～54°的倾斜煤层，垮落带位于采空区内且呈不对称的平枕或拱枕；裂隙带与采空区边界齐或略偏外呈上大下小不对称的凹形枕，不再具有明显的马鞍形；弯曲下沉带沿倾向不对称下沉，上山方向较下山方向下沉量大，但若走向开采长度大，则沿走向仍为对称下沉[图 5-3(b)]。

对于倾角 55°～90°的急倾斜煤层，垮落带和裂隙带均为边界超过采空区的耳形或上大下小不对称的拱形；当煤层倾角较大且煤层顶底板较硬时，煤层厚且松软，则沿本煤层可能发生抽冒，抽冒高度可到达地表引起的沉陷坑[图 5-3(c)]。

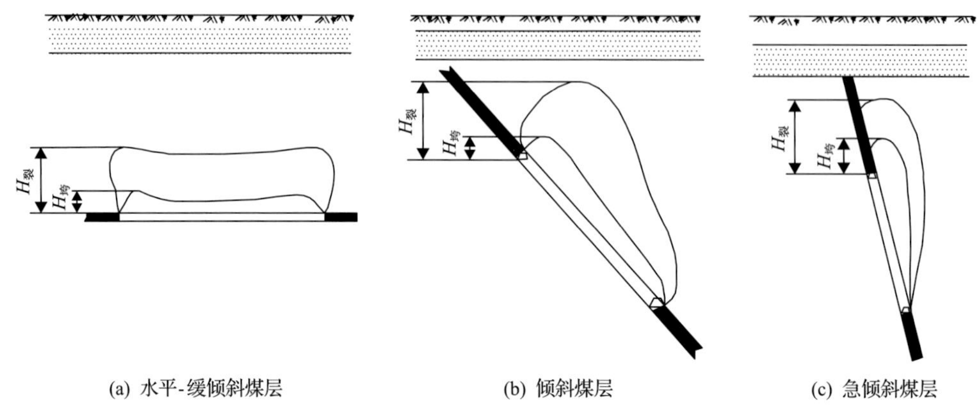

图 5-3　垮落带、裂隙带空间形态

(二)导水裂隙带发育高度主控影响因素

影响煤层覆岩导水裂隙带发育高度的主控因素包括地质因素(煤层埋深、煤层倾角、地质构造、覆岩岩性及组合结构)、采动因素(采空区面积、煤层采厚、采煤方法)和时间因素(覆岩破坏的延续时间)，如图 5-4 所示。其中，采动因素是人为控制导水裂隙带发育高度的重要因素。

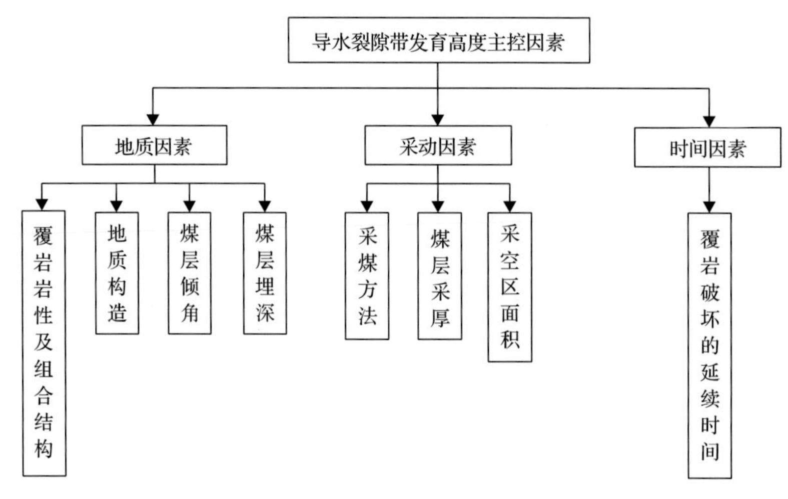

图 5-4　导水裂隙带发育高度的主控因素

1. 煤层埋深

浅埋深薄基岩顶板在厚沙覆盖层作用下呈整体下沉而不是离层运动，来压前在煤壁前方大多无法形成完全破断，当工作面推至裂缝组时，在厚沙覆盖层重载下形成剪切破断，表现为整体台阶切落。因此，厚松散层浅埋煤层上覆岩层破坏只存在“两带”，易形成超高导水裂隙带。另外，根据施龙青的研究成果，大采深条件下煤层埋深对导水裂隙带发育高度也有一定的影响。

2. 煤层倾角

煤层倾角对覆岩破坏后导水裂隙带的发育形态有所影响，随着煤层倾角的增加，导水裂隙带的空间形态由马鞍形向耳形转变。对于急倾斜煤层，还可能沿煤层发生抽冒，超过正常导水裂隙带的高度，甚至到达地表，形成地表沉陷坑。

3. 地质构造

当工作面内存在断层且处于采动影响范围以内时，断层会增加覆岩导水裂隙带的发育高度；当断层处于采动影响范围以外时，断层对导水裂隙带不起作用。

4. 覆岩岩性及组合结构

覆岩的直接顶-基本顶组合结构可归纳为四种类型：①坚硬-坚硬型，直接顶和基本顶均为坚硬岩层，导水裂隙带高度为采厚的18～28倍，而垮落带高度为采厚的5～6倍；②软弱-坚硬型，直接顶为软弱岩层，易垮落，基本顶为坚硬岩层，不易弯曲下沉，导水裂隙带高度为采厚的13～16倍；③坚硬-软弱型，直接顶为坚硬岩层，基本顶为软弱岩层，直接顶垮落后，基本顶很快弯曲下沉，裂隙发育不充分，导水裂隙带高度较低；④软弱-软弱型，直接顶和基本顶均为软弱岩层，导水裂隙带的发育受到一定限制，垮落带为采厚的2～3倍，导水裂隙带高度为采厚的9～12倍。因此，导水裂隙带发育高度逐渐减小的覆岩组合类型为：坚硬-坚硬型、软弱-坚硬型、坚硬-软弱型、软弱-软弱型。

5. 采空区面积

采空区面积只在工作面不充分采动时才会对导水裂隙带发育高度有影响，当超长超大工作面达到地质条件下的充分采动时，导水裂隙带趋于稳定。

6. 煤层采厚

在其他条件一定时，煤层采厚增大，导水裂隙带高度随之增大。在开采缓倾斜单一煤层或厚煤层第一分层时，垮落带、裂隙带高度与采厚呈近似直线关系(图 5-5)，对于分层开采，导水裂隙带高度与累计采厚呈分式函数关系(图 5-6)。

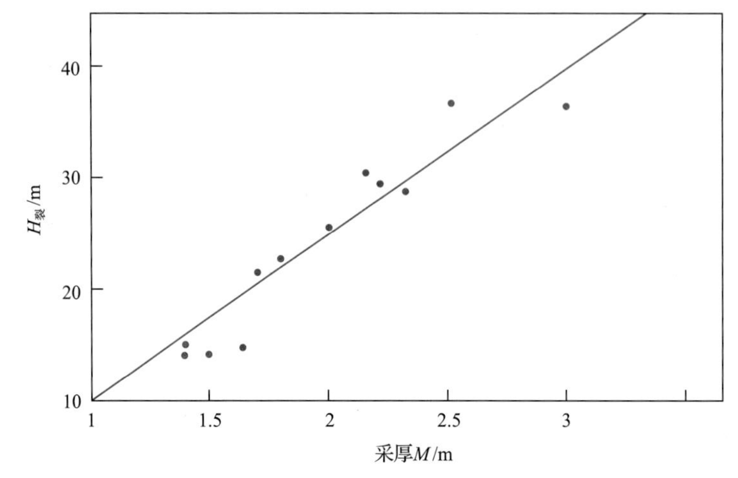

图 5-5　水平及缓倾斜煤层不分层初次开采导水裂隙带发育高度与采厚关系

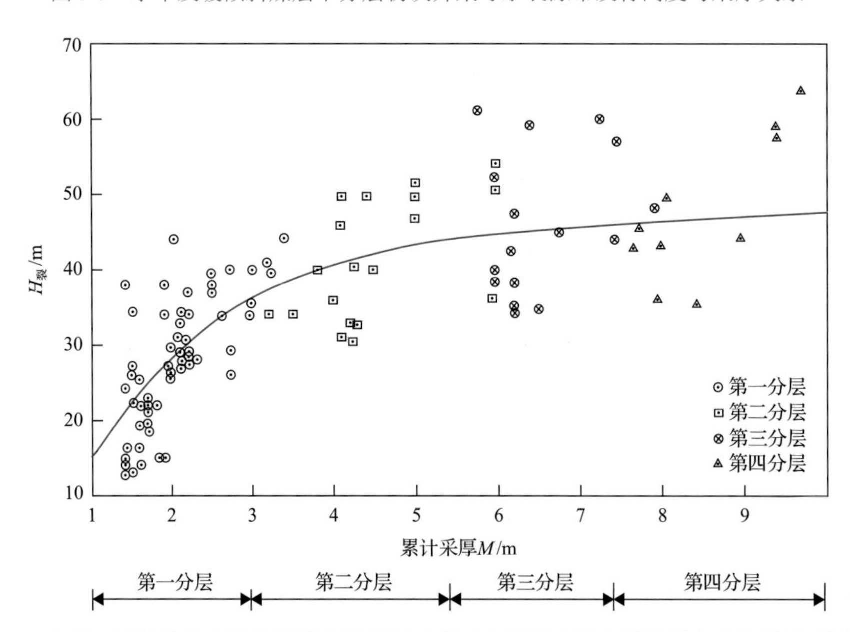

图 5-6　水平、缓倾斜及中倾斜煤层分层重复开采时中硬覆岩导水裂隙带高度与累计采厚关系

7. 采煤方法

采煤方法是控制导水裂隙带发育高度的重要因素之一，主要表现在不同

的采煤方法会形成不同的开采空间，以及引起采空区内垮落的煤和岩块不同的运动方式。

田山岗总结了不同地质和采矿条件下煤层覆岩破坏类型及其特征，本书在此基础上，结合其他学者的已有成果，进一步完善了不同采煤方法的覆岩破坏类型，如表 5-1 所示。

表 5-1　不同采煤方法的覆岩破坏类型

开采方法	地质条件	破坏类型	破坏特点
长壁全部垮落法	顶板无坚硬岩层 缓倾斜～倾斜煤层 基岩上覆盖层较厚	三带型	传统的“上三带”；裂隙带呈马鞍形；地表移动缓慢连续，地表移动盆地边缘形成拉伸裂隙
	开采达到一定深度	四带型	自下而上为破裂带、离层带、弯曲下沉带和松散冲积层带
	开采达到一定深度	四带型	自下而上为冒落带、块体铰接带、似连续带和弯曲下沉带
	浅埋煤层	两带型	采后无弯曲下沉带，整体台阶下沉，导水裂隙带直接波及地表
	急倾斜煤层、风化带或断层破碎带附近、接近松散含水层时	抽冒型	覆岩发生局部性向上冒落破坏；呈漏斗状破坏，范围大，可达地表；地表形成漏斗状沉陷坑
	基本顶为坚硬岩层	切冒型	回采面积大，顶板大面积冒落及沉陷；地表出现台阶、错动、剪切、挤压和拉张
充填开采	控制充填前顶板下沉量及充填体压缩量	开裂型	采空区上方由于受充填体支撑，不发生垮落，只有裂隙带和弯曲下沉带，且裂隙带发育高度有限
房柱式、刀柱式开采	基本顶为坚硬岩层	拱冒型	采空区上方冒落带高度小，冒落至坚硬岩层为止，呈拱形冒落；地表发生缓慢、微小、连续变形
房柱式、条带式开采	直接顶和基本顶均为坚硬岩层	弯曲型	上覆岩层不冒落，形成悬顶；顶板岩层发生缓慢弯曲变形；地表发生缓慢、微小、连续变形

我国主要的采煤方法有：长壁综合机械化一次采全高采煤法、限高开采、厚煤层长壁综合机械化放顶煤采煤法、厚煤层分层间歇式开采、短壁综合机械化采煤法、条带式采煤法和充填开采。

限高开采是通过控制开采厚度抑制导水裂隙带的发育高度的有效方法；综采放顶煤是一种将厚煤层一次采放出来的高产高效采煤法，与厚煤层分层开采相比，开采强度大大增加，采动影响的剧烈程度、覆岩破坏高度明显增大；分层间歇式开采覆岩的垮落带高度和裂隙带高度比一次采全高要小得多，这是因为重复采动使上覆岩层的强度降低，岩层容易垮落以支撑上覆岩层，因此，抑制了上覆岩层的破坏；短壁开采、条带开采或房柱开采是以留下的部分煤柱支撑上覆岩层，从而控制岩层与地表移动；充填开采时由于充填体的支撑，覆岩不存在垮落破坏，只产生不相互连通和贯通的开裂性破坏，有效抑制了导水裂隙带的发育。

8. 覆岩破坏的延续时间

当煤层覆岩为坚硬岩层时，导水裂缝带的高度不随时间增加或降低；当覆岩为中硬或软弱泥质类岩层时，隔水层中的裂隙具有自愈合能力，其隔水性能具有自恢复能力，因此，一段时间后导水裂隙带高度降低。

（三）长壁工作面导水裂隙带发育高度预测模型

1. 综采长壁工作面导水裂隙带发育高度预测的经验公式模型

受顶板水体威胁煤层开采的关键技术是留设合理的安全煤岩柱，若安全煤岩柱留设不足，则导水裂隙带波及水体，可能发生突水事故，威胁到井下安全生产；若留设足够的防水煤岩柱且过于保守，则造成了大量厚煤层资源的浪费。因此，在查明主采煤层水文地质条件的前提下，正确预测导水裂隙带发育高度，减小防水煤岩柱的厚度，是提高安全开采上限、解放呆滞煤炭资源的有效途径。

目前，垮落带和导水裂隙带发育高度的预计主要是根据《建筑物、水体、铁路及主要井巷煤柱留设与压煤开采规程》附录四（表 5-2 和表 5-3），但均针对一次采全高及厚煤层分层开采。随着煤矿开采机械化水平的提高，综合机械化放顶煤技术在厚煤层开采中得到了推广与应用，但由于综放开采导水裂隙带的发育高度明显增加，已有的公式不再适用于综放开采，无法满足工程需要。

表 5-2　厚煤层分层开采的垮落带高度计算模型

覆岩岩性（单向抗压强度）/MPa	计算模型/m
坚硬（单向抗压强度 40～80）	$H_m = \dfrac{100\sum M}{2.1\sum M + 16} \pm 2.5$
中硬（单向抗压强度 20～40）	$H_m = \dfrac{100\sum M}{4.7\sum M + 19} \pm 2.2$
软弱（单向抗压强度 10～20）	$H_m = \dfrac{100\sum M}{6.2\sum M + 32} \pm 1.5$
极软弱（单向抗压强度＜10）	$H_m = \dfrac{100\sum M}{7.0\sum M + 63} \pm 1.2$

注：公式中±后面的数字为中误差；$\sum M$ 为累计开采厚度；H_m 为垮落带最大高度

表 5-3　厚煤层分层开采的导水裂隙带高度计算公式

覆岩岩性	计算模型之一/m	计算模型之二/m
坚硬	$H_{li}=\dfrac{100\sum M}{1.2\sum M+2.0}\pm 8.9$	$H_{li}=30\sqrt{\sum M}+10$
中硬	$H_{li}=\dfrac{100\sum M}{1.6\sum M+3.6}\pm 5.6$	$H_{li}=20\sqrt{\sum M}+10$
软弱	$H_{li}=\dfrac{100\sum M}{3.1\sum M+5.0}\pm 4.0$	$H_{li}=10\sqrt{\sum M}+5$
极软弱	$H_{li}=\dfrac{100\sum M}{5.0\sum M+8.0}\pm 3.0$	

注：表中经验公式的适用范围为单层采厚 1～3m，累计采厚小于 15m；H_{li} 为导水裂隙带最大高度

2. 综放长壁工作面导水裂隙带发育高度预测的径向基(RBF)神经网络模型

针对厚煤层综放开采工作面覆岩导水裂隙带高度预测问题，许延春等(2011，2012)搜集了 40 余个综放工作面覆岩导水裂隙带高度的实测值，经多元统计分析得出回归公式，如表 5-4 所示。

表 5-4　综合机械化放顶煤开采工作面导水裂隙带发育高度计算模型

岩性	计算公式
中硬	$H_{li}=\dfrac{100h}{0.26h+6.88}\pm 11.49$
软弱	$H_{li}=\dfrac{100h}{-0.33h+10.81}\pm 6.99$

注：h 为采高，适用范围为 3.5～12m

本节选择采厚、覆岩岩性作为主控因素，基于 RBF 神经网络建立了综放开采覆岩导水裂隙带发育高度预测模型。

1) 基本原理

RBF 神经网络是由三层组成的前向网络，分别是输入层、隐含层和输出层，其模型见图 5-7。

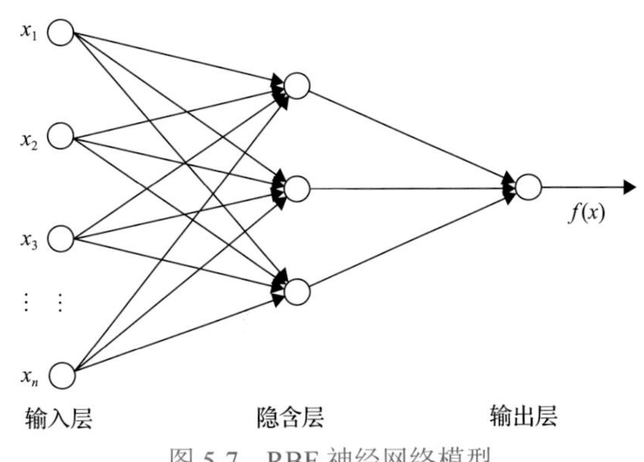

图 5-7　RBF 神经网络模型

其中，输入层中节点个数等于输入的维数，隐含层中节点个数根据问题的复杂度而定，输出层节点个数等于输出数据的维数。

RBF 神经网络采用以下函数对隐含层神经元进行建模：

$$\psi_i(x) = G\left(\frac{\|x - c_i\|}{\sigma_i}\right) \tag{5-1}$$

式中，x 为输入样本；c_i 为中心点；σ_i 为宽度，决定了 RBF 函数围绕中心点的宽度；$G(\cdot)$ 为 RBF 函数，即激励函数、传递函数或激活函数；$\|x-c_i\|$ 为距离函数，表示网络样本值与中心点之间的距离；$\psi_i(x)$ 为网络输出。

2) 训练样本与测试样本

本节收集了大量学者对我国多个矿区的导水裂隙带高度实测资料，选取 32 个实测数据作为 RBF 神经网络的学习训练样本(表 5-5)。

表 5-5 RBF 神经网络的学习训练样本

序号	实测样本来源	采深 H/m	采高 m/m	斜长 L/m	覆岩岩性量化值	导水裂缝带发育高度 H_{li}/m
1	多伦协鑫煤矿 1703^{-1} 工作面	311	9.6	120	中硬(2)	112.0
2	多伦协鑫煤矿 1703^{-1} 工作面	321	9.0	120	中硬(2)	111.0
3	余吾煤业 S1202 工作面	450	5.5	300	中硬(2)	61.0
4	潘一矿 2622(3) 工作面	550	5.8	180	软弱(1)	65.2
5	谢桥矿 1121(3) 工作面	490	6.0	182	软弱(1)	67.8
6	谢桥矿 1211(3) 工作面	440	4.0	198	软弱(1)	38.8
7	许厂煤矿 1302 工作面	255	4.2		中硬(2)	51.3
8	谢桥矿 1121(3) 工作面	490	5.2		软弱(1)	46.0
9	兴隆庄矿 5306 工作面	410	6.9	160	中硬(2)	70.3
10	兴隆庄矿 4320 工作面		8.0		中硬(2)	86.8
11	鲍店矿 1314 工作面	350	8.5	169	中硬(2)	99.6
12	赵楼 11301 工作面	960	6.0	190	中硬(2)	65.4
13	济三矿 1301 工作面	480	6.8	170	中硬(2)	70.2
14	济三矿 1034 工作面		5.2		软弱(1)	42.3
15	崔庄煤矿 $33_{上}01$ 工作面		4.4		中硬(2)	59.6
16	王坡煤矿 3202 工作面	474	5.8	230	坚硬(3)	104.9
17	王庄矿 6206(1) 工作面	316	5.9	248	坚硬(3)	114.7
18	王庄矿 6206(2) 工作面	316	5.2	248	坚硬(3)	102.3
19	小康庄 S1W3 工作面	580	10.7	150	坚硬(3)	193.4
20	大平矿 N1N2 工作面	510	7.5	195	坚硬(3)	185.0
21	大平煤矿	460	12.4	227	坚硬(3)	221.5

续表

序号	实测样本来源	采深 H/m	采高 m/m	斜长 L/m	覆岩岩性量化值	导水裂缝带发育高度 H_{li}/m
22	新集一矿 1303 工作面	325	8.0	134	中硬(2)	83.9
23	北皂矿 H2106 工作面	330	4.1	150	软弱(1)	39.0
24	陈家沟 3201 工作面	540	12.4	100	中硬(2)	134.0
25	张集 1212(3)工作面	520	3.9	200	中硬(2)	49.0
26	张集 1212(3)工作面		4.5		中硬(2)	57.5
27	孔庄煤矿 7192 工作面	220	5.3	120	中硬(2)	61.1
28	大平矿 N1N4 工作面	460	11.4	207	坚硬(3)	194.6
29	南屯矿 $63_{上}10$ 工作面	400	6.0	125	中硬(2)	70.7
30	白庄煤矿 7507 工作面		5.1		中硬(2)	63.6
31	高河矿 W1303 工作面		6.0		坚硬(3)	114.2
32	朱仙庄矿Ⅱ865 工作面	500	11.8	130	中硬(2)	130.0

输入样本向量首先与权值向量相乘，再输入到隐含层节点中，计算样本与节点中心的距离。该距离值经过 RBF 高斯函数的映射后形成隐含层的输出，再输入到输出层，各个隐含层节点的线性组合形成了最终的网络输出。

RBF 网络创建采用 MATLAB 神经网络工具箱中的 Newrb 函数。在本节的网络模型中，误差为 10^{-8}，扩散因子为 40，最大神经元个数为 100。

利用表 5-6 中的样本数据对上述训练好的模型进行检测，验证网络的性能。

表 5-6　网络测试样本数据

序号	实测样本来源	采深 H/m	采高 m/m	斜高 L/m	覆岩岩性量化值	导水裂隙带发育高度 H_{li}/m
1	平朔井工一矿 S4101 工作面	360	5.9	220	软弱(1)	62.3
2	兴隆庄矿 1301 工作面	410	6.6	193	中硬(2)	72.9
3	王兴矿 6206(3)工作面	316	5.7	248	坚硬(3)	114.8
4	兴隆庄矿 6032 工作面		4.5		中硬(2)	53.4
5	镇城底矿 28103 工作面		4.5		软弱(1)	41.3
6	任楼矿 7212 工作面	600	4.7	150	中硬(2)	56.0
7	下沟矿 ZF2801 工作面	330	9.9	90	中硬(2)	111.8

从图 5-8 和图 5-9 中可以看出，表 5-6 中的 7 个网络测试样本最大相对误差为 10%，平均相对误差为 6%，预测值与真实值是非常接近的。因此，基于 RBF 神经网络建立的综放工作面采厚、覆岩岩性与导水裂隙带发育高度的关系模型能够准确地预测导水裂隙带的发育高度。

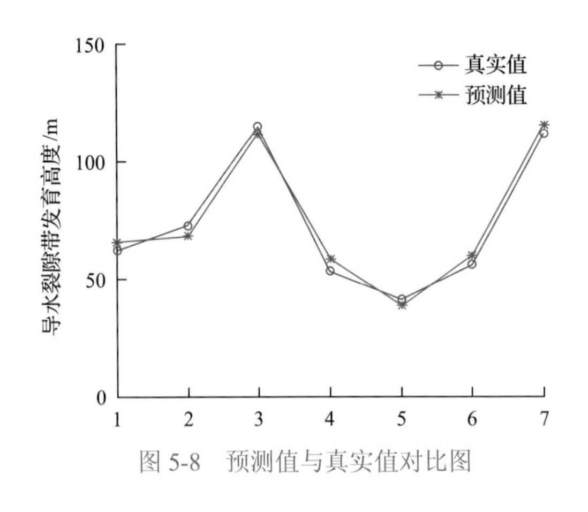

图 5-8　预测值与真实值对比图

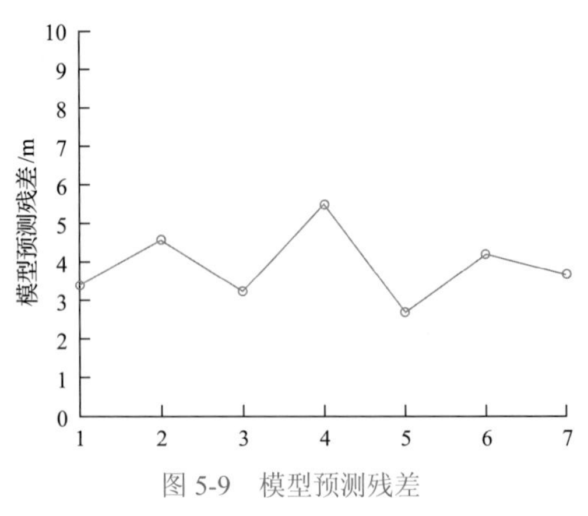

图 5-9　模型预测残差

二、煤层底板岩层采动破坏特征

(一)底板采动破坏的“下三带”理论

随着煤矿开采向深水平发展，采场底板突水日趋严重，给煤矿安全生产带来严重影响。煤层开采后底板发生变形破坏，主要是开采空间的支撑力向底板内部传递的结果。随着煤层的开采，煤层采空区形成后，在煤壁前方形成应力集中，该处的底板岩体受力压缩，工作面推过后，应力突然释放，底板膨胀，对煤层底板形成破坏，增加了底板突水的危险性。本节的主要任务是：利用先进的数值模拟技术对采空区底板破坏深度和特征进行模拟，然后利用模拟结果与煤炭规程中的经验公式进行对比，以期在矿井底板突水防治中达到理想的效果。

煤层开采后形成采空区必然会引起煤层底板的原始应力变化，煤层底板在矿压及水压的联合作用下，自上而下可以分为三个带，即底板破坏带、完整岩层带(或保护层层带)和承压水导升带(图 5-10)。

(1)底板破坏带：底板破坏带是指由于开采引起的矿山压力的作用，底板岩层连续性遭到破坏，导水性发生明显改变的层带，该带的厚度即为“底板破坏深度”。底板破坏带包含层向裂隙带和竖向裂隙带，它们相互穿插，无明显界线。层向裂隙主要是底板受矿压作用，底板经压缩—膨胀—压缩，产生反向位移所致；竖向裂隙主要是剪切及层向拉力破坏所致。在底板破坏深度范围之内，底板岩层产生大量的裂隙，其连续性和隔水性受到破坏，当裂隙与深部的含水层(或承压水导升带或导水断层)沟通时，则发生底板突水。

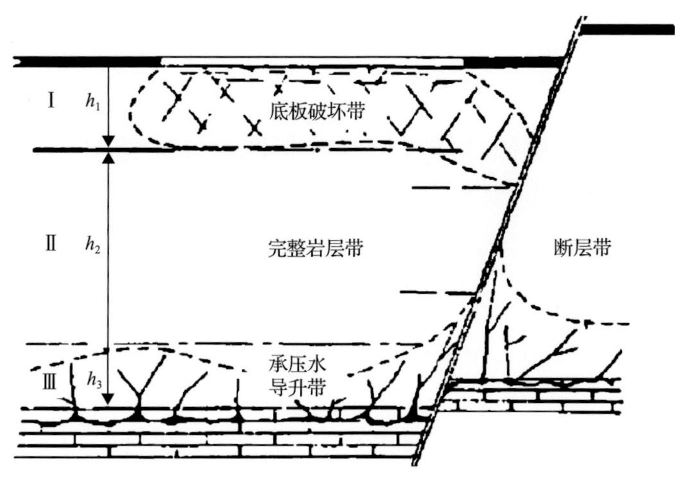

图 5-10　煤层底板“下三带”示意图

(2)完整岩层带：完整岩层带是指煤层底板岩层保持采前的完整状态及其阻水性能的部分，包含矿山压力影响带的未变形部分的底板。其特点是保持采前岩层的连续性，其阻水性能采后未发生变化。

(3)承压水导升带：承压水导升带是指含水层中的承压水沿隔水底板中的裂隙或断裂破碎带上升的高度(从含水层顶面到承压水导升上限之间的部分)。有时受采动影响，采前原始导高还可再导升，但上升值很小，由于裂隙发育的不均匀性，导高带的上界是参差不齐的。不同的矿区因其底部岩层性质及地质构造差异，承压水原始导高大小不一，有的矿区也许无原始导高带存在。

底板破坏深度与采动矿压、煤层赋存条件、工作面尺寸、开采方法及顶板管理方法、顶底板岩性及结构等多种因素有关，在自然条件不变的情况下，采动矿压越大，底板破坏深度越大。

(二)底板矿压破坏深度分析模型

煤层采动过程中，对底板造成扰动破坏，破坏底板隔水层完整性，在底板破坏带内形成导水通道使得煤层底板承压含水层水涌入井巷。对于底板破坏深度的确定主要有底板破坏深度的现场测试和选取经验公式计算两种方法。目前，现场测试的手段主要有：钻孔放注水测量、钻孔声波测量、钻孔超声成像及钻孔无线电波透视等；经验公式计算主要是通过邻近矿区或相似条件下的经验统计公式进行预计。受客观条件限制，本节的研究未能对底板破坏深度进行实测，采用经验公式和力学数值模拟相结合方法计算。

目前，国内计算底板破坏深度的经验和理论公式有以下两种。

(1) 经验公式模型。

$$\text{全国统计资料：} h=0.707+0.1079L \tag{5-2}$$

$$\text{全国统计资料：} h=0.0085H+0.1665\alpha+0.1079L-4.3579 \tag{5-3}$$

$$\text{井陉矿务局统计公式：} h=1.86+0.11L \tag{5-4}$$

$$\text{邢台煤矿统计公式：} h=3.2+0.085L \tag{5-5}$$

《建筑物、水体、铁路及主要井巷煤柱留设与压煤开采规程》：$h=0.303L^{0.8}$ (5-6)

式中，h 为底板破坏深度，单位为 m；L 为开采工作面斜长，单位为 m；H 为开采深度，单位为 m；α 为开采煤层倾角，单位为 (°)。

式 (5-2) 和式 (5-3) 是在总结全国实测的底板导水破坏深度数据 (表 5-7) 的基础上，经回归分析得到的预测底板导水破坏深度经验公式 (相关系数 $R=0.944$)；式 (5-4) 是井陉矿务局总结的经验公式；式 (5-5) 是从邢台煤矿开采 9#煤层 7607 综放工作面和 7802 综采工作面 29 个钻孔底板破坏深度实测数据总结出来的，对比显示综采和综放两种不同的采煤方法所造成的底板破坏深度基本一致；式 (5-6) 出自《建筑物、水体、铁路及主要井巷煤柱留设与压煤开采规程》。这些经验公式及开采实践表明，底板破坏深度 h 与开采工作面斜长 L、开采深度 H、开采煤层倾角 α 等多种因素有关，但开采工作面斜长对煤层底板破坏深度起着决定性作用，控制工作面斜长采取合理开采方案，对控制煤层底板破坏深度有重要作用。

(2) 基于弹性力学理论和极限平衡条件得到的理论公式模型。

$$h=\frac{1.57\gamma^2H^2L}{4R_c^2} \tag{5-7}$$

式中，γ 为底板岩体平均容重；R_c 为岩体抗压强度。

表 5-7　全国实测采煤工作面底板破坏深度统计表

序号	工作面地点	采深 H/m	倾角 α/(°)	采厚 M/m	工作面斜长 L/m	破坏深度 h_1/m	备注
1	邯郸王风矿 1930 面	103～132	16～20	2.5	80	10	
2	邯郸王风矿 1830 面	123	15	1.1	70	6～8	
3	邯郸王风矿 1951 面				100	13.4	＞10m 取 15m 协调面开采
4	峰峰二矿 2701 面	145	16	1.5	120	14	
5	峰峰二矿 3707 面	130	15	1.4	135	15	
6	峰峰四矿 4804、4904 面		12		100+100	10.7	
7	肥城曹庄矿 9203 面	132～164	18		95～105	9	
8	肥城白庄矿 7406 面	225～249		1.9	60～140	7.2～8.4	取斜长 80m 对拉面开采
9	淄博双沟村 1024、1028 面	278～296		1	60+70	10.5	
10	澄合二矿 2251 面	300	8		100	10	
11	韩城马沟煤矿 1100 面	230	10	2.3	120	13	采 2 分层破坏达 24m
12	鹤壁三矿 128 面	230	26	3～4	180	20	
13	邢台矿 7802 面	234～284	4	3	160	16.4	
14	邢台矿 7607 窄面	310～330	4	5.4	60	9.7	
15	邢台矿 7607 宽面	310～330	4	5.4	100	11.7	断层带破坏＜7m
16	淮南新装孜矿 4303 面	310	26	1.8	128	16.8	
17	井陉三矿 5701 面	227	12	3.5	30	3.5	
18	井陉一矿 4707 小面	350～450	9	7.5	34	8	分层采厚 4m，破坏深度约 6m
19	井陉一矿 4707 大面	350～450	9	4	45	6.5	采一分层
20	开滦赵各庄矿 1237 面	900	26	2	200	27	包括顶部 8m 煤，折合岩石底板约 23m
21	开滦赵各庄矿 2137 面	1000	26	2	200	38	含 8m 煤，且底板原生裂隙发育，折合正常岩石底板约 25m
22	新汶华丰煤矿 41303 面	480～560	30	0.94	120	13	

第二节　“煤-水”双资源矿井协调开采关键技术

在分析煤层开采诱发顶底板含(隔)水层结构扰动破坏规律基础上，以“煤-水”双资源矿井协调开采理论为指导，提出了系统的“煤-水”双资源矿井协调开采技术。根据技术的组构形式，“煤-水”双资源矿井协调开采技术可以分为两类：基础技术和优化结合技术。“煤-水”双资源矿井协调开采基础技术主要包括：①开采方法和参数工艺动态优化技术；②井下洁污水分流分排技术；③人工干预水文地质条件技术；④充填开采技术。“煤-水”双资源矿井协调开采优化结合技术主要包括：①矿井排水、供水和生态环保三位一体优化结合技术；②矿井地下水控制、利用和生态环保三位一体优化结合技术；③矿井水控制、处理、利用、回灌和生态环保五位一体优化结合技术。

针对我国东部矿区煤炭矿山含(隔)水层保护，本节提出的矿井排水、供水和生态环保三位一体优化结合，矿井地下水控制、利用和生态环保三位一体优化结合、以及矿井水控制、处理、利用、回灌和生态环保五位一体优化结合三种技术全面考虑了矿区水患、矿区水资源合理开发利用及生态环境保护等问题，既解决了矿山环境保护与煤炭开采间的矛盾，同时为我国矿山环境保护和管理指明了思路和方向。

一、“煤-水”双资源矿井协调开采基础技术

(一)开采方法和参数工艺动态优化技术

我国长壁体系下的大采高采煤法具有煤炭损失少、单产高、采煤系统简单、对地质条件适应性强等优点，但该方法大规模、高强度的开采对上覆岩层及地表破坏比较大，对含水层结构、地下水系统和生态环境造成了较大的影响。而以短工作面为主要特征的短壁机械化采煤法和以控制采厚为主要特征的限高开采或分层间歇开采法，对煤层上覆岩层和底板岩层的破坏程度均减弱，造成的地表下沉量等均减小，对含水层下安全采煤较为有利。根据矿业工程活动全生命周期完全成本理论，长壁大采高采煤法虽然效率较高，但是如果考虑采矿工程活动所诱发的生态环境损毁的修复治理成本的话，它将是低效益的一种采煤方法；而短壁机械化采煤法、限高开采或分层间歇开采等开采方法，虽然效率较低，但是由于这些采煤方法实施以后，对矿山生态环境扰动破坏较小，生态环境的修复治理成本较低。因此，从矿业工程活动全生命周期的总体成本来看，这些采煤方法虽然低效率，但是高效益。随着我国国民经济从高速增长转变为高质量发展，从大系统工程理论出发，综合考虑矿山安全、煤炭和水资源开发，以及生态环境多个子系统，当长壁大采高采煤法无法保障控水采煤时，将其优化为效率较低但效益极高的短壁机械化采煤法（如短壁、条带、房式/房柱式等开采方法）或限高开采或分层间歇开采等方法，可以大大提高矿业工程大系统的总体经济效益。

为此，结合主采煤层的具体充水水文地质条件，动态优化开采方法和参

数工艺，能够统筹考虑并实现煤矿的安全开采、地下水资源的保护和利用以及生态环境的保护，可以较好地解决矿山安全开采、水资源利用和生态环保三者之间的尖锐矛盾和冲突，提高矿业工程系统的总体经济效益。针对我国煤矿区的顶板水害和底板水害两大类主要水害问题，开展顶底板水害评价可以为开采方法和参数工艺的动态优化奠定基础。

对于顶板水害的评价方法主要有“三图-双预测法”等。“三图-双预测法”是一种解决煤层顶板充水水源、通道和强度三大关键技术问题的顶板水害预测评价方法。其中，“三图法”可实现对煤层顶板水害的危险性评价分区；在此基础上，进一步利用“双预测”可实现煤层的安全开采，即通过采用优化采煤方法与参数工艺等顶板水害防治措施，实现控水采煤和煤矿的安全生产。对于一次采全高综采或放顶煤等开采方法，利用“三图法”进行煤层顶板突水危险性评价：第一张图为顶板充水含水层富水性分区图，第二张图为顶板冒裂（垮裂）安全性分区图，第三张图由前两张图叠加生成，为顶板涌（突）水条件综合分区图，将研究区划分为危险区、较安全区和安全区等。只有在导水裂隙带波及充水含水层且对应含水层富水性较强的区域才会发生突水。

对于底板水害的评价方法主要有“脆弱性指数法”和“五图-双系数法”等。其中，“脆弱性指数法”是一种将可确定底板突水多种主控因素权重系数的信息融合方法与具有强大空间信息分析处理功能的 GIS 耦合于一体的煤层底板突水预测评价方法，它是指评价在不同类型构造破坏影响下，由多岩性多岩层组成的煤层底板岩段在矿压和水压联合作用下的突水风险的一种预测方法。脆弱性指数法可实现对煤层底板突水脆弱性的多级分区，在此基础上，进一步通过优化采煤方法与参数工艺等底板水害防治措施，实现控水采煤和煤矿的安全生产。对于一次采全高综采或放顶煤开采方式，从充水含水层、底板隔水层、地质构造、底板矿压破坏发育带、导升高度带五大方面确定影响底板突水的主控因素，结合常权或变权模型确定的各主控因素权重，得出煤层底板突水脆弱性评价分区。根据上述两种主要水害评价的结果，对于评价为安全区的区段可直接进行回采或掘进；对于评价为危险区的区段可减小采高，实行限高开采或分层开采，重新进行分区评价；若仍不满足安全需求，可采用短壁开采、条带开采、房式开采或房柱式开采等开采方式，进一步优化采煤方法与参数工艺，减小导水裂隙带发育高度和矿压破坏深度，减弱对顶板含水层和底板隔水层的扰动破坏，实现控水采煤。基于“三图-双预测法”和“脆弱性指数法”的开采方法优化流程见图 5-11 和图 5-12。

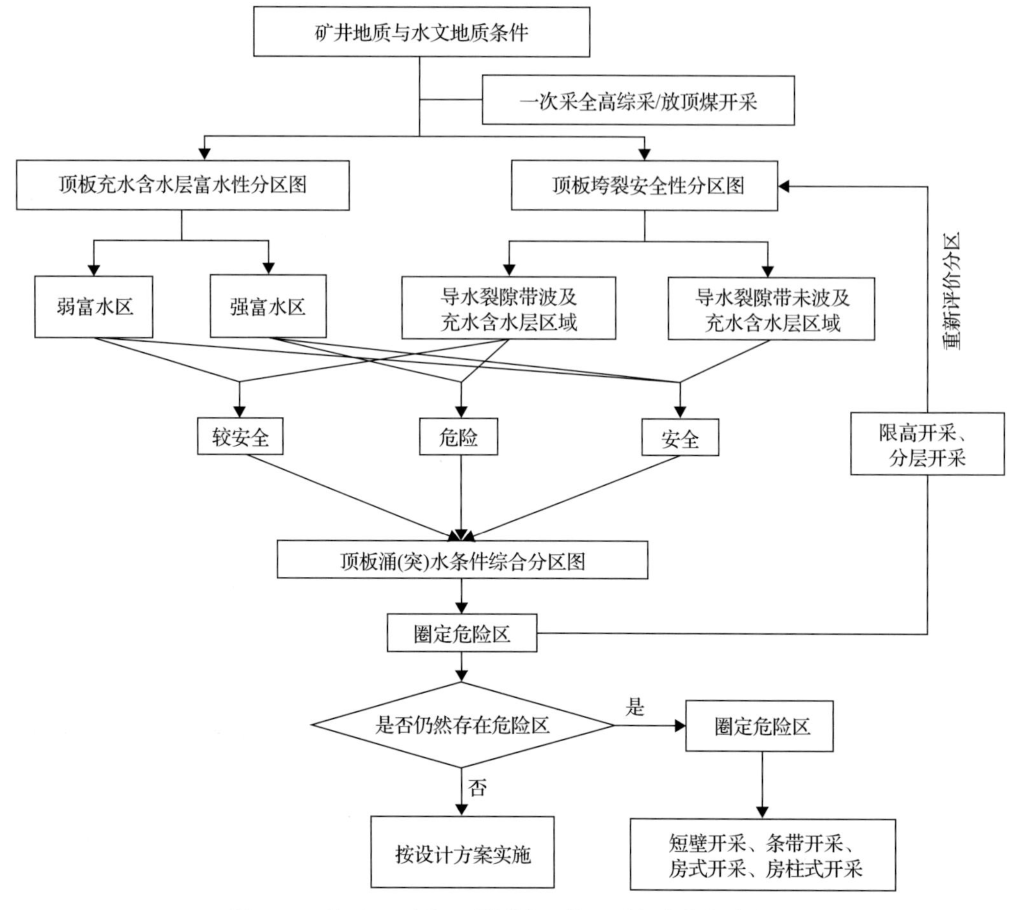

图 5-11　基于“三图-双预测法”的开采方法优化流程图

（二）井下洁污水分流分排技术

根据矿井水形成类型，东部地区的出水点比较集中，分散的矿井水相对较少，在井下涌水量大的集中出水点和疏放水处，洁污分流工程容易实施。

在集中出水点和疏放水处，修建专门洁净水排水沟或管路，将洁净矿井水由工作面集中汇入到专门修建的洁净水仓，专门的排水沟和水仓按照饮用水工程标准进行设计和施工，并设置排水沟盖板，避免洁净水在井下输送过程中受到任何污染，最后通过洁净水泵房排到地面。洁净矿井水未被污染，与含水层地下水原始水质相同，pH 为中性、低浊度、低矿化度、不含有毒有害离子，可直接或经过简单的消毒处理后作为生活饮用水和农业灌溉用水；

而矿井污水则分流至污水仓，经过混凝、沉淀后通过污水泵房排到地面污水处理站，处理后可满足对水质要求低的工业用水需求。

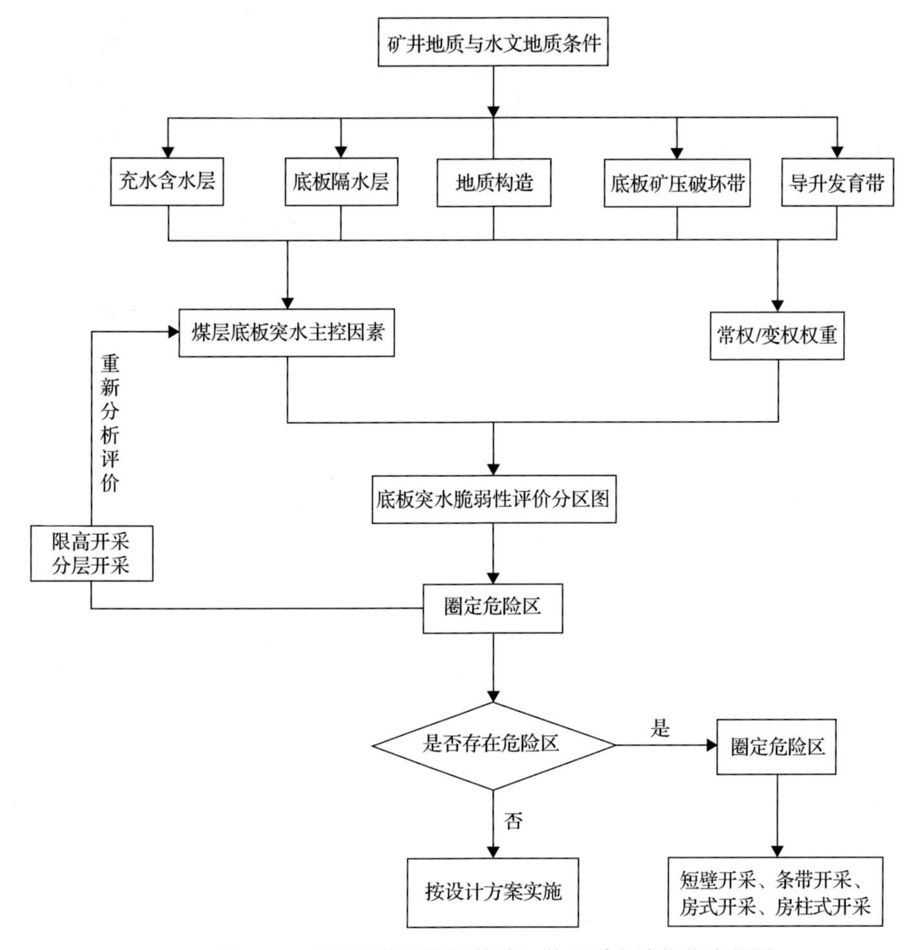

图 5-12　基于“脆弱性指数法”的开采方法优化流程图

(三)人工干预水文地质条件技术

人为对水文地质条件实施干预也是保水开采的重要技术，其原理是通过各种专用的压注设备，将根据不同堵水条件按特定配方制备的不同特性的堵水浆液注入岩层空隙之中，占据原来被水占有的空隙或通道，在一定的压力、一定的时间作用下脱水、固结或胶凝，使隔水层阻水性能大大提高，从而改变原来不利于采矿的水文地质条件。其主要措施包括：

(1)隔水层注浆加固和改造技术。当充水含水层富水性较强时，在煤层薄隔水层带、构造破碎带、导水裂隙带，隔水层注浆加固方法实属上策。

(2) 局部富水区或松散砂层注浆。将水分散到导水裂隙带波及不到的区域，把富水区改造为弱富水区或隔水层；或采用注浆固结松散砂层减少溃砂的可能性。

(四) 充填开采技术

充填开采是一种利用井上/井下煤矸石、炉(矿)渣、粉煤灰、尾砂、建筑垃圾等固废材料充填采空区解放呆滞煤炭资源的绿色开采技术，如图 5-13 所示。根据等价采高理论，充填开采技术其实相当于开采极薄煤层。对受水害威胁煤层实施充填开采，可以控制上覆岩层破坏与地表移动变形及处理固体废弃物，在保护水资源和生态环境的同时，又能消除水害威胁。针对局部开采资源回收率低的缺点，还可以采用充填开采回收留设的煤柱。

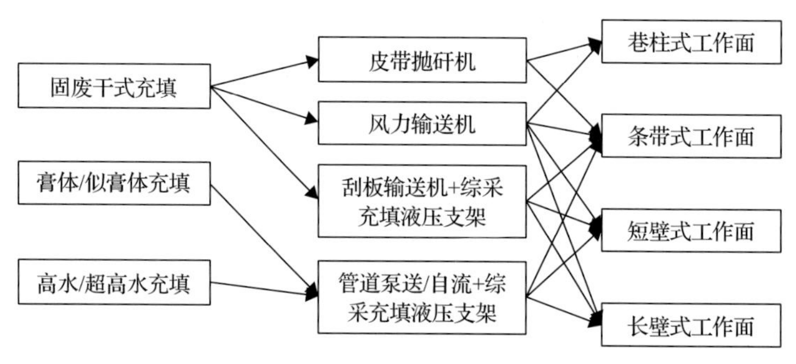

图 5-13　充填开采技术

充填开采需要专门的设备设施和足够的充填材料，工艺复杂，降低了生产效率，初期投资大，增加了吨煤成本。2013 年，国家能源局、财政部、国土资源部及环境保护部联合印发了《煤矿充填开采工作指导意见》，旨在促进安全有保障、资源利用率高、环境污染少、综合效益好和可持续发展的新型煤炭工业体系建设，但是受煤价下滑影响，充填开采的推广受到一定的限制。因此，协调采煤工艺与充填工艺之间的关系、降低开采成本、寻找充足的充填材料是充填采煤法发展的必由之路，另外，还需要国家政策的引导和扶持。

二、矿井排水、供水和生态环保三位一体优化结合技术

矿井排水、供水和生态环保三位一体优化结合技术是对采煤方法和防治水技术、措施进行的优化组合，旨在建立解决采煤保水、水资源合理开发利

用、生态环境保护等问题的方法集，使得矿井开采目的由之前的采煤和安全二元性向保障井下安全、合理地配置水资源、保护和改善生态环境并尽可能进行矿区生态环境建设的多元性发展(图 5-14 和图 5-15)。

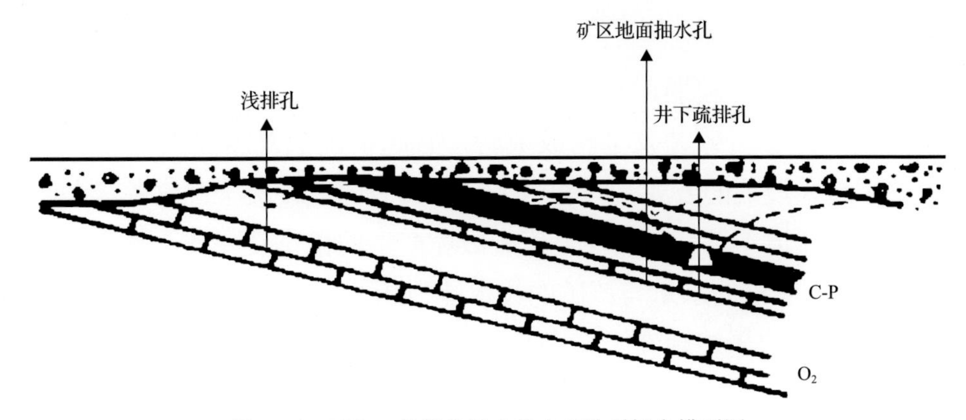

图 5-14 三位一体优化结合的水文地质概念模型图

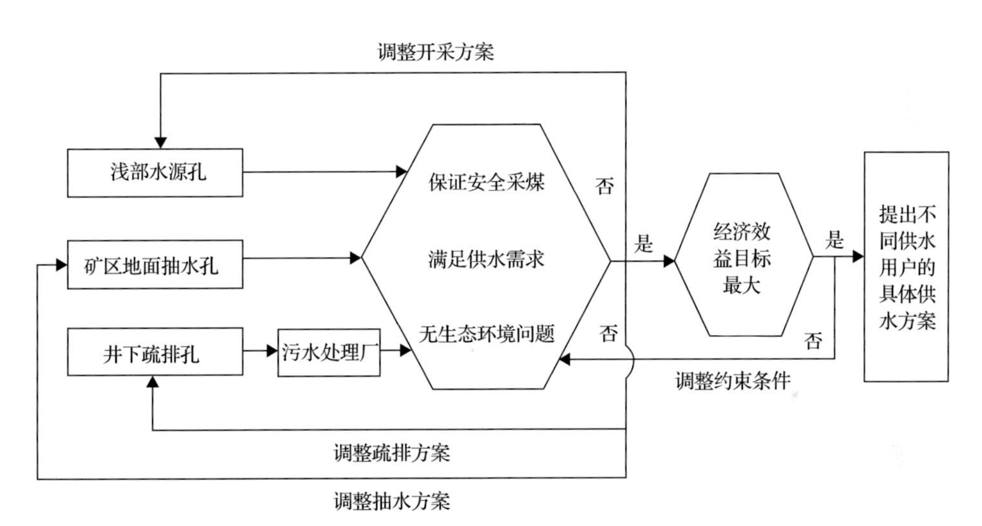

图 5-15 三位一体优化结合的工作流程图

该优化结合技术包含防治水工程措施和开采技术两部分，其中，防治水工程措施是采用疏、排的手段对水体进行疏干、改造，开采技术包括常规开采(综采、综放)、限制开采(限高、分层间歇开采)、短壁机械化开采(短壁式、条带式、房柱式)和充填开采。该优化结合技术是依据矿井主采煤层具体的充水水文地质条件，因地制宜，由以上技术与措施中的若干项组合而成，即：$A_i+A_j+\cdots+B_k$。本节依据含水层性质构建了两种矿井排水、供水和生态环保三位一体优化结合技术模式，并分析了不同优化结合技术模式的适用条件。

（一）矿井排水、供水和生态环保三位一体优化结合技术分类

1. “边采边疏+井下洁污水分流分排+矿井水分级分质利用+常规开采”模式

针对整体富水性较弱，且以静储量为主，补给相对不足的含水层，由于其涌水量较小，不对矿井安全构成威胁，且超前疏放难度较大，疏放效果不佳，可采用边采边疏的方式，即利用采后导水裂隙直接疏干；或者富水性虽然较好，但导水通道不发育，仅仅是覆岩破坏产生的微小裂隙波及水体，漏水情况微弱且有限，泄出的水量与该矿的排水能力相适应，且在经济上也是合理的。

实践表明：边采边疏在一定条件下可以最大限度地、安全地采出受顶板水害威胁的部分煤炭资源。正确评价煤层上覆水体的富水性，以及煤层覆岩受采动影响后的控水控砂能力，这是决定能否实现边采边疏技术的前提条件；工作面应备有足够的排水能力，这也是保证边采边疏安全的基本条件。这部分水不得进入矿井洁净水排水系统，应通过污水系统单独排放到地面，采用分质处理，然后作为井上井下生产水分级利用。

2. “超前疏干+井下洁污水分流分排+多位一体优化结合+常规开采”模式

针对整体富水性较好、补给水量不太大的含水层，可采用超前疏干的方法提前形成疏水漏斗，降低初次来压时顶板断裂后的峰值涌水量，主要方式包括：

(1) 地面井群疏干。当含水层埋藏较浅时，可采用地面井群疏干的方式，采用排水、供水和生态环保三位一体优化结合模型配置水资源。

(2) 井下超前疏干。井下超前疏干工程实施前应先对工作面水文地质条件探查和评价，通过物探查疑、钻探验证，在工作面两条回采巷道内对圈定的富水异常区进行探放水，采用三位一体或五位一体优化结合模型配置矿井水。

该模式还需要在矿井、采区和工作面建立完善的洁污水分流分排系统，确保工作面及矿井具备充足的防灾抗灾能力，满足采掘工作面最大涌水量的排水需要。

（二）矿井排水、供水和生态环保三位一体优化结合技术适用性分析

具备可疏性的矿井，宜采用矿井排水、供水和生态环保三位一体优化结

合，其实质是将矿井疏排水经过分级处理后，全部或部分用来代替矿区和当地正在运行中的供水水源井。三位一体优化结合技术已经形成一套包括矿井水资源化、地面水源井、井下疏排等的技术模式，具体可采用以下措施：

(1)井下疏放水采用专门疏水巷道、回采巷道超前疏干和探放水等疏降方式。

(2)采用井下排水和地面抽水联合疏降，以丰水期最大涌水量作为设计供水量。地面抽水的目的是解决因井下突发性事故引起的井下停排造成的水源中断或因枯水期造成的供水缺口等问题。

(3)在对矿井水疏降较为有效的地下水系统的某些补给部位，建立供水水源井，预先截取地下水。

三、矿井地下水控制、利用和生态环保三位一体优化结合技术

矿井地下水控制、利用和生态环保三位一体优化结合技术是对采煤方法和防治水技术、措施进行的优化组合，旨在建立解决采煤保水、地下水控制、水资源合理开发利用、生态环境保护等问题的方法集，使得矿井开采目的由之前的采煤和安全二元性向保障井下安全、合理地配置水资源、保护和改善生态环境并尽可能进行矿区生态环境建设的多元性发展。

该优化结合技术包含防治水工程措施和开采技术两部分，其中，防治水工程措施是采用防、堵、截的手段对水体进行隔离、控制、改造，开采技术包括常规开采(综采、综放)、限制开采(限高、分层间歇)、短壁机械化开采(短壁式、条带式、房柱式)和充填开采。该优化结合技术是依据矿井主采煤层具体的充水水文地质条件，因地制宜，由以上技术与措施中的若干项组合而成，即 $A_i+A_j+\cdots+B_k$。本节依据含水层性质构建了6种矿井地下水控制、利用和生态环保“三位一体”优化结合技术模式，并分析了不同优化结合技术模式的适用条件。

(一)矿井地下水控制、利用和生态环保三位一体优化结合技术分类

1. “留设安全煤岩柱+常规开采”模式

该模式的实质是利用留设的安全煤岩柱将重要的地表水体或地下含水层隔离保护。其主要技术是在地表大型水体、厚松散层下、逆掩断层含水推覆体下、老窑积水下、基岩裸露地区煤层露头区留设足够的防水安全煤岩柱，确

定合理的开采上限，超出开采上限的煤炭资源作为永久煤柱，低于开采上限的煤炭资源可以采用一次采全高综采技术或厚煤层综放技术。地表大型水体、基岩风化裂隙水或厚松散层富水体往往是当地居民生产生活用水的主要来源，这种模式牺牲少部分煤炭资源确保矿井安全、水资源供给和矿山生态环境。

2. “留设安全煤岩柱+限制开采”模式

该模式的主要技术是通过限制开采厚度或者限制厚煤层第一、第二分层开采的厚度，以减少导水裂隙带发育高度，适用条件与第一种模式相同，但与第一种模式相比，该模式可有效提高开采上限，减少部分煤炭资源的损失。

3. “人工干预水文地质条件+常规开采”模式

针对局部富水区域，可以采用注浆的方法将富水区域改造为弱富水区域。根据具体的充水水文地质条件制定合理的注浆方案，确定钻孔布置方案和注浆材料。

当煤层与含水层之间的距离大于导水裂隙带发育高度时，正常情况下含水层对采煤不产生影响，若存在导水断裂带，上覆水体沿断裂带可进入工作面，此时可对断裂带进行注浆，注浆的位置应在导水裂隙带的顶部与含水层底板之间。

4. “人工干预水文地质条件+超前疏干+井下洁污水分流分排+多位一体优化结合+常规开采”模式

如果含水层的富水性强或极强，或者虽然富水性中等，但补给水源充沛，处理这类含水层时应在查明其补给水源和补给通道后，先用注浆帷幕的方式阻断含水层的补给，然后再超前疏干，主要方式包括：

(1) 在查清开采区域充水水源补、径、排条件的前提下，实施帷幕截流，将地下水截到井田以外，减少水源补给。当顶板含水层只有范围不大的缺口与外界连通时，可在这些缺口位置帷幕截流，采用打单排或多排密集钻孔，灌注水泥、水泥砂浆或其他浆液材料，形成一道地下隔水帷幕，封住缺口，隔断采区或矿区与外界的水力联系，使得采区或矿区内的含水层以静储量为主，为超前疏水创造条件。

(2) 松散含水层地下水静储量巨大，短时间不能将砂层水完全疏干，通过对覆岩采动破坏范围内实施地面松散层注浆工程，可以起到弱固结砂层、降低其流动性、防止发生溃水溃砂灾害的作用。

5. “天然水文地质条件+短壁机械化开采”模式

对于地下水静、动储量丰富的含水层，在人工干预水文地质条件效果不合理、技术不可行或经济不划算的情况下，可以采用“天然水文地质条件+短壁机械化开采”模式。该模式能有效降低导水裂隙带发育高度，不至触动含水层，在天然水文地质条件下即可实现保水采煤，解放水害威胁的部分煤炭资源。

6. “天然水文地质条件+充填开采”模式

在强富水含水层，动、静储量丰富，整体疏降难度较大，又没有办法实施人工干预的情况下，可采用充填开采技术。对于“三下一上”煤炭资源开采，“以矸换煤”充填开采将是今后“煤-水”双资源型矿井开采的发展方向。

(二)矿井地下水控制、利用和生态环保三位一体优化结合技术适用性分析

可疏性差的矿井，宜采用矿井地下水控制、利用和生态环保三位一体优化结合技术，其实质是在对补给矿井地下水实施最大限度控制、最大限度减少矿井涌水量的基础上，将有限的矿井排水分质处理后最大化加以利用，防止地下水水位大幅下降和水资源浪费，避免矿区生态系统恶化。

(1)矿井地下水控制。措施包括：①留设防水煤岩柱；②增强隔水层的隔水能力，如注浆加固、注浆封堵导水通道等；③降低导水裂隙带发育高度，在第四系强富水含水层下对煤层覆岩实施局部轻微爆破松散或注水软化；④帷幕注浆，隔离开采区域；⑤建立地面浅排水源地，预先截取补给矿井的地下水流；⑥建立水源井，预先疏排强径流带等地下水强富水地段。

(2)矿井水利用。采取控制措施后矿井排水量大大减少，且污水所占比例较大，可分级处理后进行资源化综合利用，如图 5-16～图 5-18 所示。

许多缺水矿区和大水矿区煤矿将矿井水作为第二资源开发利用，如蔚州矿区北阳庄煤矿的矿井排水除满足矿区生产生活用水需求外，还可满足电厂(在建)用水需求；山东华泰矿业有限公司通过井下处理使矿井水达到了饮用水标准，井下工人可直接饮用，矿井水排到井上除自身矿区使用外，还供给市区和莱芜电厂使用；锦界煤矿涌水量达 3200m^3/h 以上，最大涌水量达 5499m^3/h，通过成立专门水务部门，负责处理、管理和分派水资源，采用井下清污分流和地面污水处理，以供水管网、农业灌溉、人畜饮用、工业用水等方式实现矿井水资源零浪费。矿井水的分质处理与分级利用，可以减少深

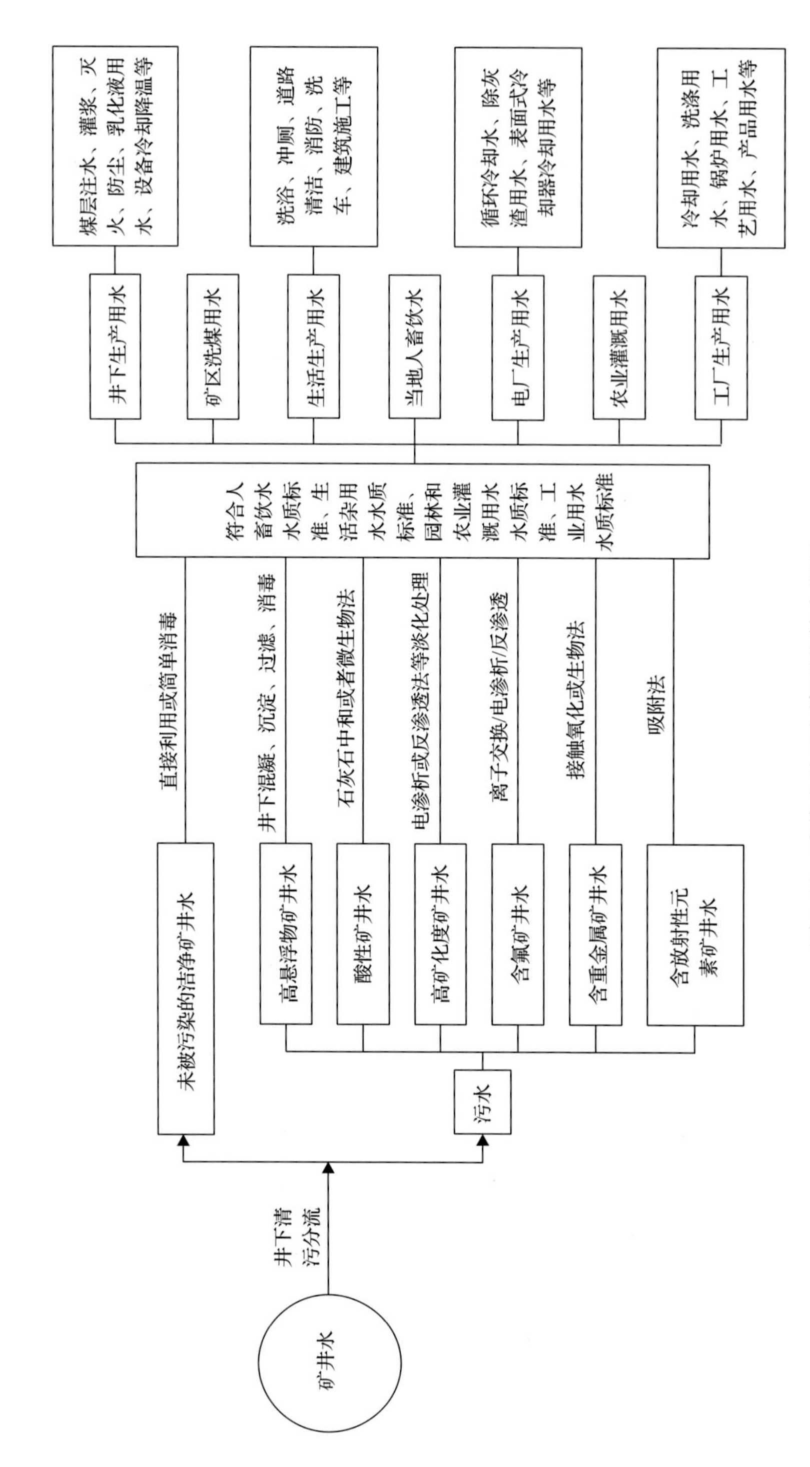

图5-16 矿井水处理与资源化综合利用

图 5-17　井下水处理工程系统

图 5-18　地面水处理工程系统及操作人员

井水的开采量，节约地下水资源，保护矿区地下水和地表水的自然平衡，有效缓解“水源型缺水”和“水质型缺水”问题。

四、矿井水控制、处理、利用、回灌和生态环保五位一体优化结合技术

对于具备回灌条件的矿井，可采用矿井水控制、处理、利用、回灌和生态环保五位一体优化结合技术，其实质是采取各种防治水措施后，将有限的矿井排水进行水质处理，最大限度地在井上井下利用，最后将剩余的矿井水补充到具有足够厚度和透水性的不影响矿井安全生产的含水层(图 5-19)。统一规划矿井水五位一体优化管理模型，从水文地质条件、水质、施工方案等方面进行调研和技术论证，是实现矿井废水零排放的有效途径，既可保护当地生态环境，也可实现绿色开采。

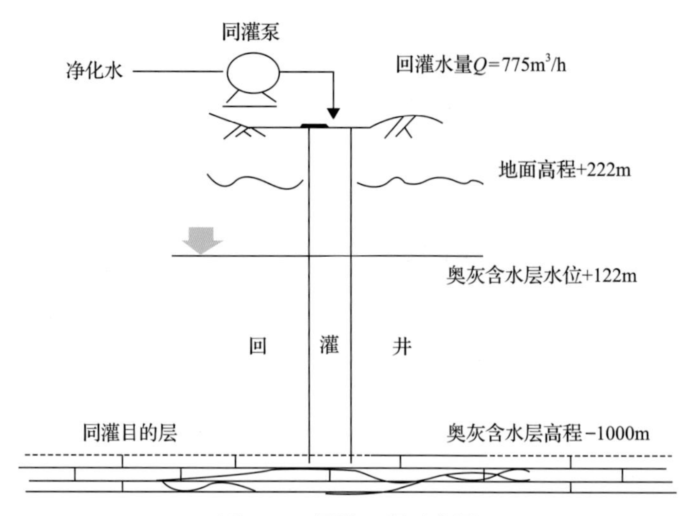

图 5-19　回灌工程示意图

第六章

地表微地形重塑技术分析研究

国外的土地复垦发源于露天矿，露天矿开采对地表景观破坏最显著，因此，国外对地貌重塑很重视，要求恢复近似原地貌的生态景观。我国露天矿较少，对地貌重塑的重视程度较低，因此对地貌重塑的研究起步较晚。近年来，国内学者主要针对排土场台阶型地貌进行研究，并侧重于水土保持的研究，引入国外的仿自然地貌重塑的理念与方法，来解决国内问题。

因为我国煤炭资源普遍埋藏较深，适合井工开采的煤矿资源约占96.4%，所以形成了当前以井工开采为主露天开采为辅的作业模式(黄翌等，2014)。井工煤矿开采造成了严重的生态环境问题，我国井工煤矿万吨煤沉陷约0.2～0.33hm^{2}土地。目前全国开采煤矿已造成4×10^6hm^{2}的土地沉陷，并且采煤沉陷范围以每年 330～470km^{2}的速度递增(高光耀等，2013)。地表沉陷改变了原有的地貌，引起建筑物的形变，降低了土壤质量，同时也会带来水土流失问题。因此，研发更高效的沉陷地土地复垦措施，遏制土壤侵蚀现状并有效解决由此带来的土壤质量问题，是当前矿区土地复垦研究中一项十分紧迫的科学命题。为了有效治理采煤沉陷地水土流失等生态环境问题，专家学者对沉陷地复垦方法进行了理论研究和实践应用(张耀方等，2011；王神虎等，2012)，其中包括各种下垫面改造和整地措施，以及在采煤沉陷区人工塑造了形态各异的微地貌景观，这些都起到了较好的水土保持效果。然而，尽管微地形改造方法在矿区有较为明显的水土流失防治效应，但是目前的微地形设计主要与土地复垦措施相关，缺乏更为系统的改造设计，同时由于相关的量化、监测等技术还不十分完善，造成当前研究中微地形措施对土壤侵蚀与植被恢复的作用机理依然不十分明确、理论研究依旧较为落后等问题。目前我国采煤矿区生态问题十分严峻，有较大比例的损毁土地等待复垦。因此，采煤沉陷区微地形改造的深入研究对于矿区环境问题治理和生态恢复具有重要意义。

第一节 我国东部采煤沉陷区地表微地形重塑前后模拟分析

沉陷区微地形变化主要体现在地表移动盆地、地裂缝和沉陷坑等方面(李斯佳等，2018)。当前的采煤沉陷地微地形改造方法广泛分布于采煤沉陷地土地复垦的工程措施中，主要采用的措施有土地平整、梯田工艺、挖深垫浅、裂缝和沉陷地充填和其他固坡技术等，这些微地形改造方法具有成本低、污染小及水土保持效果好等优点。

(1)土地平整。土地平整既包括对地表起伏不大的沉陷区开展的简单的人工整平措施，又包括对土壤较肥沃的沉陷区开展的“剥离表土—平整土地—回覆表土”式保证复垦后土壤肥力的土地平整措施(赵庚星等，2000)。土地平整措施广泛应用于沉陷未稳沉区和沉陷幅度不大的区域，其中在沉陷未稳沉区实施土地平整措施旨在恢复部分生态功能，等到沉陷区稳沉后再进行一系列大规模的工程措施，而对沉陷幅度不大的区域而言，可直接采用土地平整措施实施地表微地形改造，以实现节约成本的目的。

(2)梯田工艺。梯田工艺较适合于丘陵地区或潜水位较低和采煤厚度较大的区域，其可以改造沉陷程度较大或沉陷地表破坏复杂区域的沉陷地表。需要就当地实际的地表变化情况对沉陷地进行梯田改造，秉承“大弯就势，小弯取直”的原则就势修筑梯田，取得拦水保墒的微地形改造效果(赵庚星等，2000)。梯田化微地形改造同时还可以解决充填物料不足的问题。

(3)挖深垫浅。挖深垫浅主要适用于沉陷程度较大，存在常年性积水的沉陷区，而泥浆泵法是挖深垫浅中最为常用的方法，利用“高压水输送—冲土水枪挖土—输送土—充填与沉淀—平整”等一系列工程措施将沉陷较深区域复垦成鱼塘或将沉陷较浅区域复垦成农田(胡振琪，1997)。在泥浆泵法实施过程中会出现因上下土壤层的混合或土层顺序的变化而导致复垦后土壤条件差的问题。胡振琪通过在“垫浅区”上进行土壤重构而对泥浆泵法进行了改进，可实现“垫浅区”除“首填块段”外的其余块段土层顺序基本保持不变的目的，可快速恢复原土壤生产力。

(4)裂缝和沉陷地充填。地裂缝导致采煤沉陷地的地表破碎化和水土流失，采用裂缝充填工艺对损坏地表进行改造，可实现水土涵养和减小地表下沉量的目的。“深部充填—表层覆土—植被绿化”是裂缝充填常用的施工工艺，其适用于裂缝宽度较大的区域(刘辉等，2014)。填堵方法适用于轻度破坏、土层较厚和裂缝未贯穿土层的土地；而反滤层的原理填堵裂缝或孔洞的方法则适用于破坏程度严重和裂缝穿透土层的土地(王神虎等，2012)。同时，在充填物料丰富地区，也可以对一些积水型和季节性积水型沉陷地进行充填。

东部高潜水位平原矿区由于非均匀沉降会在沉陷区边缘产生裂缝和坡地，因东部平原矿区潜水位较高，沉陷坑往往会出现常年积水，进一步会形成湖泊等其他类型的湿地，挖深垫浅、充填和土地平整工艺在这类地区应用较多。为了较好地解决稳沉后复垦耕地恢复率不高和复垦周期长等问题，胡振琪等提出了边采边复的概念(胡振琪等，2013)，在土地即将全部或部分沉入水中时采取预先分层剥离部分表土与心土，交错回填至将要沉陷的区域的措施。

基于文献阅读法、遥感监测分析、水文分析、对比分析、情景模拟法和模型模拟法等，开展东部采煤沉陷区地表微地形重塑前后模拟分析。

一、地表微地形重塑造成的矿区土地功能变化与地表蓄洪防灾变化

基于我国东部采煤沉陷对土地与生态的影响，现以兖州煤田为例，针对采煤沉陷前、采煤沉陷后和黄河泥沙充填复垦后三种情景(魏婷婷，2015)，分析地表微地形重塑造成的矿区土地功能变化与地表蓄洪防灾变化。

兖州煤田是我国重要的煤炭基地之一，位于我国鲁西南平原地区，矿产资源丰富，河网水系发达，耕地资源珍贵，是我国高潜水位煤粮复合区。而矿区内大型煤矿基地建设和煤炭资源开采引发了耕地土壤结构和地质环境的损毁、泗河流域地貌景观改变和地表径流紊乱等问题，形成了不同损毁程度的采煤沉陷区。研究区因潜水位埋深浅，在采煤引起地表下沉过程中会出现季节性或常年性的积水沉陷地，地表大幅沉陷会导致河道汇流范围的变化，影响流域内的径流量和汇水路径，为沉陷区洼地的防洪调蓄带来巨大压力，所以对采煤沉陷区的洼地汇流范围的变化和径流的变化研究显得尤为重要。

(一)矿区土地功能变化

矿区土地功能变化主要从土地利用类型、土壤类型及土壤理化性质两个方面进行分析。

1. 土地利用类型

采用2009年、2014年等多期遥感影像，获取济宁市境内泗河、白马河流域采煤沉陷前、采煤沉陷后和黄河泥沙充填复垦后的土地利用类型，如图6-1所示。

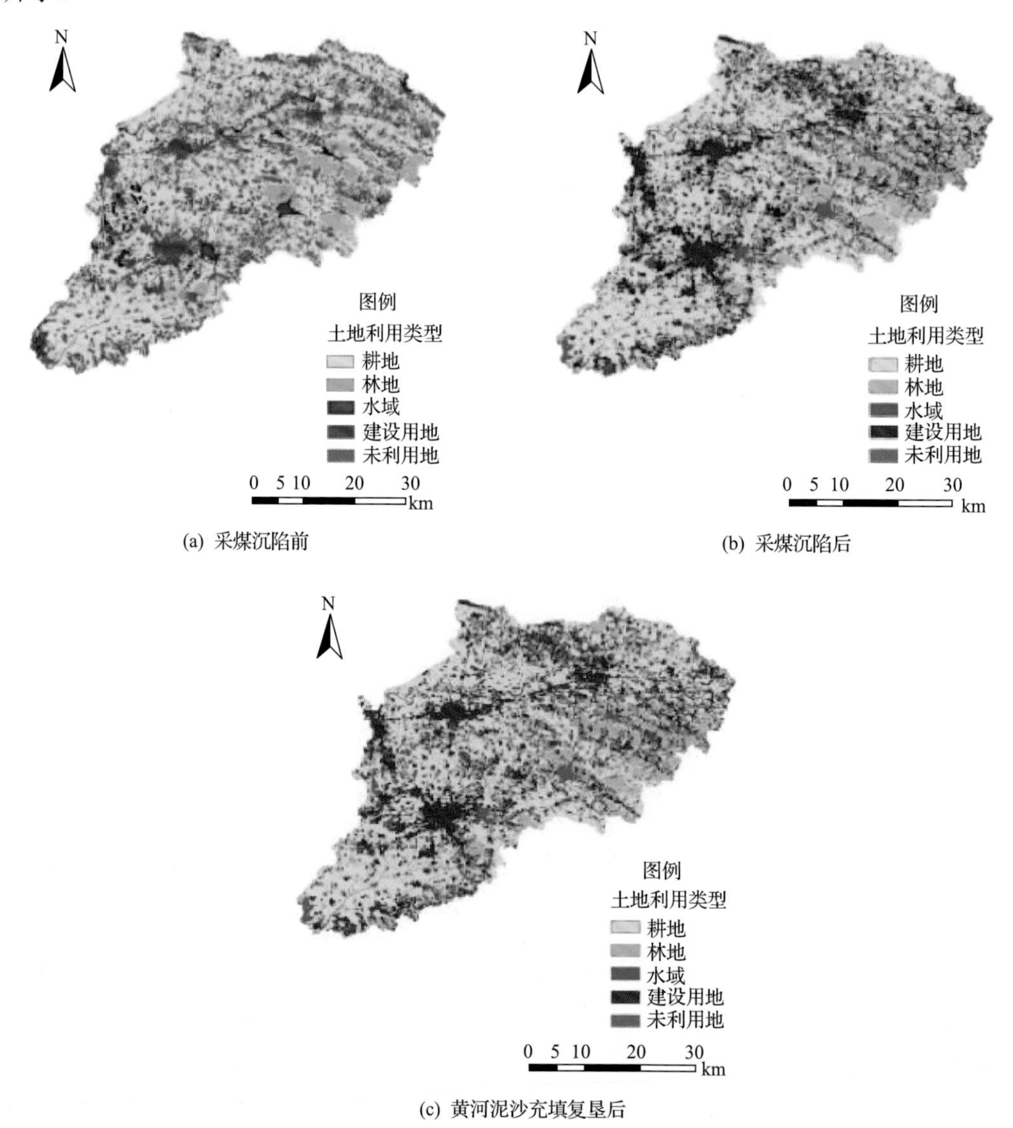

图6-1　济宁市境内泗河、白马河流域土地利用类型图

采煤沉陷前主要以耕地为主，耕地占57.13%、林地占2.72%、水域占1.86%、建设用地占37.68%、未利用地占0.61%。采煤沉陷后采煤沉陷区的土地利用类型发生了改变，由耕地变成了水域或者未利用地，但耕地依然是主导类。由于新增2010～2014年的兖州煤田采煤沉陷区，导致5类土地利用类

型所占的比例发生了相应的变化。充填复垦后，充填复垦区的土地利用类型发生了改变——由水域或者未利用地复垦成耕地。

2. 土壤类型及土壤理化性质

土壤数据采用世界土壤数据库(HWSD)中的土壤数据。对比研究区内经过采煤沉陷前后的土壤类型，发现其并未发生变化，依然是以石质薄层土、石灰性始成土、不饱和始成土、饱和始成土、潜有始层土、饱和冲击土、松软潜育土和薄层灰黑土为主的 8 种土壤类型。对比土壤容重、土壤含水率、pH 和有机质等土壤物理化学性质，发现采煤沉陷前后有所变化，其中影响最大的是土壤含水率，其次依次为物理性砂粒含量、土壤容重和孔隙度。充填复垦后土壤类型较采煤沉陷前后发生了改变，增加了一种以黄河泥沙为充填复垦材料的土壤类型。因以黄河泥沙为充填材料复垦的土地保水性能较差，充填复垦后土壤含水率较采煤沉陷前后的土壤含水率有所减小。复垦过程中表土的剥离、堆放及回填等工序造成土壤轻微压实，从而导致充填复垦后的土壤容重相比于采煤沉陷前有所增大。

综上所述，矿区复垦前后(地表微地形重塑前后)由于土地利用类型、土壤类型及土壤理化性质等变化，会对矿区土地功能产生影响。

(二)地表蓄洪防灾能力

地表蓄洪防灾能力变化主要从高程变化和地表水文模拟等方面进行分析。

1. 高程变化

采煤沉陷前的高程数据(DEM)采用的是从地理空间数据云上下载的2009年分辨率为 30m×30m 的 ASTER GDEM 数据。而采煤沉陷后的 DEM 数据获取需综合考虑采煤沉陷前的 DEM 数据和开采沉陷预计的理论与方法的影响。利用开采沉陷预计软件预计兖州煤田 2010～2014 年的采煤沉陷情况，并将 2010～2014 年的.dwg 格式下沉等值线图转变为栅格文件。结合 2009 年的原始 DEM 数据，利用 ArcGIS 软件中的栅格计算器工具，计算得到 2010～2014 年采煤沉陷之后的 DEM 数据。相比于 2009 年的原始 DEM 数据，变化的地形即采煤沉陷的区域。

黄河泥沙充填复垦后的高程(DEM)：在采煤沉陷区进行了黄河泥沙充填复垦工作，假设充填复垦恢复到采煤沉陷之前的地面高程，即恢复到 2009 年的原始高程 DEM。

三种情景下的 DEM 数据如图 6-2 所示。

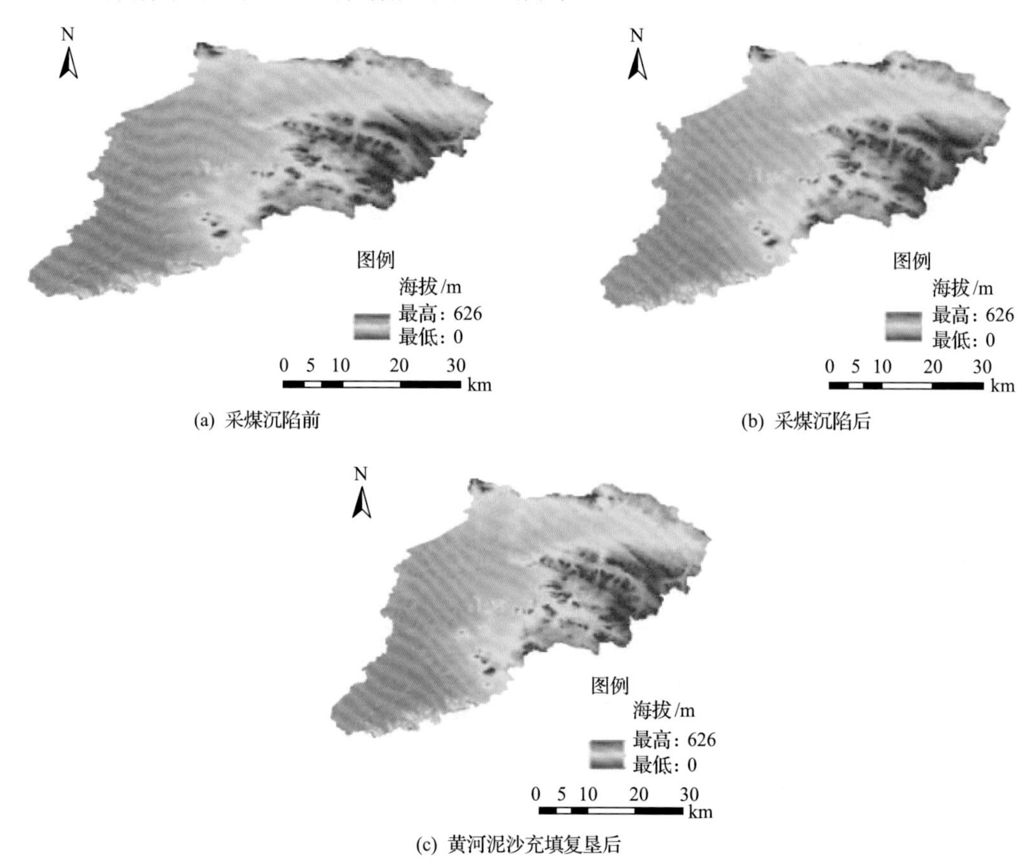

图 6-2 济宁市境内泗河、白马河流域 DEM 图

从图 6-2 分析可知，研究区泗河白马河流域的高程起伏较大。2010～2014 年兖州煤田的采煤沉陷区所处区域的地表下沉 0.5～7.5m。充填复垦后恢复到采煤沉陷之前的地面高程，即恢复到 2009 年的原始高程。

2. 地表水文模拟

基于 DEM 提取的采煤沉陷前、采煤沉陷后、黄河泥沙充填复垦后三种模拟情景下的河网水系分布如图 6-3 所示。

采煤沉陷后的流域河网水系较采煤沉陷前发生了一些变化。煤炭开采引起地表下沉造成采煤沉陷区地形变化，进而影响河流水系的生成。与采煤沉陷前的河流水系相比，黄河泥沙充填复垦后的河流水系的上下游的水系几乎没有发生变化，这种现象与复垦后高程恢复至采煤沉陷前的地表高程状态有关。地表大幅沉陷导致河道汇流范围剧烈变化，对流域内的径流量和汇水产生一定的影响，且会引起洪峰洪量的大幅增加，给沉陷区洼地的防洪调蓄带来巨大压力。矿区复垦前后，地表地形 DEM 发生变化，河流水系会随着 DEM 的变化而变化，进而导致流域地表径流发生变化，从而对矿区地表蓄洪防灾能力产生影响。

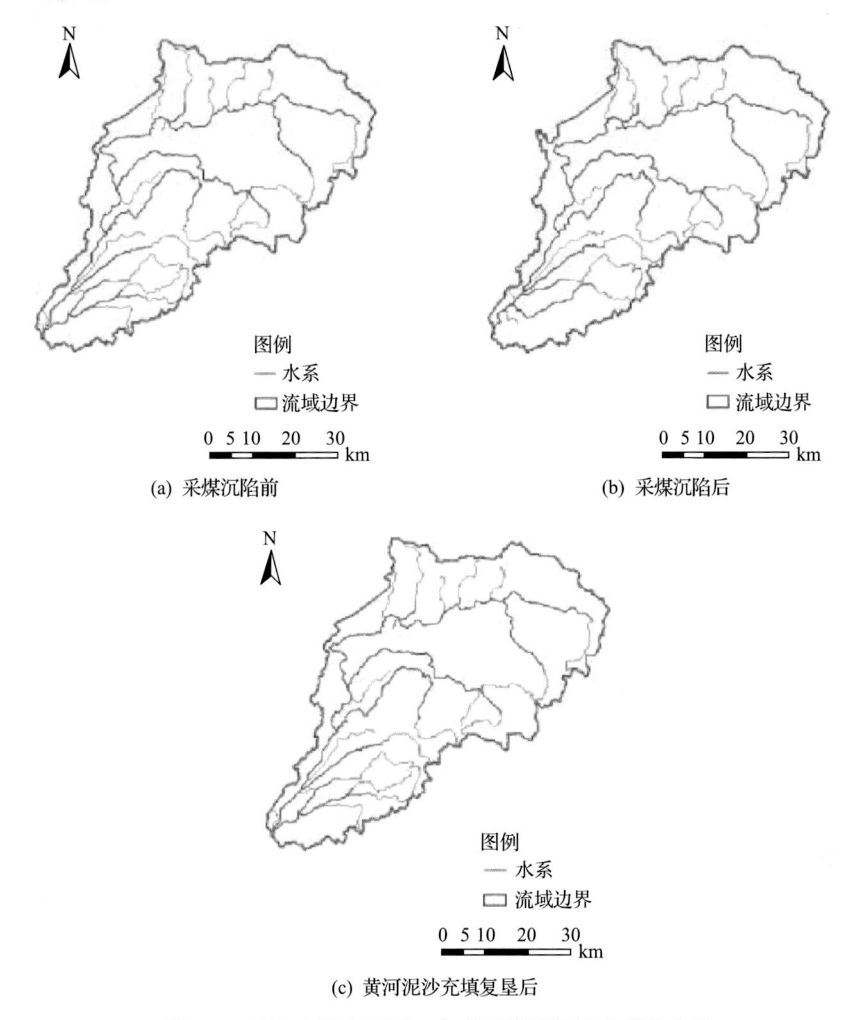

(a) 采煤沉陷前

(b) 采煤沉陷后

(c) 黄河泥沙充填复垦后

图 6-3　济宁市境内泗河、白马河流域河网水系分布图

利用开采沉陷预计的理论与方法，结合 SWAT 模型的原理，分别构建了采煤沉陷前、采煤沉陷后和黄河泥沙充填复垦后三种情景的 SWAT 模型，并揭示了采煤沉陷后和充填复垦后的流域径流变化规律。

采煤沉陷后地表径流量较采煤沉陷前有所增加，出现这种现象的原因主要有：①森林具有增大产流的功能(胡振琪等，2015)，流域林地面积的增大，相对增大了地表径流量；②耕地的减小，减小了地表对水分的拦蓄量和消耗；

③土壤含水率的增加，起到减少产流用水和增加产流量的功效。对径流量的研究发现，地下径流量可达到总径流量的54.7%，地下径流量在采煤沉陷后显著增加的原因可能是采煤沉陷后，表层土壤机械组成发生变化，降雨更易下渗(何国清等，1991)，进而减少形成地下径流时间，相对增大了产流时间和产流量。充填复垦后各子流域和流域出口处的地表径流显著高于采煤沉陷前。结果表明，无论是采煤沉陷后还是充填复垦后，流域的产流量和径流量一直都在增加，其增加量很大一部分来源于土地利用类型的改变和地表植被的覆盖度减小。

二、东部采煤沉陷区地表微地形重塑关键技术研究

1. 构建模型

由于边采边复需要在地面沉陷稳定前预先采取措施，即边采边复施工时地面仍有后续下沉，因此，根据井上下联动单元的时空响应机制，考虑土壤压缩系数，构建了施工时间节点约束下的地面任意点动态施工标高计算模型。

$$H_P = H_{P0} + W_P - \sum_{i=1}^{n} W_{iP} \left\{ 1 - \exp\left[\frac{-2v\mathrm{tg}\beta}{H_i}(t - t_i) \right] \right\} \tag{6-1}$$

式中，H_P为地面点P的施工标高；H_{P0}为点P的原始高程；W_P为点P的最终下沉值；W_{iP}为开采单元i引起的地面点P最大下沉值；H_i为采深；v为开采速度；β为影响角；t为点P施工时间；t_i为开采时间。

2. 复垦标高与施工工艺

由于边开采边修复是对未稳沉采煤沉陷地进行修复，修复时地面处于动态沉陷的过程中，而且工程实施后经修复的土地还要进一步受到后续开采的影响，仍要继续下沉，并将经受积水的侵袭，因此加强边开采边修复的动态施工标高、边开采边修复的高效施工工艺和受损农田景观重建与质量控制技术的研究十分重要。

从理论上讲，复垦时只考虑稳沉后设计标高及后续下沉量，得到理想状态下的复垦施工标高，该施工标高通常会大大超出地面原始高程，且呈现大坡度的“弧形”状态，形成暂时性的与原始地貌不协调的突兀景观，且如果地面坡度很大，这在土方充填堆积时施工机械很难实现，还存在水土流失的

潜在危险。为了保护珍贵的表土资源，同时考虑土壤重构理论，需首先根据当地表土厚度，剥离宝贵的表土资源，然后再进行心土的充填平整，最后回覆平整表土。为了保证修复施工的效果，提高施工的可操作性，我们将表土剥离后的心土施工标高设计分为两个阶段。

(1)施工阶段一：考虑在土方充填施工的初期，先将充填心土的土方根据施工需求堆积成梯形平台、锥形、立方体等，以方便施工机械施工，将此时对应的施工标高称为堆积标高；不仅要将充填区修复至稳沉后的设计标高，还需要预留一部分土方，用于抵消地面的后续沉陷量，这部分预留的土方也正是施工地形超出原始地形的原因所在，因此堆积标高需要考虑充填区稳沉后设计标高、预留土方量、充填区面积、梯形堆积的坡度、当地表土的厚度及心土的松散性等问题。

(2)施工阶段二：待所有充填心土均堆积到充填区，心土充填施工接近尾声，需要对充填的心土进行平整时，再根据此时煤炭开采的后续沉陷量和稳沉后设计标高，将堆积的心土进行“平整”，由于地下煤炭已经开采一定的时间，已经有一部分的采煤沉陷传播到地面，因此地面的后续沉陷量较小，呈现的高出地面的弧形也就相应减小，将此时对应的施工标高称为平整标高。对心土的平整标高进行设计时需同时考虑充填区稳沉后的设计标高、地面的后续沉陷量、当地表土的厚度及心土的松散性等问题。

如图 6-4 所示，假设充填区任意点 $A(x, y)$ 在地面沉陷前的原始高程为 $H_0(x, y)$，充填区稳沉后设计标高为 H_R，若地表土层厚度为 h_B，施工阶段一心土充填堆积时刻为 t_d，t_d 时地面动态沉陷高程为 $H(x, y, t_d)$，t_d 时心土的孔隙比为 K_d，心土自然沉降状态下的孔隙比为 K_z，梯形堆积平台在自然沉降状态下的高度为 $h_Y(t_d)$，心土梯形堆积坡度为 θ，充填区范围为 D_C，梯形堆积平台在水平面上投影区域为 D_{CZ}，平台两端的边坡所在区域分别为 D_{CW} 和 D_{CN}，则施工阶段一充填堆积时刻 t_d 时点 $A(x, y)$ 的心土堆积标高 $H_d(x, y, t_d)$ 为

$$H_d(x,y,t_d)=\begin{cases} H(x,y,t_d)+\dfrac{1+K_d}{1+K_z}[H_R-h_B-H(x,y,t_d)]+\dfrac{1+K_d}{1+K_z}h_Y(t_d) & (x,y)\in D_{CZ} \\ H(x,y,t_d)+\dfrac{1+K_d}{1+K_z}[H_R-h_B-H(x,y,t_d)]+\dfrac{1+K_d}{1+K_z}h_Y(t_d)\times\tan q\times d(x,y) & (x,y)\in D_{CW}\cup D_{CN} \end{cases} \tag{6-2}$$

式中，$D_{CW}\cup D_{CN}\cup D_{CZ}=D_C$；$d(x, y)$ 为地面 $A(x, y)$ 沿法线到边坡边缘的距离。

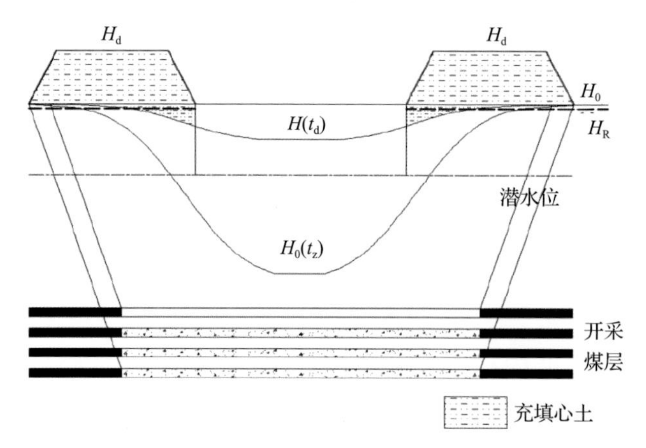

图 6-4　心土梯形堆积标高设计图

充填区梯形堆积施工的俯视图和沿 *a-b-c-d* 直线的坡面图如图 6-5 所示，整个充填区被分为三部分：中间梯形平台部分，以及两边的梯形边坡部分，充填堆积时中间梯形平台的标高为一个定值，而两边的边坡则可以根据坡度角进行分析计算，边坡的水平长度为 $h_Y(t_d)\cdot\tan q$，从而可以确定 D_{CW} 和 D_{CN} 的区域和范围，其中，D_j 为积水区范围。

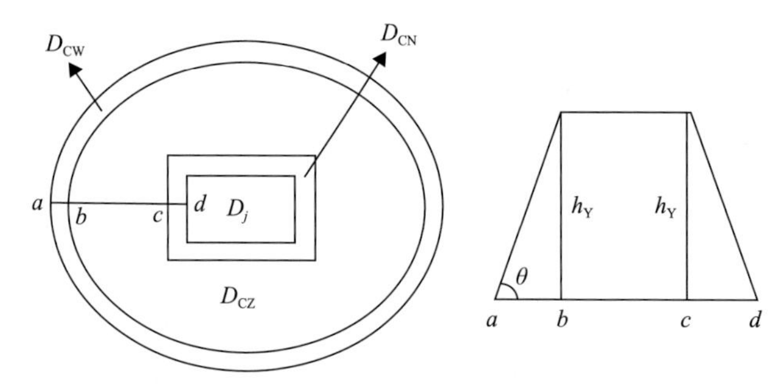

图 6-5　心土梯形堆积施工的俯视图和坡面图

那么，t_d 时梯形堆积平台在自然沉降状态下的高度 $h_Y(t_d)$，应当由 t_d 时地面后续沉陷量 $V_Y(t_d)$，即需要预留的心土土方量、梯形堆积坡度 θ 及充填区范围 D_C 综合确定，整个梯形堆积平台的体积应当等于预留土方量 $V_Y(t_d)$，即

$$\frac{h_Y}{6}\times(D_C+D_{CZ}+4D_{C0})=V_Y(t_d) \tag{6-3}$$

式中，D_{C0} 为土方堆积台体的中截面面积。

从而得出梯形堆积平台的高度 $h_Y(t_d)$ 为

$$h_Y(t_d)=\frac{6V_Y(t_d)}{D_C+D_{CZ}+4D_{C0}} \tag{6-4}$$

设施工阶段一充填堆积时刻 t_d 时地面动态下沉量为 $W(x, y, t_d)$，煤炭全部开采结束时刻为 t_z，煤炭全部开采结束地面稳沉后的地面高程为 $H_0(x, y, t_z)$，其下沉量为 $W_0(x, y, t_z)$，则 $H_0(x, y, t_z)=H_0(x, y)-W_0(x, y, t_z)$，$H(x, y, t_d)=H_0(x, y)-W(x, y, t_d)$。那么 t_d 时刻需要预留土方 $V_Y(t_d)$ 为充填堆积时刻 t_d 时地面动态沉陷情况与煤炭全部开采结束地面稳沉后的沉陷情况在充填区范围内的积分：

$$
\begin{aligned}
V_Y(t_d) &= \iint_{D_C} \{[H_0(x,y) - W(x,y,t_d)] - [H_0(x,y) - W_0(x,y,t_z)]\} \mathrm{d}y\mathrm{d}x \\
&= \iint_{D_C} W_0(x,y,t_z) - W(x,y,t_d) \mathrm{d}y\mathrm{d}x
\end{aligned} \tag{6-5}
$$

从而推导出施工阶段一心土充填堆积时刻 t_d 时充填区任意点 $A(x, y)$ 的施工心土堆积标高 $H_d(x,y,t_d)$ 为

$$
H_d(x,y,t_d) = \begin{cases}
H_0(x,y) - W(x,y,t_d) + \dfrac{1+K_d}{1+K_z}[H_R - h_B - H_0(x,y) - W(x,y,t_d)] \\
+ \dfrac{1+K_d}{1+K_z} \dfrac{6\iint_{D_C} W_0(x,y,t_z) - W(x,y,t_d)\mathrm{d}y\mathrm{d}x}{D_C + D_{CZ} + 4D_{C0}} & (x,y) \in D_{CZ} \\
 & (x,y) \in D_{CW} \cup D_{CN} \\
H_0(x,y) - W(x,y,t_d) + \dfrac{1+K_d}{1+K_z}[H_R - h_B - H_0(x,y) - W(x,y,t_d)] \\
+ \dfrac{1+K_d}{1+K_z} \dfrac{6\iint_{D_C} W_0(x,y,t_z) - W(x,y,t_d)\mathrm{d}y\mathrm{d}x}{D_C + D_{CZ} + 4D_{C0}} \times \tan q \times d(x,y)
\end{cases} \tag{6-6}
$$

3. 动态复垦施工标高数学模型

在施工标高的理论模型中，充填区稳沉后的设计标高 H_R 一般以满足复垦后土地用途为标准，根据实地自然社会经济情况综合确定，其中对耕地稳沉后的设计标高已经有比较深入的研究，从而建立煤层开采下动态复垦施工标高的数学模型。

当心土堆积时刻、心土平整时刻和表土平整时刻为单独一个煤层开采时，分别建立心土堆积标高、心土平整标高和表土平整标高的数学模型。

1) 心土堆积标高

将煤炭开采完稳沉后地面最终下沉量表达式，以及单独一个煤层开采下

t_{d}时地面动态下沉量表达式代入到心土堆积标高的理论模型表达式中。

$$
\begin{aligned}
H_{\mathrm{d}}(x,y,t_{\mathrm{d}}) &= H_0(x,y) - [1-\exp(-c_1 t_{\mathrm{d}})] \\
&\times W_{m1}\left[\int_0^{L_2}\frac{1}{r_1}\mathrm{e}^{-p\frac{(x-s_1)^2}{r_1^2}}\mathrm{d}s_1 \times \int_0^{\frac{vt_{\mathrm{d}}}{L_2}\times L_1}\frac{1}{r_1}\mathrm{e}^{-p\frac{(y-u_1)^2}{r_1^2}}\mathrm{d}u_1\right. \\
&\left.+\int_0^{vt_{\mathrm{d}}-\left(\frac{vt_{\mathrm{d}}}{L_2}\right)\times L_2}\frac{1}{r_1}\mathrm{e}^{-p\frac{(x-s_1)^2}{r^2}}\mathrm{d}s_1 \times \int_{\left(\frac{vt_{\mathrm{d}}}{L_2}\right)\times L_1}^{\left(\frac{vt_{\mathrm{d}}}{L_2}\right)\times L_1+L_1}\frac{1}{r_1}\mathrm{e}^{-p\frac{(y-u_1)^2}{r_1^2}}\mathrm{d}u_1\right] \\
&+\frac{1+K_{\mathrm{d}}}{1+K_{\mathrm{z}}}\left\{H_{\mathrm{R}}-h_{\mathrm{B}}-H_0(x,y)-[1-\exp(-c_1 t_{\mathrm{d}})]W_{m1}\right. \\
&\times\left[\int_0^{L_2}\frac{1}{r_1}\mathrm{e}^{-p\frac{(x-s_1)^2}{r_1^2}}\mathrm{d}s_1 \times \int_0^{\frac{vt_{\mathrm{d}}}{L_2}\times L_1}\frac{1}{r_1}\mathrm{e}^{-p\frac{(y-u_1)^2}{r_1^2}}\mathrm{d}u_1\right. \\
&\left.\left.+\int_0^{vt_{\mathrm{d}}-\left(\frac{vt_{\mathrm{d}}}{L_2}\right)\times L_2}\frac{1}{r_1}\mathrm{e}^{-p\frac{(x-s_1)^2}{r^2}}\mathrm{d}s_1 \times \int_{\left(\frac{vt_{\mathrm{d}}}{L_2}\right)\times L_1}^{\left(\frac{vt_{\mathrm{d}}}{L_2}\right)\times L_1+L_1}\frac{1}{r_1}\mathrm{e}^{-p\frac{(y-u_1)^2}{r_1^2}}\mathrm{d}u_1\right]\right\} \\
&+\frac{1+K_{\mathrm{d}}}{(1+K_{\mathrm{z}})(D_{\mathrm{C}}+D_{\mathrm{CZ}}+4D_{\mathrm{C0}})}\times 6\iint_{D_{\mathrm{C}}}\left\{\sum_{j=1}^{iz-1}W_{mj}\int_0^{L_2}\frac{1}{r_j}\mathrm{e}^{-p\frac{(x-s_j)^2}{r_j^2}}\mathrm{d}s_j\right. \\
&\times\int_0^{P_j\times L_1}\frac{1}{r_j}\mathrm{e}^{-p\frac{(y-u_j)^2}{r_j^2}}\mathrm{d}u_j + W_{miz}\left[\int_0^{L_2}\frac{1}{r_{iz}}\mathrm{e}^{-p\frac{(x-s_{iz})^2}{r_{iz}^2}}\mathrm{d}s_{iz}\times\int_0^{\left(\frac{vt_{\mathrm{z}}-\sum\limits_{j=1}^{iz-1}P_j\times L_2}{L_2}\right)\times L_1}\frac{1}{r_{iz}}\mathrm{e}^{-p\frac{(y-u_{iz})^2}{r_{iz}^2}}\mathrm{d}u_{iz}\right. \\
&\left.\left.+\int_0^{vt_{\mathrm{z}}-\left(\frac{vt_{\mathrm{z}}-\sum\limits_{j=1}^{iz-1}P_j\times L_2}{L_2}\right)\times L_2}\frac{1}{r_{iz}}\mathrm{e}^{-p\frac{(x-s_{iz})^2}{r_{iz}^2}}\mathrm{d}s_{iz}\times\int_{\left(\frac{vt_{\mathrm{z}}-\sum\limits_{j=1}^{iz-1}P_j\times L_2}{L_2}\right)\times L_1}^{\left(\frac{vt_{\mathrm{z}}-\sum\limits_{j=1}^{iz-1}P_j\times L_2}{L_2}\right)\times L_1+L_1}\frac{1}{r_{iz}}\mathrm{e}^{-p\frac{(y-u_{iz})^2}{r_{iz}^2}}\mathrm{d}u_{iz}\right]\right\} \\
&-[1-\exp(-c_1 t_{\mathrm{d}})]W_{m1}\left[\int_0^{L_2}\frac{1}{r_1}\mathrm{e}^{-p\frac{(x-s_1)^2}{r_1^2}}\mathrm{d}s_1\times\int_0^{\frac{vt_{\mathrm{d}}}{L_2}\times L_1}\frac{1}{r_1}\mathrm{e}^{-p\frac{(y-u_1)^2}{r_1^2}}\mathrm{d}u_1\right. \\
&\left.+\int_0^{\left(\frac{vt_{\mathrm{d}}}{L_2}\right)-\left(\frac{vt_{\mathrm{d}}}{L_2}\right)\times L_2}\frac{1}{r_1}\mathrm{e}^{-p\frac{(x-s_1)^2}{r^2}}\mathrm{d}s_1\times\int_{\left(\frac{vt_{\mathrm{d}}}{L_2}\right)\times L_1}^{\left(\frac{vt_{\mathrm{d}}}{L_2}\right)\times L_1+L_1}\frac{1}{r_1}\mathrm{e}^{-p\frac{(y-u_1)^2}{r_1^2}}\mathrm{d}u_1\right]\mathrm{d}y\mathrm{d}x
\end{aligned}
\tag{6-7}
$$

从而得到充填区任意点 $A(x,y)$，在 t_{d} 时刻的心土堆积标高 $H_{\mathrm{d}}(x,y,t_{\mathrm{d}})$ 的数学计算模型，当点 $A(x,y)$ 位于心土梯形堆积的平台区域，即 $(x,y)\in D_{\mathrm{CZ}}$ 时，

心土堆积标高 $H_{\mathrm{d}}(x,y,t_{\mathrm{d}})$。

当点 $A(x,y)$ 位于心土梯形堆积的边坡区域，即 $(x,y)\in D_{\mathrm{CW}}\cup D_{\mathrm{CN}}$ 时，心土堆积标高 $H_{\mathrm{d}}(x,y,t_{\mathrm{d}})$：

$$
\begin{aligned}
H_{\mathrm{d}}(x,y,t_{\mathrm{d}}) = {} & H_0(x,y)-[1-\exp(-c_1t_{\mathrm{d}})] \\
& \times W_{m1}\left[\int_0^{L_2}\frac{1}{r_1}\mathrm{e}^{-p\frac{(x-s_1)^2}{r_1^2}}\mathrm{d}s_1\times\int_0^{\frac{vt_{\mathrm{d}}}{L_2}\times L_1}\frac{1}{r_1}\mathrm{e}^{-p\frac{(y-u_1)^2}{r_1^2}}\mathrm{d}u_1\right. \\
& \left.+\int_0^{vt_{\mathrm{d}}-\left(\frac{vt_{\mathrm{d}}}{L_2}\right)\times L_2}\frac{1}{r_1}\mathrm{e}^{-p\frac{(x-s_1)^2}{r^2}}\mathrm{d}s_1\times\int_{\left(\frac{vt_{\mathrm{d}}}{L_2}\right)\times L_1}^{\left(\frac{vt_{\mathrm{d}}}{L_2}\right)\times L_1+L_1}\frac{1}{r_1}\mathrm{e}^{-p\frac{(y-u_1)^2}{r_1^2}}\mathrm{d}u_1\right] \\
& +\frac{1+K_{\mathrm{d}}}{1+K_{\mathrm{z}}}\left\{H_{\mathrm{R}}-h_{\mathrm{B}}-H_0(x,y)-[1-\exp(-c_1t_{\mathrm{d}})]W_{m1}\right. \\
& \times\left[\int_0^{L_2}\frac{1}{r_1}\mathrm{e}^{-p\frac{(x-s_1)^2}{r_1^2}}\mathrm{d}s_1\times\int_0^{\frac{vt_{\mathrm{d}}}{L_2}\times L_1}\frac{1}{r_1}\mathrm{e}^{-p\frac{(y-u_1)^2}{r_1^2}}\mathrm{d}u_1+\right. \\
& \left.\left.\int_0^{vt_{\mathrm{d}}-\left(\frac{vt_{\mathrm{d}}}{L_2}\right)\times L_2}\frac{1}{r_1}\mathrm{e}^{-p\frac{(x-s_1)^2}{r^2}}\mathrm{d}s_1\times\int_{\left(\frac{vt_{\mathrm{d}}}{L_2}\right)\times L_1}^{\left(\frac{vt_{\mathrm{d}}}{L_2}\right)\times L_1+L_1}\frac{1}{r_1}\mathrm{e}^{-p\frac{(y-u_1)^2}{r_1^2}}\mathrm{d}u_1\right]\right\} \\
& +\frac{1+K_{\mathrm{d}}}{(1+K_{\mathrm{z}})(D_{\mathrm{C}}+D_{\mathrm{CZ}}+4D_{\mathrm{C0}})}\times 6\iint_{D_{\mathrm{C}}}\left\{\sum_{j=1}^{iz-1}W_{mj}\int_0^{L_2}\frac{1}{r_j}\mathrm{e}^{-p\frac{(x-s_j)^2}{r_j^2}}\mathrm{d}s_j\right. \\
& \times\int_0^{P_j\times L_1}\frac{1}{r_j}\mathrm{e}^{-p\frac{(y-u_j)^2}{r_j^2}}\mathrm{d}u_j+W_{miz}\left[\int_0^{L_2}\frac{1}{r_{iz}}\mathrm{e}^{-p\frac{(x-s_{iz})^2}{r_{iz}^2}}\mathrm{d}s_{iz}\times\int_0^{\left(\frac{vt_{\mathrm{z}}-\sum_{j=1}^{iz-1}P_j\times L_2}{L_2}\right)\times L_1}\frac{1}{r_{iz}}\mathrm{e}^{-p\frac{(y-u_{iz})^2}{r_{iz}^2}}\mathrm{d}u_{iz}\right. \\
& \left.\left.+\int_0^{vt_{\mathrm{z}}-\left(\frac{vt_{\mathrm{z}}-\sum_{j=1}^{iz-1}P_j\times L_2}{L_2}\right)\times L_2}\frac{1}{r_{iz}}\mathrm{e}^{-p\frac{(x-s_{iz})^2}{r_{iz}^2}}\mathrm{d}s_{iz}\times\int_{\left(\frac{vt_{\mathrm{z}}-\sum_{j=1}^{iz-1}P_j\times L_2}{L_2}\right)\times L_1}^{\left(\frac{vt_{\mathrm{z}}-\sum_{j=1}^{iz-1}P_j\times L_2}{L_2}\right)\times L_1+L_1}\frac{1}{r_{iz}}\mathrm{e}^{-p\frac{(y-u_{iz})^2}{r_{iz}^2}}\mathrm{d}u_{iz}\right]\right\} \\
& -[1-\exp(-c_1t_{\mathrm{d}})]W_{m1}\left[\int_0^{L_2}\frac{1}{r_1}\mathrm{e}^{-p\frac{(x-s_1)^2}{r_1^2}}\mathrm{d}s_1\times\int_0^{\frac{vt_{\mathrm{d}}}{L_2}\times L_1}\frac{1}{r_1}\mathrm{e}^{-p\frac{(y-u_1)^2}{r_1^2}}\mathrm{d}u_1\right. \\
& \left.+\int_0^{vt_{\mathrm{d}}-\left(\frac{vt_{\mathrm{d}}}{L_2}\right)\times L_2}\frac{1}{r_1}\mathrm{e}^{-p\frac{(x-s_1)^2}{r^2}}\mathrm{d}s_1\times\int_{\left(\frac{vt_{\mathrm{d}}}{L_2}\right)\times L_1}^{\left(\frac{vt_{\mathrm{d}}}{L_2}\right)\times L_1+L_1}\frac{1}{r_1}\mathrm{e}^{-p\frac{(y-u_1)^2}{r_1^2}}\mathrm{d}u_1\right]\mathrm{d}y\mathrm{d}x\times\tan q\times\mathrm{d}(x,y)
\end{aligned}
\tag{6-8}
$$

2）心土平整标高

将煤炭开采完稳沉后地面最终下沉量表达式，以及单独一个煤层开采下 t_P 时地面动态下沉量表达式，代入到心土平整标高的理论模型表达式，从而得到充填区任意点 $A(x,y)$，在 t_P 时刻的心土平整标高 $H_P(x,y,t_P)$ 的数学计算模型：

$$
\begin{aligned}
H_P(x,y,t_P) = {} & H_0(x,y) - [1-\exp(-c_1 t_P)] \\
& \times W_{m1}\Bigg[\int_0^{L_2}\frac{1}{r_1}\mathrm{e}^{-P\frac{(x-s_1)^2}{r_1^2}}\mathrm{d}s_1 \times \int_0^{\frac{vt_P}{L_2}\times L_1}\frac{1}{r_1}\mathrm{e}^{-P\frac{(y-u_1)^2}{r_1^2}}\mathrm{d}u_1 \\
& + \int_0^{vt_P-\left(\frac{vt_P}{L_2}\right)\times L_2}\frac{1}{r_1}\mathrm{e}^{-P\frac{(x-s_1)^2}{r^2}}\mathrm{d}s_1 \times \int_{\left(\frac{vt_P}{L_2}\right)\times L_1}^{\left(\frac{vt_P}{L_2}\right)\times L_1+L_1}\frac{1}{r_1}\mathrm{e}^{-P\frac{(y-u_1)^2}{r_1^2}}\mathrm{d}u_1\Bigg] \\
& + \frac{1+K_P}{1+K_z}\Bigg[H_R - h_B - \Bigg(H_0(x,y) \\
& - \Bigg\{\sum_{j=1}^{iz-1}W_{mj}\int_0^{L_2}\frac{1}{r_j}\mathrm{e}^{-P\frac{(x-s_j)^2}{r_j^2}}\mathrm{d}s_j \times \int_0^{P_j\times L_1}\frac{1}{r_j}\mathrm{e}^{-P\frac{(y-u_j)^2}{r_j^2}}\mathrm{d}u_j H_R - h_B - \\
& + W_{miz}\Bigg[\int_0^{L_2}\frac{1}{r_{iz}}\mathrm{e}^{-P\frac{(x-s_{iz})^2}{r_{iz}^2}}\mathrm{d}s_{iz} \times \int_0^{\left(\frac{vt_z-\sum_{j=1}^{iz-1}P_j\times L_2}{L_2}\right)\times L_1}\frac{1}{r_{iz}}\mathrm{e}^{-P\frac{(y-u_{iz})^2}{r_{iz}^2}}\mathrm{d}u_{iz} \\
& + \int_0^{vt_z-\left(\frac{vt_z-\sum_{j=1}^{iz-1}P_j\times L_2}{L_2}\right)\times L_2}\frac{1}{r_{iz}}\mathrm{e}^{-P\frac{(x-s_{iz})^2}{r_{iz}^2}}\mathrm{d}s_{iz} \times \int_{\left(\frac{vt_z-\sum_{j=1}^{iz-1}P_j\times L_2}{L_2}\right)\times L_1}^{\left(\frac{vt_z-\sum_{j=1}^{iz-1}P_j\times L_2}{L_2}\right)\times L_1+L_1}\frac{1}{r_{iz}}\mathrm{e}^{-P\frac{(y-u_{iz})^2}{r_{iz}^2}}\mathrm{d}u_{iz}\Bigg]\Bigg\}\Bigg)\Bigg]
\end{aligned}
\tag{6-9}
$$

3）表土平整标高

将得到的心土平整标高 $H_P(x,y,t_P)$ 的数学计算模型表达式，代入到表土平整理论模型表达式中，从而得到充填区任意点 $A(x,y)$ 的表土平整标高 $H_{PB}(x,y,t_P)$ 的数学计算模型：

$$
\begin{aligned}
H_{\mathrm{PB}}(x,y,t_{\mathrm{P}}) &= \frac{1+K_{\mathrm{b1}}}{1+K_{\mathrm{b2}}}h_{\mathrm{B}} + H_0(x,y) - [1-\exp(-c_1 t_{\mathrm{P}})] \\
&\times W_{m1}\left[\int_0^{L_2}\frac{1}{r_1}\mathrm{e}^{-P\frac{(x-s_1)^2}{r_1^2}}\mathrm{d}s_1 \times \int_0^{\frac{vt_{\mathrm{P}}}{L_2}\times L_1}\frac{1}{r_1}\mathrm{e}^{-P\frac{(y-u_1)^2}{r_1^2}}\mathrm{d}u_1\right. \\
&\left.+\int_0^{vt_{\mathrm{P}}-\left(\frac{vt_{\mathrm{P}}}{L_2}\right)\times L_2}\frac{1}{r_1}\mathrm{e}^{-P\frac{(x-s_1)^2}{r^2}}\mathrm{d}s_1 \times \int_{\left(\frac{vt_{\mathrm{P}}}{L_2}\right)\times L_1}^{\left(\frac{vt_{\mathrm{P}}}{L_2}\right)\times L_1+L_1}\frac{1}{r_1}\mathrm{e}^{-P\frac{(y-u_1)^2}{r_1^2}}\mathrm{d}u_1\right] \\
&+\frac{1+K_{\mathrm{P}}}{1+K_{\mathrm{z}}}\left[H_{\mathrm{R}} - h_{\mathrm{B}} - \left(H_0(x,y)\right.\right. \\
&-\left\{\sum_{j=1}^{iz-1}W_{mj}\int_0^{L_2}\frac{1}{r_j}\mathrm{e}^{-P\frac{(x-s_j)^2}{r_j^2}}\mathrm{d}s_j \times \int_0^{P_j\times L_1}\frac{1}{r_j}\mathrm{e}^{-P\frac{(y-u_j)^2}{r_j^2}}\mathrm{d}u_j\right. \\
&+W_{miz}\left[\int_0^{L_2}\frac{1}{r_{iz}}\mathrm{e}^{-P\frac{(x-s_{iz})^2}{r_{iz}^2}}\mathrm{d}s_{iz} \times \int_0^{\left(\frac{vt_{\mathrm{z}}-\sum_{j=1}^{iz-1}P_j\times L_2}{L_2}\right)\times L_1}\frac{1}{r_{iz}}\mathrm{e}^{-P\frac{(y-u_{iz})^2}{r_{iz}^2}}\mathrm{d}u_{iz}\right. \\
&\left.\left.\left.\left.+\int_0^{vt_{\mathrm{z}}-\left(\frac{vt_{\mathrm{z}}-\sum_{j=1}^{iz-1}P_j\times L_2}{L_2}\right)\times L_2}\frac{1}{r_{iz}}\mathrm{e}^{-P\frac{(x-s_{iz})^2}{r_{iz}^2}}\mathrm{d}s_{iz} \times \int_{\left(\frac{vt_{\mathrm{z}}-\sum_{j=1}^{iz-1}P_j\times L_2}{L_2}\right)\times L_1}^{\left(\frac{vt_{\mathrm{z}}-\sum_{j=1}^{iz-1}P_j\times L_2}{L_2}\right)\times L_1+L_1}\frac{1}{r_{iz}}\mathrm{e}^{-P\frac{(y-u_{iz})^2}{r_{iz}^2}}\mathrm{d}u_{iz}\right]\right\}\right)\right]
\end{aligned}
\tag{6-10}
$$

4. 扇形土壤重构

沉陷耕地的修复应该着重于修复土壤重构和理化性质的改良，而且要求修复的土壤有较高的生产力水平。因此，对于如何运用土壤重构的方法来改善治理耕地质量这一问题的探讨是边开采边修复技术得以推广扩展并达到更好修复效果的关键技术转折点，也是一次土壤重构理论的革新与进步。

1) 扇形土壤重构方法

将土壤重构理念与边开采边修复技术相结合，提出了适用于动态沉陷地修复治理的扇形土壤重构方法，为采煤沉陷地修复真正做到“边开采边修复边重构”提供理论基础，同时确保矿产资源开采与高质量农田土地保护的协调发展，创建和谐绿色矿山。具体流程如图 6-6 所示。

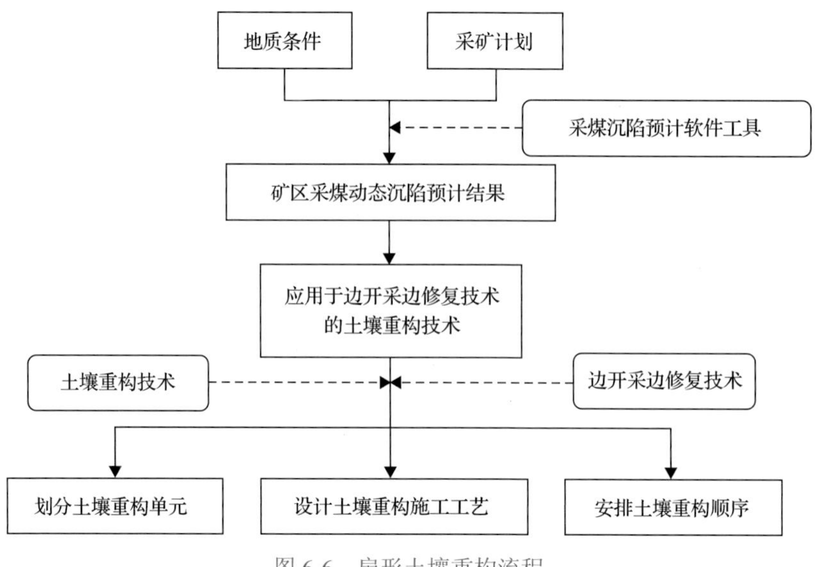

图 6-6　扇形土壤重构流程

(1) 收集矿区相关数据并预计出采煤动态沉陷结果，收集的数据包括矿区的煤层条件、地质条件、采矿计划、水文条件、土壤条件等各采矿数据和开采信息，根据获得的采矿数据和开采信息，利用采煤沉陷预计软件工具预测出该矿区的采煤动态沉陷预计结果。

(2) 划分土壤重构单元。根据 (1) 获得的采煤动态沉陷预计结果，得到矿区采煤沉陷的最终沉陷区范围，将该最终沉陷区范围的中心按照内角等分为 10 个扇形土壤重构单元，每个扇形土壤重构单元内角均为 36°，土壤重构单元依次编号为 *A*、*A′*、*B*、*B′*、*C*、*C′*、*D*、*D′*、*E*、*E′*，同字母的编号区域以矿区开采推进方向线为中线上下对称。

(3) 应用边开采边修复技术对沉陷区进行土壤重构。根据划分得到的土壤重构单元结合步骤、得到的采煤动态沉陷预计结果，应用边开采边修复技术对各个土壤重构单元依次进行土壤重构，土壤重构顺序为 *A-A′*、*B-B′*、*C-C′*、*D-D′*、*E-E′*，重构顺序与矿区开采推进方向相同并呈扇形伸展方向，从开采推进方向一端向另一端展开，达到“边开采边修复边重构”的效果。

扇形土壤重构具体施工方法为：对每个土壤重构单元，先以挖填土方量平衡为准，将单个扇形土壤重构单元分为内侧挖土区 n 和外侧填土区 m，然后将挖土区 n 和填土区 m 的表土层分别进行剥离并填至沉陷区域以外运距最短的表土堆置处，再将挖土区 n 心土层剥离堆填至填土区 m，最后将表土堆置处的全部表土土源回填至填土区 m 并进行平整覆平成为修复区。

2)扇形土壤重构案例分析

华东平原某一高潜水位矿井，矿区内煤层平均埋藏深度在–800m 左右，煤层平均厚度在 5.0m 左右，地表自然高程在+43.2～+44.6m，地面坡度在 0°～2°，地势较平缓，地下潜水位埋深在–2.5～–3.0m。

首先获取矿区信息数据并进行采煤动态沉陷预计。矿区信息数据包括矿区地面高程、潜水位埋深、土地利用现状图等自然条件信息；采集矿区煤层开采厚度、煤层埋藏深度、煤层倾向方位角、下沉系数、水平移动系数、影响传播角等地质条件信息；采集矿区采煤工作面布置、采煤工作面开采顺序、开采方向、采掘工程平面图等采矿计划信息，明确研究矿区修复过程中的客土与外运土条件。研究矿区为矿区内的一个单一采区，采区内共分为 5 个工作面，每个工作面尺寸为 1800m×280m，开采方式为从西至东顺序开采，地表下沉系数为 0.8。根据调查得到的数据在采煤沉陷预计软件工具(MSPS)中预计出矿区顺序开采各阶段采煤下沉等值线，等值线之间下沉等间距设为 0.25m，其中最大下沉值为 3.87m，矿区预计沉陷面积为 763.82hm^2，根据矿区顺序开采各阶段采煤下沉等值线，得到矿区采煤动态沉陷预计结果，各阶段沉陷范围从西至东(与矿区开采推进方向一致)依次扩大。

其次，根据矿区采煤动态沉陷预计结果，各阶段沉陷范围从西至东(与矿区开采推进方向一致)依次扩大，将最终沉陷区范围的中心按照内角等分为 10 个扇形土壤重构单元，每个扇形土壤重构单元内角都为 36°，土壤重构单元依次编号为 *A*、*A*′、*B*、*B*′、*C*、*C*′、*D*、*D*′、*E*、*E*′(同字母的编号区域以矿区开采推进方向线为中线上下对称)。

最后，根据矿区采煤动态沉陷预计结果和划分的土壤重构单元，土壤重构各单元施工顺序依次为 *A*-*A*′、*B*-*B*′、*C*-*C*′、*D*-*D*′、*E*-*E*′，单个土壤重构单元施工工艺按如下介绍进行操作，重构顺序与矿区开采推进方向相同并呈扇形伸展，即从开采推进方向一端向另一端展开。沉陷区土壤重构顺序与井下开采顺序相耦合，与矿区采煤动态沉陷时间、沉陷范围基本一致，并与矿区井下采煤生产活动相符合，真正做到了“边开采边修复边重构”，如图 6-7 所示。

土壤重构具体施工工艺为：土壤重构单元分为内侧挖土区 n(如 A_n、A'_n、…、E_n、E'_n)与外侧填土区 m(如 A_m、A'_m、…、E_m、E'_m)两个区域，先将挖土区和填土区表土层分别剥离 0.8m 堆填至沉陷区以外运距最短的表土堆放处，再将挖土区心土层剥离 2.2m 堆填至填土区，最后将表土堆置处的表土土源回填至填土区并平整覆平，挖土区(成为积水区)和填土区(即该填土区，成为修复区)标高分别达到边开采边修复技术设计标高。

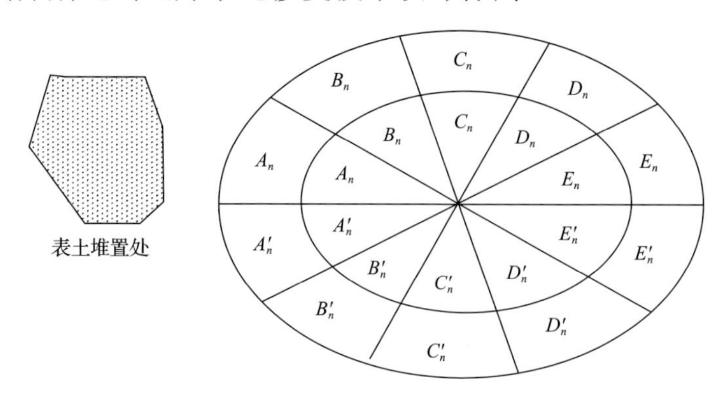

图 6-7　土壤重构区域划分及重构顺序示意图

第二节　我国东部采煤沉陷区地表微地形重塑技术模式

一、采煤沉陷区治理与复垦工程技术体系研究

根据沉陷区的不同类型而采取不同的治理模式，总结摸索出两大层次、三大类型、六种复垦模式的治理经验(图 6-8)。根据沉陷区的稳沉程度、土地条件、恢复难易和恢复前景，对复垦潜力进行评估，因地制宜，分别采取高效农业、生态农业和常规农业等治理模式。由于地表不再变动，对稳沉沉陷区以治理为主，土地条件适宜的尽量复垦为耕地；对基本稳沉沉陷区，以治理改造为主，选择适宜方向，开展综合治理；对未稳沉的沉陷区，由于地下仍在采掘，地表仍将下降，主要以利用为主，不搞永久建设。六大复垦模式在淮北市采煤沉陷区土地复垦中得到广泛应用，并形成了较为典型的区域模式，如杜集段园水果农业模式、相山任圩林业模式、烈山洪庄多元高效生态农业模式、矿山集、石台池藕鱼鸭模式、杜集岱河基建模式和烈山南湖湿地生态公园模式等。

当前采煤沉陷地治理的理念已经从“末端治理”向“源头控制”、“过程管理”与“防治结合”的方向发展，因此，采煤沉陷地的治理工程技术体系也需要转变，也应遵循环境保护的新理念，探寻一种更为科学的、开采与复垦同步进行的新技术体系。因此，通过对采煤沉陷地复垦的过程和工艺进行分析，基于在不同时期对沉陷土地的控制与复垦，构建采煤沉陷地复垦工程技术体系。

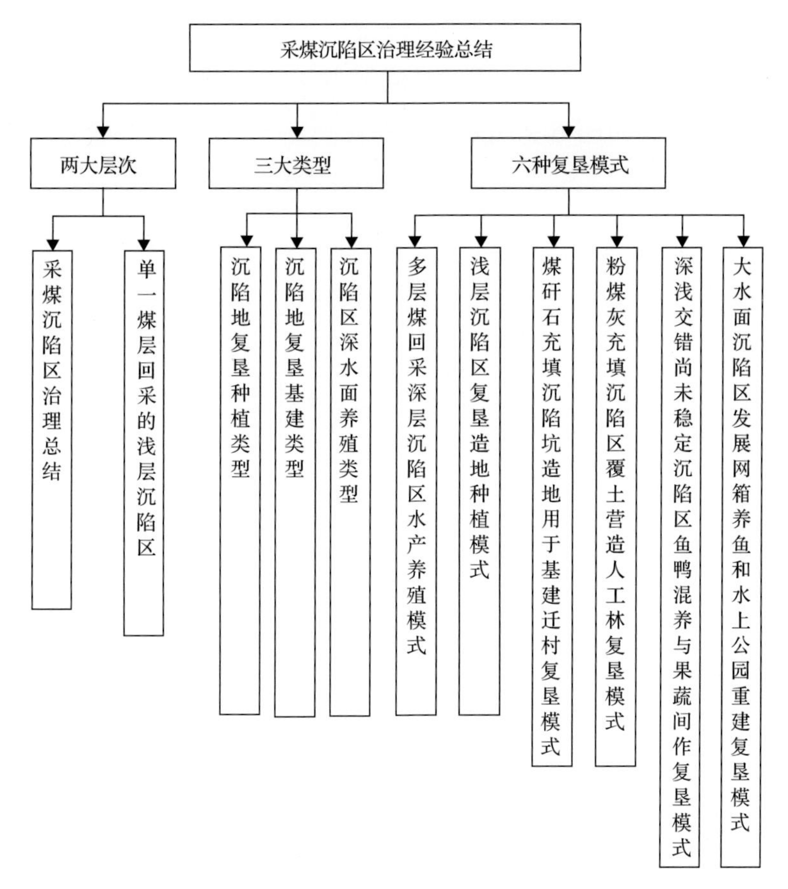

图 6-8　采煤沉陷区治理经验总结

(一)源头控制技术

源头控制技术主要针对未沉陷土地，其特点为：以绿色开采、协调开采理念为指导，通过充填开采、条带开采等规避性开采方法来达到不损毁或者减少损毁土地的目的。其中关键技术是充填开采技术。

1. 充填开采技术的概念与分类

矿山的充填开采技术是用机械或爆破的方法开采有用矿物并用机电设备运输，同时对采空区等区域进行物料充填，以减少对上层覆岩的扰动及地面沉降，是对环境更加友好，对长远发展更加有利的开采方法。

充填开采按照主体充填材料及输送过程中的相态不同，可分为水砂充填、膏体充填、煤矸石充填、高水充填和超高水充填。按照充填系统动力不同，可分为自溜充填、风力充填、机械充填、水力充填；按充填料浆胶结与否可分为胶结充填、非胶结充填；按充填位置不同，可分为采空区充填、冒落区充填和离层区充填；按充填量和充填范围占采出煤层的相对比例，可分为全部充填与部分充填，如图 6-9 所示。

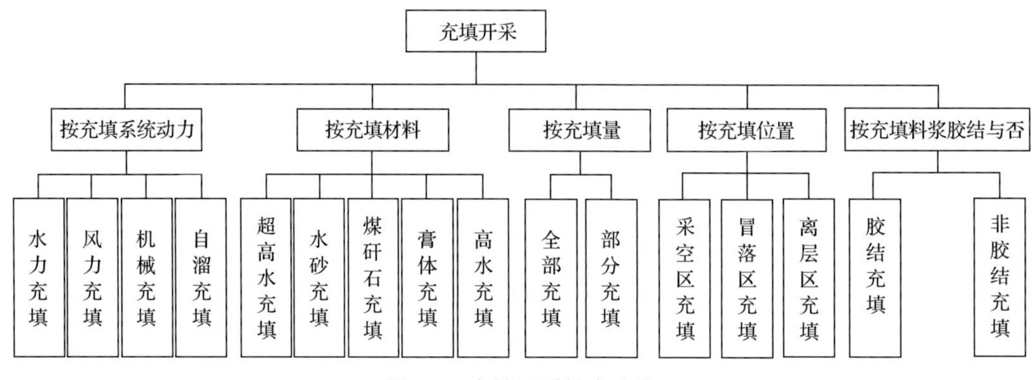

图 6-9　充填开采技术分类

2. 我国煤矿常用固体充填开采技术、膏体充填开采技术、高水充填开采技术和部分充填开采技术

固体充填开采技术：将固体充填材料经过相应的处理后，采用专门的系统运送，最后进行充填的方法。其中固体充填材料一般为煤矸石、粉煤灰或者固体废弃物充填材料(破碎后的煤矸石或固体废料，或加煤灰黄土等材料)。根据充填动力来划分，煤矸石充填方法目前主要包括人工充填、自溜充填、风力充填和机械充填，充填材料以煤矸石为主，机械化煤矸石充填适应性强，应用较为广泛。目前，煤矸石充填开采可以实现采煤与充填的同步作业，且充填系统不影响采煤与运煤布置，一般为了连续高效开采，须布置一个充填运输系统。

膏体充填开采技术：将煤矸石、粉煤灰、工业炉渣等固体废弃物通过一定工艺与水、胶结料按比例优化组合制成的具有流动性、可塑性和稳定性的牙膏状胶结浆体，并且在外力作用下，通过特定管路输送到采空区，进行适时充填。常用的膏体充填系统由三部分组成：充填料浆混制系统、充填料浆运输系统和工作面充填系统。充填料浆混制系统把煤矸石、粉煤灰、工业炉渣等固体废弃物与水、胶结料按比例优化组合制成牙膏状胶结浆体；充填料浆运输系统利用胶结浆体的流动性采用充填泵将其通过特定管路输送到采空区；工作面充填系统利用浆体的可塑性和稳定性在采空区后方进行适时充填。

高水充填开采技术：高水材料(含超高水材料)以粉煤灰或尾矿等硅质材料为主料，以延缓剂、速凝剂、固化剂和膨胀剂等为辅料，与水充分搅拌混合后，制成充填料浆。高水材料主要由A和B两种物料组成。A料主要以铝土矿等矿物质烧制，并与超缓凝分散剂混合，B料由石膏等矿物质与复合速凝剂构成。A料和B料分别加水制成A浆液和B浆液，将两种浆液混合，形成的浆体即可在一定时间内胶结、凝聚，达到设计强度，实现采空区充填。高水充填材料含水率为66%～97%。井下充填系统主要包括浆体制备、浆体输送、浆体混合及工作面充填等四个子系统。核心技术为充填材料的加工制作，关键技术为井下充填工艺。由于充填体流动性强，充填面最好是倾斜煤层工作面，以仰采为佳，要求顶底板岩层较为完整。

部分充填开采技术：相较于全部充填开采，部分充填开采技术是充填部分采空区域，同时借助上层覆岩结构和支撑煤柱来减缓地表沉降。部分充填与全部充填存在本质不同，前者是通过上覆岩层结构、充填材料及部分各类煤柱来实现支撑上覆岩层；后者只是单一依靠充填体形成结构来支撑。其最突出的特点是：充分利用上覆岩层本身的力学构造来承载部分压力，在一定程度上减少了充填量。部分充填开采法的优势是降低了成本，并且提高了矿山效益。

(二)稳沉后复垦技术

稳沉后复垦主要是针对已经稳沉的采煤沉陷地进行复垦，即采煤沉陷—补偿损失—沉陷地闲置—复垦。稳沉后复垦技术包括：土地平整(划方平整)技术、疏排技术、挖深垫浅技术与充填技术，如图6-10所示。

1. 土地平整(划方平整)技术

土地平整(划方平整)技术是沉陷地复垦技术中一项比较基本的技术，主要是消除附加坡度、地表裂缝及波浪状下沉等损毁特征对土地利用的影响。具体来说，土地平整复垦技术是对地表不积水或局部季节性积水的轻度沉陷区域，通过剥离上层土的方式，降低地势较高之处的地表高度，并将剥离土层填充至地势低洼之处，使其与周围地面基本持平。同时，配套建设灌排、道路、电力等基础设施，做到旱能浇、涝能排，使之成为高标准农田。

土地平整工程通常采用“倒行子法”、“抽槽法”和“全铲法”三种方法，每种方法都有各自的优缺点，采用何种土地平整方法，应根据地块的地形地貌状况、土地平整方式等具体情况确定。土地平整技术主要用于中低潜水位沉陷地的非充填复垦、高潜水位沉陷地的充填复垦及与疏排技术配合用于高潜水位沉陷地的非充填复垦等。

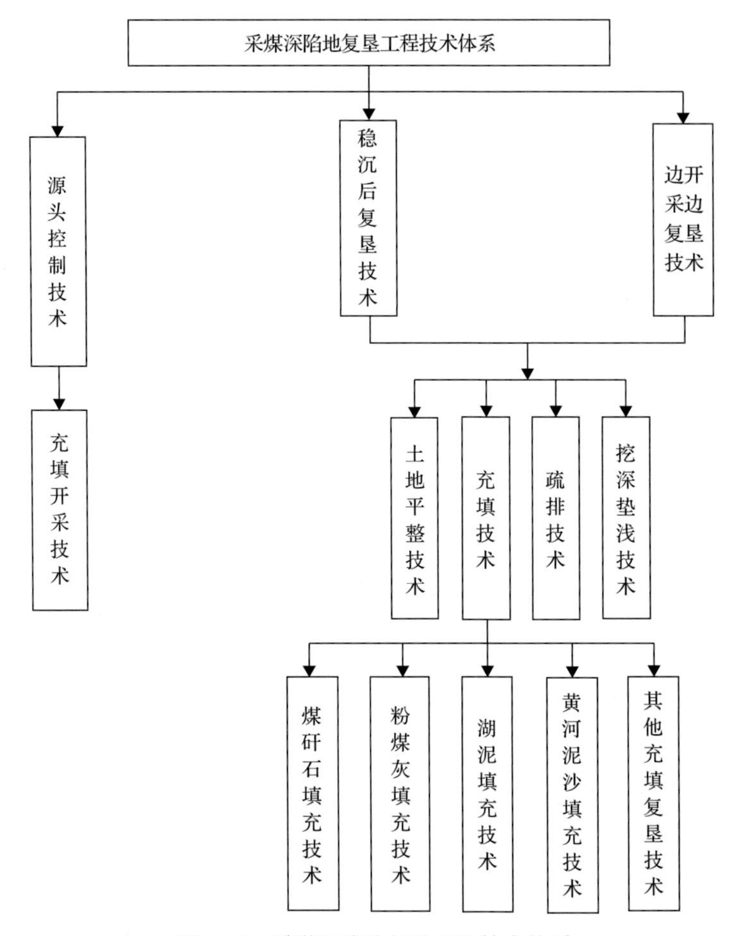

图 6-10　采煤沉陷地复垦工程技术体系

2. 疏排技术

疏排技术是将开采沉陷积水区的积水通过强排或自排的方式排出，即通过开挖沟渠、疏浚水系，将沉陷区积水引入附近河流、湖泊或设泵站强行排除积水，使采煤沉陷地积水排干，再加以必要的地表修整，使沉陷地不再积水并得以恢复利用。疏排复垦需要与土地平整技术相结合，也可以与挖深垫浅复垦技术配合使用。在潜水位不高或地表沉陷不大的地区，通过正常的排水措施和土地平整工程就能保证土地的恢复利用。多用在低潜水位地区或单一煤层和薄煤层开采的高、中潜水位地区。疏排技术具有工程量小、投资少、见效快、不改变土地原有用途等优点，但需要对配套的水利设施进行长期有效的管理以防洪涝、保证沉陷地的持续利用。

3. 挖深垫浅技术

挖深垫浅技术是将造地与挖塘相结合，即用挖掘机械(如挖掘机、推土机、水力挖塘机组等)将沉陷深的区域继续挖深(即“挖深区”)形成水(鱼)塘，取出的土方充填至沉陷浅的区域形成陆地(即“垫浅区”)，达到水陆并举的利用目标。水塘除可用来进行水产养殖外，也可视当地实际情况改造成水库、蓄水池或水上公园等，陆地可作为农业种植或建筑用地等(胡振琪等, 2008)。从实际应用来说，挖深垫浅技术主要对季节性积水或局部常年积水的中度沉陷区，在沉陷较深的地块取土，降低地势，确保长期积水，形成水塘等水面，所取泥土覆填在下沉较浅地块，抬升地势，建成耕地，或因势建成台田，总体形成上粮下渔的治理格局。

应用条件：在沉陷较深，有积水的高、中潜水位地区，“挖深区”挖出的土方量大于或等于“垫浅区”充填所需土方量，使复垦后的土地达到期望的高程(胡振琪等, 2008)。优点：操作简单、适用面广、经济效益高、生态效益显著等。缺点：对土壤的扰动大，处理不好会导致复垦土壤条件差。

挖深垫浅技术常用的工程措施主要包括泥浆泵抽取法或挖掘机、推土机搬运法。泥浆泵抽取法复垦是模拟自然界水流冲刷原理，运用水力挖塘机组将机电动力转换为水力进行挖土、输土和填土作业，它由高压水泵将泥土切割、崩解，形成泥炭和泥浆的混合液，再由泥浆泵通过输送管压送到待复垦的土地上，直到泥浆沉积到设计标高为止(胡振琪等，2008)。推土机搬运法首先利用推土机将挖深区和垫浅区表层土壤剥离堆存起来，将通过深挖深水区的土方回填潜水区至标高后，再将表土覆于其上。据调查，一般挖 0.03km 塘可造 0.04km 地，但深浅不同的沉陷区，塘、地比例有所不同。泥浆泵抽取法对土质有一定的要求，同时也存在明显的不足，一般经泥浆泵复垦后的耕地土壤结构较差，原耕作层与深土层相混合，破坏了原有的土壤结构，致使复垦后土地较为贫瘠。另外，泥浆自然沉淀过程缓慢，复垦工期长。因而胡振琪等(2008)为此提出了一个新颖的复垦工艺流程，即土壤重构。其中剥离与回填表土和新的挖土与充填顺序的优化是土壤重构的关键。

采用泥浆泵、挖掘机进行挖深垫浅复垦时的工艺流程见图 6-11 和图 6-12。

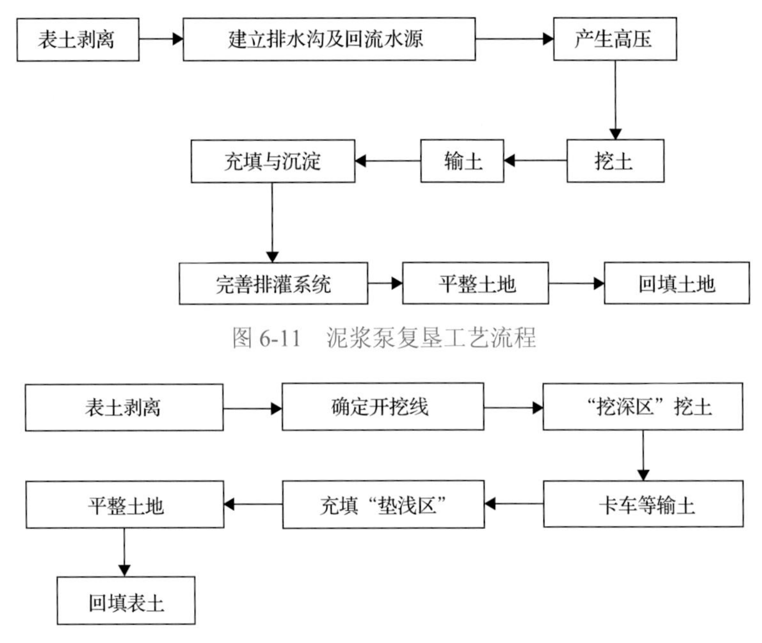

图 6-11　泥浆泵复垦工艺流程

图 6-12　挖掘机复垦工艺流程

4. 充填技术

充填技术一般是利用土壤和容易得到的矿区固体废弃物(如煤矸石、坑口和电厂的粉煤灰、露天矿排放的剥离物)及垃圾、沙泥、湖泥、水库库泥和江河污泥等来充填采煤沉陷地，恢复到设计地面高程来复垦土地(胡振琪等，2008)。充填技术的应用条件是有足够的充填材料且充填材料无污染或可经济有效地采取污染防治措施。充填复垦的工艺流程如图 6-13 所示。

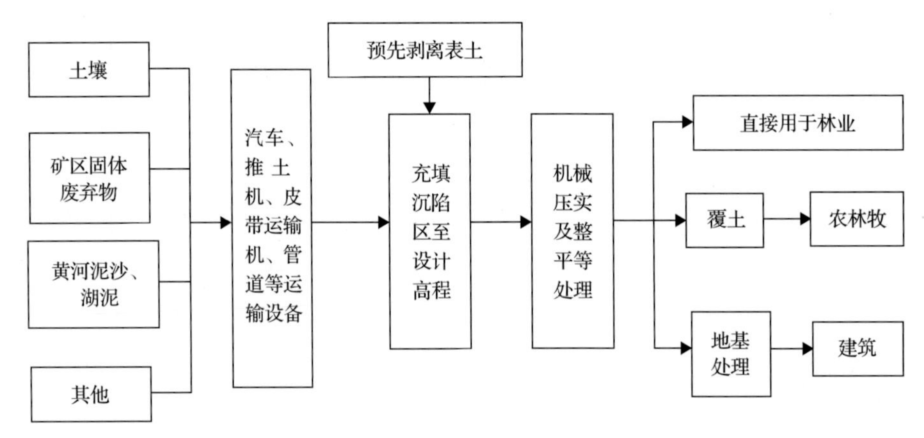

图 6-13　充填复垦工艺流程

充填复垦标高设计就是复垦工程的最终高程。根据开采条件下地表沉降程度，结合地表实际的地形地貌与土地利用分类，以不影响复垦工程的功能发挥为依据进行设计，确定复垦标高(胡振琪等, 2013)。

对于复垦为耕地来说，其标高由作物生长的临界深度、地下潜水位、外河水位及 5 年一遇洪水位决定(胡振琪等, 2013)：

$$H = h_{\text{k}} + \text{Max}\{h_{\text{潜水位}}, h_{\text{外河}}, h_{\text{5年一遇洪水位标高}}\} \tag{6-11}$$

式中，H 为地面稳沉后的耕地设计标高；h_{k} 为临界深度，表示保证作物根系正常发育的最小根层厚度；Max{}为取最大者；$h_{\text{潜水位}}$ 为潜水位标高；$h_{\text{外河}}$ 为外河水位标高；$h_{\text{5年一遇洪水位标高}}$ 为 5 年一遇洪水位标高。

充填复垦技术优点：既解决了沉陷地的复垦问题，又进行了固体废弃物的处理，其经济环境效益显著。缺点：土壤生产力一般不是很高，并可能造成二次污染。按主要充填的物料不同，充填复垦技术的主要类型有：煤矸石充填、粉煤灰充填、湖泥充填与引黄充填等技术。

1)煤矸石充填复垦技术

将煤矸石充填的沉陷地用于建设用地、公路路基、居民房屋或工业等建筑的地基，或者将煤矸石充填沉陷区用于农林用地，这是当前最广泛的煤矸石的应用方式。以煤矸石为充填材料的充填复垦分为新排煤矸石复垦和预排煤矸石复垦。新排煤矸石复垦是一种最为经济合理的煤矸石充填方法，主要依靠在充填区域直接排入矿井新产生的煤矸石进行复垦造地，而预排煤矸石复垦关注的时间点为建井过程中和生产初期、未形成沉陷区或沉降未终止，将采空区上方待沉陷区的表土进行剥离并堆放至四周，结合采煤沉陷地表下沉的预计结果预先排放煤矸石，待沉陷稳定后再利用。根据测算，在充填复垦时，煤矸石的实际充填高度应为设计高度的 1.31 倍左右(胡振琪等, 2008)。

煤矸石充填复垦技术工艺流程：①复垦区域的抽水清淤；②复垦区域表土的剥离、堆放与养护；③充填区域分层碾压回填煤矸石复垦；④充填区域表土回覆与平整。煤矸石充填复垦区域复垦方向为耕地或者园地时，表土回覆厚度应不低于 80cm，土壤 pH 应控制在 5.5～8.5。复垦方向为林地或草地时，其表土回覆厚度不低于 50cm。可利用有机培肥、生态培肥、残茬还田或配方施肥等交叉式综合土壤培肥方法改善复垦区土壤肥力的现状，使土壤养分得到补充。其中，有机培肥是依托村内畜牧养殖场积蓄有机肥，经生物堆制处理及熟化后还田；生物培肥是指依托林间、道路边或田埂等地方种植牧草绿肥，借助割茬或耕翻培肥地力，在凋落物或残茬较多时，接种蚯蚓等土壤动物，进一步培肥土壤；残茬还田是利用作物收获后的植物残体进行生物堆制或直接还田；配方施肥是根据作物需肥特点，对农作物区、蔬菜区、林区进行平衡配方施肥，矫正土壤缺素问题。

2)粉煤灰充填复垦技术

将粉煤灰掺入土壤可作为农业用地的肥料和充当改良剂，将以粉煤灰为堆积材料的排灰场或以粉煤灰为充填材料的沉陷地复垦成农林种植用途，这是粉煤灰用于农业途径的两种常用方式。粉煤灰是火力发电厂燃煤后余下的灰分和部分未燃的物质。粉煤灰具有密度与容重较小、孔隙比和孔隙率较大的特征，具有以砂粒和粉粒为主的结构，粒径平均值为 0.069mm，不均匀系数为 6.4，结构松散，具有透水性好、田间持水量小、淋溶性能强和易干旱的特点。当前中国主要将粉煤灰作为修筑建筑公路和水泥的掺和料，大量的粉煤灰依然堆存于山谷型或平原型贮灰场中。堆放的粉煤灰不仅耗费大量资金和占用大量土地资源，而且易形成扬尘或排入河道，污染生态环境。中国许多大型煤炭生产基地附近都有电厂(一般为 10～15km)，利用电厂的废渣粉煤灰进行土地复垦，在技术上是可行的，在经济上也是合理的，且可以化“两害”(沉陷区、粉煤灰)为“三利”(电厂、煤矿、农民三方面有利)。

沉陷地粉煤灰充填复垦是将粉煤灰直接充填到沉陷地，恢复到设计地面高程，然后根据复垦目的进行土壤重构和整平造地。也可以利用电厂原有设备和增加所需要的输灰管道，将灰水直接充填沉陷区。贮灰场沉积的粉煤灰达到设计标高后停止充灰，将水排净，而后覆土，其工艺流程如图 6-14 所示。在待复垦为耕地的沉陷区修筑贮灰场，用推土机、铲运车或汽车依照设计土方量剥离沉陷区的表土，运至沉陷区周围，压实筑坎，建造贮灰场。在沉陷区积水时，可用挖塘机和挖泥船取土，存在沉陷区周围留作复土时使用；水力输灰从电厂到覆土造田的沉陷区之间铺设双排管道，把粉煤灰用水混合成灰水，用电厂原有的泵类(PH 泵、油隔离泵等)把灰水排放到贮灰场；沉淀和排水灰场内的灰水随着充灰不断积累沉淀，沉淀后的水由贮灰场的排水口流经排水沟注入河流或江湖，由于这种水的水质较好(pH＜9)，不影响民用和工业使用；覆土造田贮灰场沉淀的粉煤灰达到设计标高时停止充灰，再将水排净，即可进行覆土造田，复土厚度一般不小于 0.80m，复垦为林地、草地的地块，其表土覆盖厚度应不低于 50cm(胡振琪等，2008)。

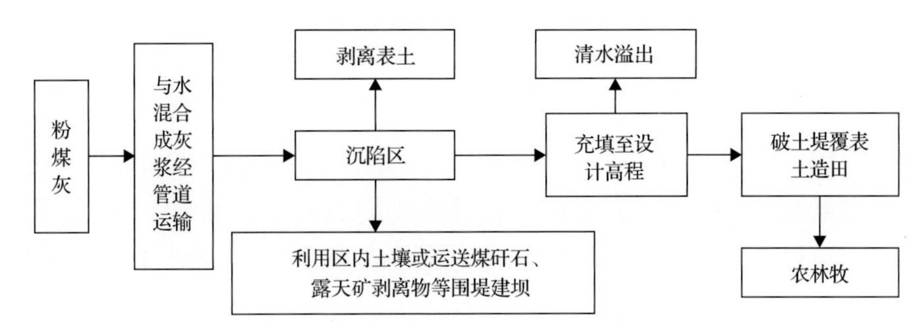

图 6-14　管道水力输送电厂粉煤灰充填沉陷区复垦技术工艺流程

3) 湖泥充填复垦技术

湖泥充填就是利用湖泥造地复田，用绞吸式挖泥船从湖底取土，通过管道将湖泥充填到沉陷区，再经排水、固结、平整配套水系，复垦造地。对于距离大型湖泊、河流比较近的矿区，湖泥资源丰富，用量不受限制，成本低。湖泥充填复垦不仅解决了充填物料来源问题，而且疏通了河道。利用绞吸式挖泥船通过管道充填沉陷区的技术已经成熟，并且可实际利用，运输费用低。由于湖泥沉积水下多年，有机质含量高、肥力好，因此积水区能全部复垦成耕地，使得耕地增加，且复垦标准高，土壤肥沃。缺点为该技术仅限于有湖泥资源的矿区，且使用该技术复垦后的土地底部淤泥层厚，容易形成沼泽，排水固结时间也比较长，充填复垦后两三年才能耕种。湖泥充填复垦技术工艺流程：①取土区标志设立；②排泥管铺设；③充填区围堰建筑；④挖泥船施工；⑤排水；⑥固结；⑦经土地平整、配套水系，标高达到设计要求。

4) 引黄充填复垦技术

以黄河泥沙为充填材料充填复垦采煤沉陷地有利于恢复煤粮复合区的大量耕地和疏浚黄河。胡振琪和王培俊等曾研究了黄河泥沙用作采煤沉陷地充填复垦材料的可行性，发现黄河泥沙属砂土质地类型，保水保肥性能差；黄河泥沙呈弱碱性，电导率很小，能满足大多数作物的生长要求；黄河泥沙的有机质、全氮、碱解氮、全钾、速效钾、全磷和有效磷含量处于中下、低或很低水平，用作充填复垦材料需要采取适当措施加以改良；黄河泥沙中 Cd 和 Hg 未检出，Cr、Cu、Zn、Pb、Ni 和 As 含量均未超过《土壤环境质量农用地土壤污染风险管控标准》(GB 15618—2018) 二级和三级标准值，不会造成污染。因此，黄河泥沙用作采煤沉陷地的充填复垦材料是可行的，但需改善其保水保肥性能和肥力水平(胡振琪等，2015；王培俊等，2014)。

采煤沉陷地引黄充填复垦是利用采煤沉陷区毗邻黄河的区位优势，利用挖泥船、吸泥泵抽取黄河泥沙，通过管道远距离输送到采煤沉陷区，以达到恢复改善采煤沉陷地的生态环境和增加耕地的目的。黄河水（含沙量约 40%）被管道输送到项目区后，所沉淀下来的泥沙被填入了洼地中，清水则就近排入项目区附近的河道中。在引黄充填之前，剥离洼地表面熟土并将其堆积在充填区旁，待充填泥沙工程完成后作为回覆剥离的表土。与其他充填治理方式相比较，引黄河泥沙充填虽然具有一次性投资大和使用地区较少的劣势，但其具有经济合理、可大规模复垦耕地和质量高等优势。具体工艺流程为：在利用黄河泥沙充填之前，首先排走待充填区域的积水；尽可能剥离待充填区的表土（一般为 0～20cm）和部分心土（＞20～50cm），堆放在充填区域的边缘形成坝体；采用绞吸式挖沙船采集黄河泥沙，抽取水沙速率为 $1100m^3/h$；通过普通钢管输送泥沙，输送浓度达到 $400kg/m^3$，根据输送要求在中途合理处设一级加压泵，使传输速度达到 1.9～2.3m/s，保证将黄河泥沙输送到试验场；黄河泥沙被管道输送到试验场后，泥沙沉淀，清水就近排入项目区附近的河道中；充填完成后再将这些剥离的表土和心土覆盖到泥沙之上，经过土地平整形成耕地。

5）其他材料充填复垦技术

除了煤矸石、粉煤灰、湖泥与黄河泥沙外，露天采矿剥离物、生活垃圾、建筑垃圾等也可以作为充填主要材料进行充填复垦，其技术工艺与上述大体相同，这里不再介绍。

（三）边开采边复垦技术

边开采边复垦就是充分考虑地下开采与地面复垦措施的耦合，通过合理减轻土地损毁的开采措施和沉陷前或沉陷过程中的复垦时机与方案的优选，实现采矿与复垦同步进行的一种复垦技术（胡振琪等，2013）。超前动态复垦强调开采工艺与复垦工艺的充分结合，以保证按采矿计划同步进行（赵艳玲和胡振琪，2008；赵艳玲，2005）。其基本特征是以“采矿与复垦的充分有效结合，即采矿复垦一体化”为核心，以“边采矿，边复垦”为特点，以“提高土地恢复率、缩短复垦周期、增加复垦效益”为表征，并以“实现矿区土地资源的可持续利用及矿区可持续发展”为终极目标。边开采边复垦技术的基本内涵为地下采矿与地面复垦的有机耦合：一方面，基于既定的采矿计划，在土地沉陷发生之前或已发生但未稳定之前，通过选择适宜的复垦时机和科学的复垦工程技术，实现恢复土地率高，复垦成本低和复垦后经济效益、生态效益最大化的目标；另一方面，通过优选采矿位置、采区和工作面的布设方式、开采工艺和地面复垦措施，实现土地恢复率高和地表损伤及复垦成本最小化的目的。边开采边复垦实质上是一种基于“采前分析-采矿动态沉陷预测-复垦虚拟模拟”的多阶段多参数驱动的复垦方案优选技术，治理对象为未稳定的采煤沉陷地，其实施的关键技术为复垦边界的确定、复垦时机的选择和复垦标高的设计(胡振琪等，2013)。沉陷预计法和耕地损害边界角法是复垦边界的确定方法。

二、采煤沉陷区复垦工程技术模式

采煤沉陷区土地复垦技术是指复垦时选择合适的工程技术方法、合理的综合利用方向和层次进而达到最佳的利用效果的技术。沉陷区生态修复是土地复垦和综合利用的最终目标，它是将土地复垦的工程技术措施与生态学、景观学理念结合起来，综合运用生物学、生态学、经济学、环境科学、农业科学、系统工程学的理论，以及生态系统的物种共生和物质循环再生等原理，结合系统工程对破坏土地再利用所设计的多层次综合利用的技术。

本节通过总结大量的国内外采煤沉陷地典型的复垦案例，从中提炼出了具有中国特色的采煤沉陷地复垦技术。在此基础上，以复垦技术为出发点，对采煤沉陷地复垦技术模式进行分类。根据多年采煤沉陷地土地复垦治理经验，总结出非充填法复垦技术模式和充填法复垦技术模式，其中非充填法复垦技术模式包括疏干排水法、土地平整法、挖深垫浅法和直接利用法，具体见表6-1。

表6-1　采煤沉陷区复垦技术模式总结

复垦技术	技术特点
充填法	废弃煤矸石充填应用最广，适用于充填材料较充足且无污染地区，多用于基础设施建设和造地，与挖深垫浅技术结合使用有利于植物生长
疏排法	利用排水措施和地面修复技术使土地恢复至可利用状态，适用于潜水位不高和地表沉陷较小的区域；对季节性积水区域可通过兴建水利设施、开挖沟渠，形成完善的排水系统，可将沉陷地利用成良好的耕地
土地平整	利用场地平整使地表标高高于水位，保持整个区域标高基本一致以实现保肥和保水及耕地安全性，适用于起伏不平且未积水区域或有积水区域的边坡地带
挖深垫浅	挖深沉陷深度大的区域形成常年积水湖泊，回填至沉陷深度小的区域形成农用地或建设用地；适用于在水质良好、适合养殖，沉陷深度大，高、中潜水位的常年积水区
直接利用	根据区域现状因地制宜地直接利用，适用于大面积常年积水或积水深度大的水域及未完全稳定的沉陷地或暂时不适合复垦的沉陷地

充填复垦技术模式是使用填充材料填充沉陷地，改变地形标高，使其恢

复到可供利用的状态。常用的材料是煤矸石、粉煤灰、河湖淤泥、黄河泥沙等。这种模式多用于复垦区周边有足够的可用的充填材料的地区。充填复垦技术模式中的配套工程是指道路、水利、电力等基础设施工程。

由图 6-15 可得，对于一块采煤沉陷地，由煤矸石充填加上相应的配套工程建设，可将采煤沉陷地复垦为建设用地、林草地、耕地；由粉煤灰充填加上相应的配套工程建设，可将采煤沉陷地复垦为林草地、耕地；由湖泥充填加上相应的配套工程建设，可将采煤沉陷地复垦为耕地；由黄河泥沙充填加上相应的配套工程建设，可将采煤沉陷地复垦为耕地。

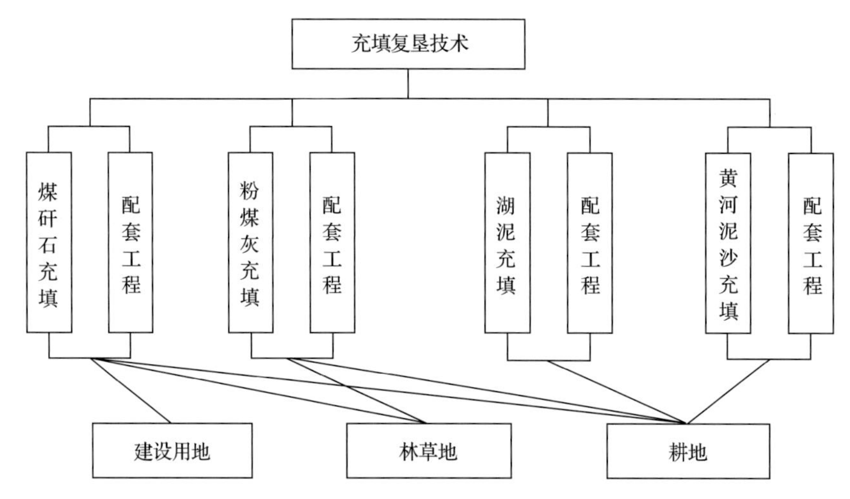

图 6-15 充填复垦技术模式图

非充填复垦技术模式是指复垦过程中不使用充填材料而是直接采用工程措施和机械复垦技术，对土地进行综合整治。其中，实用的主要复垦技术包括土地平整、疏排法和挖深垫浅。非充填复垦技术的配套工程是指道路、水利、电力等基础设施工程。非充填复垦技术模式图见图 6-16。

由图 6-16 可得，对于一块采煤沉陷地，由土地平整加上相应的配套工程建设，可将采煤沉陷地复垦为耕地；由疏排法加上相应的配套工程建设，可将采煤沉陷地复垦为耕地；由挖深垫浅法加上相应的配套工程建设，可将采煤沉陷地复垦为耕地、精养鱼塘和养殖水面等综合利用方式。对于高潜水位煤粮复合矿区的采煤沉陷地而言，出现未积水或季节性积水部分的采煤沉陷地建议复垦为耕地，补充我国珍贵的耕地资源；而采煤沉陷积水部分建议复垦为精养鱼塘或养殖水面，增加农民收入，并起到维持景观生态、调蓄水资源和调节当地气候等作用。

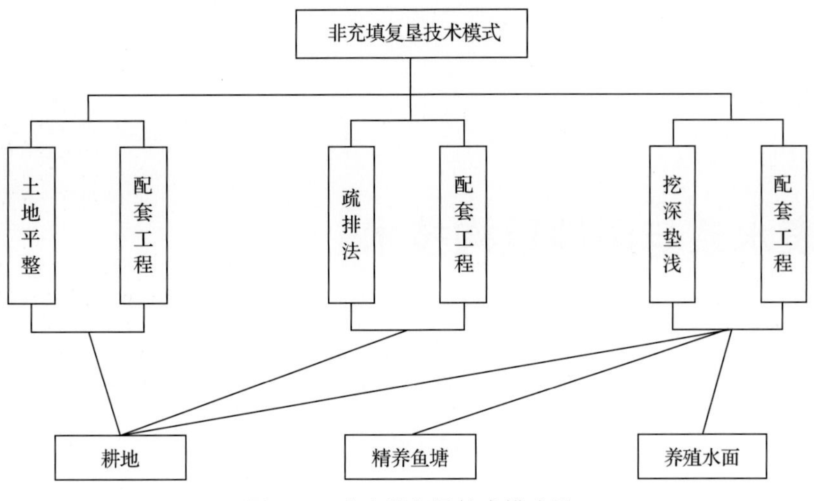

图 6-16　非充填复垦技术模式图

第七章

地表水系与湿地重构技术

第一节　我国东部采煤沉陷区地表水系与湿地重构前后模拟分析

基于遥感监测与 GIS 空间分析法、典型案例分析、水文分析、数值分析与计算机模拟、文献总结分析法等方法，开展东部采煤沉陷区地表水系与湿地重构前后模拟分析。

一、地表水系与湿地重构前后矿区生态系统结构变化分析

以多时相 Landsat TM/ETM+/OLI 卫星遥感影像为数据源，以 Google Earth Engine（GEE）为数据处理平台，利用随机森林算法，采用归一化指数、缨帽特征、原始波段信息、纹理信息作为分类变量，获得了淮南矿区 2001 年、2011 年和 2018 年三期土地利用变化数据（表 7-1～表 7-3），得到 2001～2018 年采煤

表 7-1　2001～2011 年淮南采煤沉陷区生态系统类型转移矩阵

类型	建设用地	耕地	林草地	水域	总计
建设用地	13023.15	5901.32	314.41	778.36	20017.24
耕地	11993.14	113002.89	713.24	3476.25	129185.52
林草地	415.79	572.22	694.02	119.83	1801.86
水域	248.05	585.86	91.15	6616.59	7541.65
总计	25680.13	120062.29	1812.82	10991.03	158546.27

表 7-2　2011～2018 年淮南采煤沉陷区生态系统类型转移矩阵

类型	建设用地	耕地	林草地	水域	总计
建设用地	19550.09	4999.96	358.59	771.49	25680.13
耕地	10266.20	105566.52	332.66	3896.90	120062.28
林草地	137.17	807.25	561.91	306.49	1812.82
水域	553.58	954.45	25.91	9457.09	10991.03
总计	30507.04	112328.18	1279.07	14431.97	158546.26

表 7-3　2001～2018 年淮南采煤沉陷区生态系统类型转移矩阵

类型	建设用地	耕地	林草地	水域	总计
建设用地	12699.60	6003.70	267.84	1046.10	20017.24
耕地	17110.20	104807.83	292.58	6974.92	129185.53
林草地	306.48	661.25	692.43	141.70	1801.86
水域	390.77	855.40	26.23	6269.25	7541.65
总计	30507.05	112328.18	1279.08	14431.97	158546.28

沉陷区生态系统类型变化(图 7-1)，并选择典型治理区进行矿区生态系统类型、水平与垂直结构及时空分布格局的变化分析。

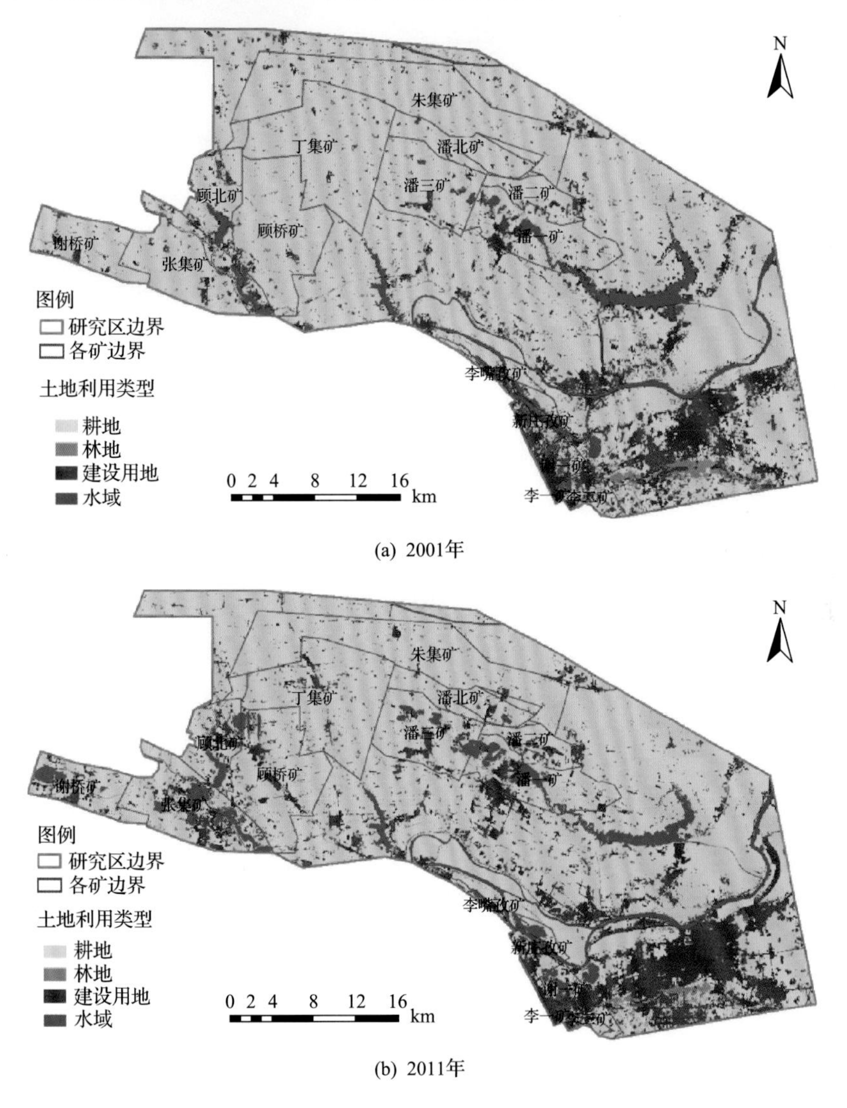

(a) 2001年

(b) 2011年

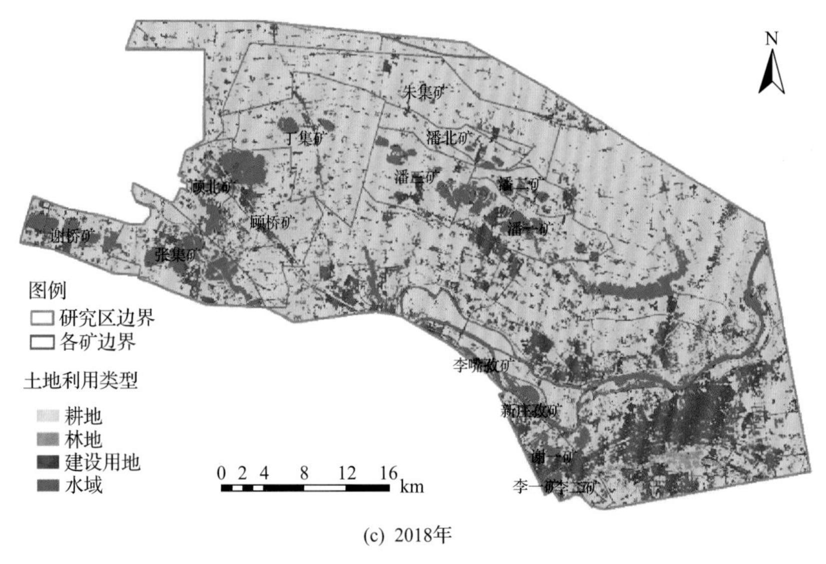

(c) 2018年

图 7-1 2001～2018 年淮南采煤沉陷区生态系统类型变化

淮南矿区在 2001～2011 年，大量耕地和建设用地及林草地变为水域，其中建设用地变为水域的面积为 778.36hm^2，耕地变为水体的面积为 3476.25hm^2，林草地变为水体的面积为 119.83hm^2。谢桥矿和张集矿水域增加较为明显。建设用地变为耕地的面积是 5901.32hm^2，林草地变为耕地的面积是 572.22hm^2，水体变为耕地的面积是 585.86hm^2。耕地变为建设用地的面积是 11993.14hm^2，其中顾桥矿最为明显。林草地变为建设用地的面积是 415.79hm^2，水体变为建设用地的面积是 248.05hm^2。建设用地变为林草地的面积是 314.41hm^2，耕地变为林草地的面积是 713.24hm^2，水体变为林草地的面积是 91.15hm^2。淮南矿区 2011～2018 年，矿区水域面积不断扩大。其中建设用地变为水域的面积为 771.49hm^2，耕地变为水域的面积是 3896.90hm^2，林草地变为水域的面积是 306.49hm^2。顾北矿和顾桥矿水域增加最为明显。建设用地面积也在扩大，其中耕地变为建设用地的面积是 10266.20hm^2，林草地变为建设用地的面积是 137.17hm^2，水域变为建设用地的面积为 553.58hm^2。而耕地和林地的总面积在减少，其中耕地面积减少了 7734.10hm^2，林草地面积减少了 533.74hm^2。淮南矿区 2001～2018 年，土地利用变化为：建设用地和水域面积增大了，各个煤矿的水域面积都在增加，建设用地变为水域的面积为 1046.10hm^2，耕地变为水域的面积为 6974.92hm^2，林草地变为水域的面积是 141.70hm^2，耕地变为建设用地的面积为 17110.20hm^2，林草地变为建设用地的面积是 306.48hm^2，水域变为建设用地的面积是 390.77hm^2。

其中顾北矿、顾桥矿和潘三矿由耕地变为建设用地的面积最大。而耕地和林草地的面积却在不断减少。其中建设用地变为耕地的面积为 6003.70hm^2，林草地变为耕地的面积为 661.25hm^2，水域变为耕地的面积是 855.40hm^2。建设用地变为林草地的面积为 267.84hm^2，耕地变为林草地的面积是 292.58hm^2，水域变为林草地的面积是 26.23hm^2。

东辰生态园位于淮南市潘集区潘一矿内，规划面积 3000 亩(图 7-2)。对沉陷较浅的沉稳区域采用围堰、抽水、剥离表土、回填煤矸石与回覆表土等复垦措施进行综合治理与生态修复。东辰生态园境内为高台地形，土地覆被以人工草地为主。东辰生态园复垦区内的复垦覆土厚度分为 20～40cm、40～80cm 和 80～100cm 这三个等级，其采用以煤矸石为充填材料再回覆平整预先剥离的有机表土的复垦方式，平均土壤容重值为 1.81g/cm^3，土壤偏弱碱性(pH=7.94)，土壤含水量为 20.02%，主要土壤类型为粉砂质黏土，优势物种主要是马蹄金和狗牙草。东辰生态园复垦区的土地是在采煤沉陷区上利用煤矸石为充填材料充填构造出的新土壤构型，其必然对土壤环境条件和土壤肥力及农业生产能力的贡献率产生一定的影响，造成复垦区土壤与对照区土壤(研究区内未沉陷区域原状土壤)相比存在土壤养分缺乏、pH 较高、土壤容重小、土壤总孔隙度小和非毛管孔隙度小等土壤物理化学特性的变化，但由于东辰生态园境内植被类型对复垦区土壤有机碳的影响高于覆土厚度这个因

图 7-2　淮南矿区东辰生态园影像图

素，所以出现了覆土厚度较低(最优为覆土厚度为 0～20cm)土地的土壤有机碳含量高于其他覆土厚度，且土壤有机碳含量在最小值 2.02g/kg 和最大值 5.20g/kg 之间。煤矸石介质的存在使土壤中的黏砂粒含量减少，对团聚体有机碳的物理保护产生了一定程度的损坏；随着土壤粒级的减少，各粒级机械稳定性团聚体含量均呈现双“V”形的变化趋势。按照保护湿地生态系统完整性和开展湿地合理利用的标准，因地制宜地对沉陷区进行了景观规划设计，完成了地形改造、道路、水电等基础设施配套建设，建造了以亭、台、廊、桥及动物园等配套景观，修建了排灌系统，建立标准化农田，全部实施机械化、规模化连片耕作，降低了种植成本，提高了农产品的质量和效益。

东辰生态园在优先考虑生态原则的前提下，兼顾经济效益，目前已建成集土地复垦、水产、禽畜养殖、林业种植、湿地生态、观光农业和休闲旅游等为一体的生态公园，在改善矿区环境与解决就业的同时初步形成了绿色循环经济产业链，取得了一定的经济效益。

生态系统的水平结构是指在一定区域内生物类群在水平空间上的分布情况。在地表水系与湿地重构中，水平结构的变化主要体现为水生植被在湿地生态系统中的作用。在水生生态系统中，高等水生植物作为初级生产者可调节水环境，为大型浮游甲壳动物提供避难和栖息场所，为鱼类生物提供生存物资和营造繁衍环境，对维持和提高生物物种多样性和稳定性具有重要作用。水生植物通过吸收水体中氮、磷等富营养元素控制和缓解水体的富营养化，进而维护区域水生态系统的演替。

以资料统计和调查的方式了解淮南市境内的水生植物群落分布，进而确定了当地水生植被群落构建的 10 种植物物种，分别为菰、荇菜、水鳖、苦草、黑藻、大茨藻、金鱼藻、狐尾藻、菹草和竹叶眼子菜。根据“沉水植物—挺水植物—浮叶植物”布设的原则，确定出淮南市沉水植物、挺水植物和浮叶植物的优势物种分别为苦草、菰和荇菜，再辅以其他沉水植物在区域内呈斑块状分布的植物群落的构造形式。而位于潘集区泥河镇后湖村的后湖生态园，则是结合当地农业特色和采煤沉陷区的独特自然优势开展植物恢复，通过样方调查法从植物生物学特性的角度分析了苦草与其他水生植物的竞争机制，明确出以苦草为湿地植物群落人工重构的沉水植物的优势物种；从采煤沉陷坑中心到坝基依次种植以苦草为主的沉水植物、以菰为主的挺水植物和以荇菜为主的浮叶植物，其他类型的沉水植物、挺水植物和浮叶植物分别以斑块状散落种植于采煤沉陷坑内，将采煤沉陷区构建成了集“生态、观光、休闲、旅游”于一体的农业产业园。

人工重建水生植物群落后，仅 0.04km^2 的后湖人工重构湿地的物种数达到 31 科 49 属 69 种，而其中典型水生植物就有 11 科 15 种；修复后湿地中水生植被长势良好，物种的多样性达到 2.950；形成了以苦草为优势种和以狐尾藻、菹草、竹叶眼子菜和黄花狸藻等为伴生物种的沉水植物群落，以菰为优势种的挺水植物群落，以荇菜为优势种和以水鳖为伴生物种的浮叶植物群落式的水生植被群落。水生植被群落构建后，其植被盖度高达 90%以上，且沉水植物、挺水植物和浮叶植物的最大生物量鲜重均值分别为 3040g/m^2、8875g/m^2 和 2180g/m^2。通过播种和移栽的方式，后湖人工湿地由原有的以水烛、假稻、水稻和鸭巧草等为优势种的农田生态系统逐渐转变为以典型水生植物为优势种的湿地生态系统。

通过适宜地配置当地水生植物来人工重构水生植物群落增加了沉陷区生物的多样性，不仅对沉陷区生态环境起到了修复和改善的作用，而且生态养殖方式有利于沉陷湿地功能的挖掘和沉陷区景观资源的丰富，有利于沉陷区生态旅游观光农业的发展和土地利用效率的提升。人工湿地生态系统的成功构建为促进农田湿地生态系统向自然湖泊湿地生态系统演替提供了实践依据。后湖生态园根据沉陷区水面众多的特点，投资 500 多万元对 7 口鱼塘近 1700 亩水面进行了复垦，实施了沉陷区立体网箱养殖项目。畜牧养殖主要以饲养猪、牛为主，配以鸵鸟、鹅、鸭、土鸡等，在沉陷区上建立了 6 间规范养猪舍。养殖型构造湿地将生产丰富的虾、鱼、蟹等经济水产品，其收益将高于复垦为农田的农作物经济收入。构造湿地的主要湿地植物将提供重要的经济价值，如芦苇可加工成纸浆出口，水葫芦可以加工为猪饲料；其他的挺水植物和沉水植物的经济价值更高。景观型构造湿地将为人类提供理想的旅游、度假场所，从而将促进地方生态旅游业的发展。

二、仿自然的地表水系重构技术及多功能湿地建设技术

地表水系是连通东部采煤沉陷区沉陷积水与原有水系的关键。考虑东部采煤区积水面积大、地表水系网络化、多煤层开采导致地表长时间不稳定的现状，研究仿自然的地表水系重构技术，包括地表水系形态、材料等内容。东部采煤沉陷区积水面积大，湿地建设不可避免，湿地空间位置的选择、规

模确定及植被措施是多功能湿地构建的重要内容。将生态安全格局理论引入地表水系重构及多功能湿地的建设。

(1)利用景观连通度分析采煤沉陷区积水斑块进而识别出研究区内生态功能高的优势水域区域作为生态源地，即识别出研究区内重要的湿地的空间位置。连接性概率(PC)是连接性分析的最佳指标(Saura and Torné，2012)，它不仅考虑了更丰富的连接性模型，而且可以避免分析数据集中相邻生境斑块存在的影响。PC 随着连接性的提高而增加，其值在 0 和 1 之间。DPC 表示现有节点对维持景观连通性的重要性，并被广泛用于表示每个斑块的重要性。

(2)根据对斑块面积为多大时能较好发挥生态系统提供生态供给与调节等功能的试验结果，选择构建湿地的规模大于等于 $30hm^2$，进而与重要湿地空间位置叠加，初步确定出湿地的位置与规模。

(3)基于土地利用类型赋值阻力值来量化模拟区域能量流、信息流、生态流和物质流的流动过程中所受影响的情况。土地覆盖的状况与人为干扰的程度是影响物种空间活动等生态过程和生态流流动的重要因子(Adriaensen et al.，2003；Peng et al.，2018)。物种或生态流在景观界面间迁徙流动需克服障碍，生态阻力面构建是计算源点克服阻力的扩散或传播路径的基础。试验中采用的显性阻力是由景观类型相对于物种扩散或生态流流动的阻力系数确定的，而隐性阻力是将各景观类型的阻力系数赋值予各景观类型斑块质心点，利用克里金插值法生成阻力系数的空间分布，采用权重显性阻力 0.7 和隐性阻力 0.3 构建，基于景观类型综合考虑土地覆被与环境中物质能量的流动的综合生态阻力值。

$$R_i = 0.7 \times R_x + 0.3 \times R_y \tag{7-1}$$

式中，R_i 为栅格 i 综合生态阻力系数；R_x 和 R_y 为基于景观类型赋值的栅格 i 对应的显性阻力系数和隐性阻力系数。

(4)组团廊道和景观廊道的识别能为地表水系及湿地间连通发挥重要的作用，实现地表水系及湿地间的水系交换，确保水环境的循环净化，对区域生态环境的实践具有重要作用。其中，组团廊道是因受自然或人为干扰的阻力造成关键生态廊道未能成为网络连接而形成的不同组团，在组团内部可实现生态节点和生态过程的连通廊道。景观廊道是识别不同组团间的可连接的廊道，它可以实现研究区内所有生态源地间的网络连接，旨在景观尺度上实现生态流的畅通与生态斑块的连通。其获取方法为：以未连接的生态节点为源，计算基于图层的次小耗费路径。采用应用较为广泛的最小累积阻力模型(MCR)构建区域生态安全格局(Yu，1996)：

$$\mathrm{MCR} = f_{\min} \sum_{j=n}^{i=m} D_{ij} \times R_i \tag{7-2}$$

式中，MCR 为生态流或者物种从源地扩散至空间任一点的最小累积阻力值，即生态源地到区域某点的最小累积阻力；$f_{\min}$ 为任一点最小累积阻力与其到源地的距离和景观特征的正相关函数；D_{ij} 为目标单元从生态源地 j 到区域某景观单元 i 的空间距离；R_i 为区域某景观单元 i 对某方向运动扩散的阻力系数，在区域生态安全格局中表示生态安全评价约束因子对源扩散的阻力系数。

(5)利用水文模型和研究区 DEM 识别出研究区地表水系的空间分布，进而判断出湿地构建中关键的生态节点。以淮南矿区为例，构建了以采煤沉陷积水为底图的多功能湿地建设方法。即基于生态安全格局理论和最小累积耗费模型识别出研究区域内潜在的地表水系及湿地网络化的最小耗费路径。

利用生态安全理论和最小累积阻力模型提取出湿地间潜在的连通路径，其中组团廊道 41 条，总长度 128.52km；景观廊道 9 条，总长度 60.39km。重要湿地位置确定为 54 个，占地面积为 12188.34hm^2，其空间分布见图 7-3 和图 7-4。重点加强组团廊道的生态保护建设，注重景观廊道两端的湿地重构、生态环境的保护及连通的建设，在实际的线路规划要遵从更为细致的矿区生态建设规划的基础上，完成生态湿地间的连通性的建设。根据地表水系的空间分布、潜在生态廊道连接及湿地空间位置等信息，对于生态节点标号为 2、4、5、12、22、29、30、32、34、36、39、46 和 52 的湿地进行重点建设，坚持“生态保护优先”原则，在湿地中心水面上设置光伏发电板或发展生态养殖塘，合理选择乡土物种中先锋植被和伴生植被，按照沉水植被、浮水植被和挺水植物的合理布局重构湿地水平结构分布和垂直结构分布；湿地重构过程中，考虑生态系统的功能需求重构成景观型湿地、净化型湿地或养殖型湿地，并确定适宜的本土植物群落，吸收和拦截采煤沉陷水域污染物，更好地发挥湿地蓄水调蓄水和净化水质等功能。在采煤沉陷区外围发展综合绿色生产区，大力发展生态立体农业和生态防护林，截留和吸收农业面源污染，从源头控制污染(如淮南潘谢矿区谢桥矿水域生态系统重建)。例如，对于季节性积水或常年水深在 0.50m 以下的沉陷地，可以建设为以芦苇为优势的构造湿地，富裕大面积的积水区域的湿地治理成人工湖泊或者建设为现代化公园。

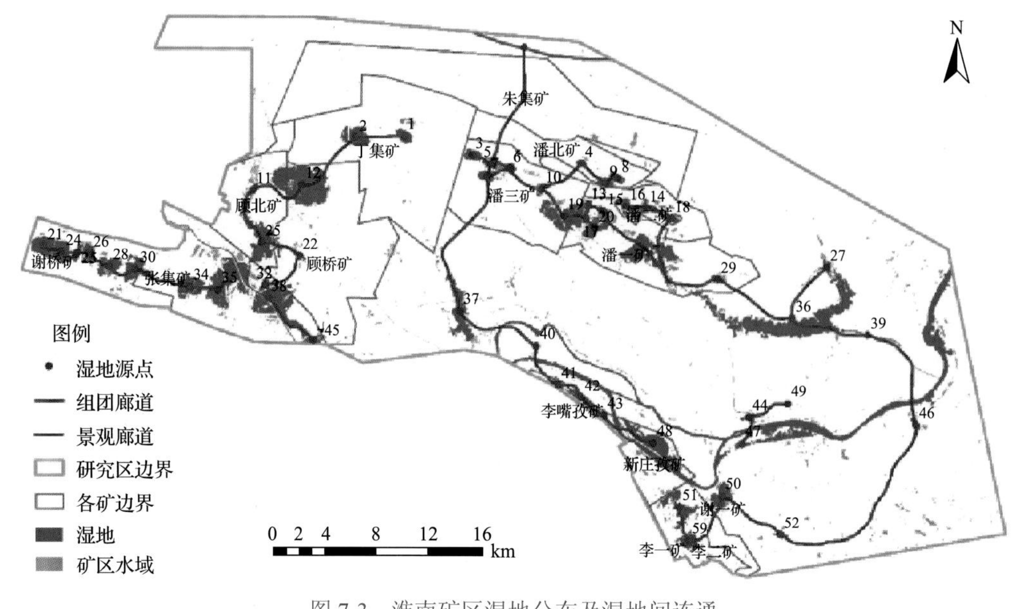

图 7-3　淮南矿区湿地分布及湿地间连通

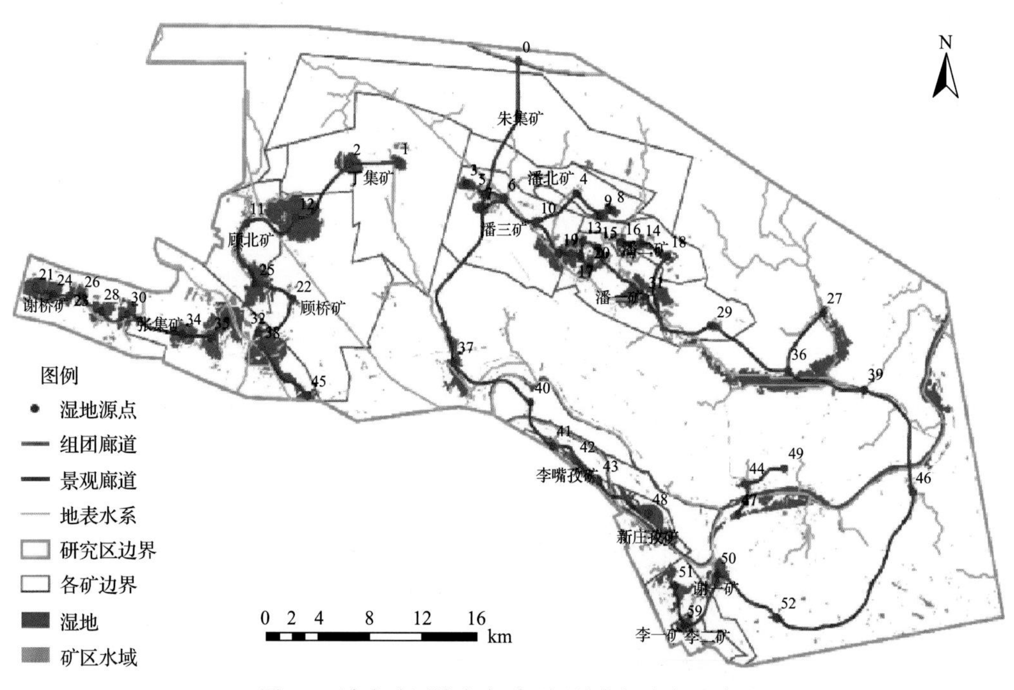

图 7-4　淮南矿区地表水系及湿地空间分布及连通

受煤矿开采沉陷的影响，潘集矿区地表水系及水利设施受到不同程度的影响和破坏，为了保障正常的农业生产和矿山安全开采，针对潘集区水系及水利设施的分布及其受矿井开采影响的破坏程度进行了调查分析，提出了水系恢复治理要坚持可持续发展和针对性的原则；对沉陷区水域重新疏导和整理，采用经济合理技术，建议因地制宜，宜地则地，宜水则水，宜渔则渔；对受损的水利设施采用原址加固和新建排灌站的方法。沉陷水系治理时，可考虑将西翼采区泥河段退河为湿地和湖，这样既能保证周边农田灌溉，又能减小洪涝期泥河上游对下游的影响。东翼采区地表水系由于下沉量大、沉陷范围广，建议采取退河为湖的方案，这样可以起到蓄水灌溉、防洪及养殖作用。

在地表水系重构中，要坚持“生态保护，节约资源和废物循环利用”的原则，根据识别出组团廊道和景观廊道路径沿线构建一种基于三维土工网垫合成的生态景观渠，实现研究区内地表水系的连通和网络化，实现水资源的循环净化。在地表水系或湿地中，根据识别出的路径，尊重原有地表结构，使用生态材料构造仿自然的地表水连通路径。

三维土工网垫合成的生态景观渠道(肖武等，2017)是在确保满足渠道的输水功能的基础上，加强对渠道生态景观的结构设计。生态方面：选用透气性良好的三维土工网垫包裹渠壁底面、顶面和内侧外表面，分上层、下层和压顶结构；内侧外表面自下向上为黏土层、种子层和秸秆层分布，破碎的秸秆长度均大于土工网垫的孔隙；压顶采用砂石和土壤灌浆形式。渠底采用下层为黏土层、上层为碎石粗砂的结构方式，其中黏土层厚度是碎石粗砂层厚度的 2 倍以上。黏土层以透水性差的特点起到了防止漏水的效果，实现渠道输水；三维土工网垫与秸秆的组合起到了固土保肥的功能，为种子的生长提供适宜的环境。

景观方面：种子层是土壤与亲水草本和小型灌木种子混合而成，秸秆层和生态网垫的构造为种子生长提供了良好的透气性和保水保肥性。生长季中，生态袋中植物生长的根系伸展到黏土层，枝叶易穿透网垫孔隙，丰富渠壁景观构造，并起到对水质中富营养元素的吸收净化作用，进而形成稳定的渠壁结构，利于生态景观效果的灌溉渠道的形成。

此种生态景观渠道旨在利用三维土工网垫作为新型土工材料构筑渠道，具有较大的孔隙及强度较大的土工材料，其固土效果好，综合应用作为废弃物的秸秆，保持良好的透气性，有利于种子层中的草本、花卉、小型灌木种子的发芽与生长，并充分利用黏土的透水性差的特点，防止漏水，实现渠道输水功能。该渠道设计通过三维土工网垫和破碎的秸秆组合实现良好的保肥保土作用，能够为渠壁中的草本、花卉、小型灌木种子提供适宜的生长条件，可营造渠道壁的生态景观。随着在生态袋中植物的生长，其根系穿刺黏土层，扎入渠壁内侧，形成稳定的渠壁结构，以形成具有良好生态景观效果的渠道灌溉系统。

第二节 我国东部采煤沉陷区地表水系与湿地重构技术模式

一、地表水系研究

地表水系的发育主要受气候因素、地质构造、岩性土壤、地形地貌、植被条件、土地利用类型及人类活动等因素的共同影响（倪晋仁和马蔼乃，1998；Veltri et al.，1996）。目前国内外关于地表水系的研究主要有以下几个方面：

（一）地表水系提取

由于 DEM 数据中隐含了较为丰富的地形地貌信息及水文信息，且通过 DEM 数据能够提取大量的地表形态信息，如坡度、坡向等，因此常利用 DEM 数据作为基础数据源进行地表水系的提取（李翀和杨大文，2004）。目前，国内外常利用基于水文地理数据模型——Arc Hydro 模型开发的 Hydrology 水文分析功能模块进行水系的提取。例如，李文顺等（2016）以淮南丁集煤矿为例，结合矿山开采计划分别构建了 2014 年、2035 年的地表 DEM，并利用 Hydrology 功能模块提取这两个时期的地表水系，通过对比分析来揭示采煤沉陷对区域地表水系及其特征的影响。利用 ArcGIS 软件中的 Hydrology 功能模块进行水文分析的一般流程可总结为：无洼地 DEM 生成—水流方向提取—汇流累积量计算—水系生成—水流长度—水系分级—流域盆地。

（二）地表水系分形维数计算

地表水系分形维数作为衡量地表水系变化的常用的参数之一，能直接地反映流域地貌的发育程度，河网密度越大，河流发育越成熟，分形维数值就越高（Dombradi et al.，2007；Gaudio et al.，2006）。Tel（1989）提出了数盒子法，后经过 Vicsek 等的发展逐渐完善，已成为目前较为常用的一种快速有效求解地表水系分形维数的方法。Cheng（2001）提出了基于 GIS 技术和数盒子法来计算地表水系分形维数的方法。杨连彬和杜尚海（2009）以分形理论为原理，基于数盒子法和 GIS 技术方法计算了地表分形维数，并探讨了影响地表水系分形维数的因素。

(三)沉陷区水系恢复治理措施

随着煤炭资源开采强度增大，采煤沉陷范围不断增加，开采沉陷对矿区水系及水利设施的影响也越来越大(王列平等，2008；徐良骥等，2008)。童柳华等(2009)在调查潘集矿区水系分布及水利设施现状的基础上，预测了未来 2 年内的开采沉陷对水系破坏的发展趋势，并提出了沉陷区水系恢复治理原则及治理技术。在对沉陷区水系进行恢复治理时，应该遵循的原则有：有针对性(根据采煤沉陷区的实际情况，有针对性地制定治理规划)、可持续发展(对采煤沉陷区的治理要统一规划，并与矿区开采规划、总体布局规划、环境保护规划等相一致)、重点治理项目和一般治理项目相结合(应重点治理由开采沉陷造成的主要水系及水利设施的破坏)。表 7-4 为根据水系及其重要水利设施、桥梁涵闸和大面积的沉陷区/积水区的特点总结的沉陷区水系恢复治理工程实施中注意的问题(童柳华等，2009)。

表 7-4　沉陷区水系恢复治理工程实施应注意问题

类型	情景设定	治理说明
水系及其重要水利设施	沉降量＜0.15m 不影响水系和水利设施的正常排灌功能	可维持现状使用
	沉降量＞0.15m 影响水系及水利设施正常排灌功能	应在其功能遭破坏前进行维护，或在汛前枯水季节完成维护工程
桥梁涵闸	沉降量和变形量小，且不危及正常通行、排灌功能的涵闸	可暂时维持现状
	影响通行和危及安全的涵闸	采用原址加固，将井下开采与地面治理充分结合，合理布置工作面开采时序，尽可能使涵闸处于均衡的下沉变形中
大面积沉陷/积水区	沉陷、土壤和植被破坏不严重的区域	可因地制宜地按原有方式使用
	形成大面积水面的沉陷区	可发展养殖、改造成湿地景观或水源地

(四)采煤沉陷区水环境质量研究

在我国东部高潜水位地区，常年大规模的煤炭开采造成地表沉陷，形成大面积的沉陷水域。部分沉陷水域与外界水系相连通，使得污染物最终流入外界河流，对河流水质会造成影响(李金明等，2013)。但大多数沉陷水域未与外界河流连通，较为封闭，加上居民生活污水、周围工农业污水的随意排放，造成沉陷水域的水环境污染严重(徐良骥，2009)。因此，十分有必要对采煤沉陷区水环境质量进行研究。

目前常见的水质评价方法主要包括内梅罗指数法、人工神经网络法、单因子水质标识指数法、综合水质标识指数法、模糊数学综合评价法等（表 7-5）。国内关于采煤沉陷区水环境质量的研究有：刘劲松（2009）基于地表水监测水质数据，利用模糊数学综合评价法和聚类分析方法对淮南潘集矿区地表沉陷水域和泥河的水质进行了评价；徐良骥（2011）采用改进的主成分分析法和模糊数学综合评价法两种方法，构建了煤矿沉陷水域水质综合评价模型，对淮南潘集矿区 14 个大型沉陷水域的水质进行了评价；范廷玉（2013）以淮南潘谢矿区开放式和封闭式沉陷区为研究对象，采集两种类型沉陷区的地表水和浅层地下水水质样品，采用单因子水质标识指数法、模糊聚类、内梅罗指数法等方法对水质进行评价；杨茗等（2017）以谢桥煤矿沉陷水域为研究区，采用单因子水质标识指数法对沉陷水域的 TN、TP、TOC、COD 等常规的化学指标和 Cu、Zn、Ni、Fe 等重金属指标进行了分析和评价；孔令健（2017）以淮北临涣矿采煤沉陷区地表水和浅层地下水为研究对象，分别利用综合水质标识指数法、内梅罗指数法对丰水期、平水期、枯水期三个时期的水环境质量进行评价。

表 7-5　常见的水质评价方法

方法	方法说明	优缺点
内梅罗指数法（Nemrow，1974）	兼顾极值的计权型多因子环境质量的评价方法，强调有最大污染指数的污染物对环境质量的影响作用，反映水体的受污染程度	内梅罗污染指数较客观，能反映水体被污染的程度
人工神经网络法（李祚泳和邓新民，1996）	是基于样本训练的评价方法，通过不断的正向和反向反馈，对 BP 神经网络进行训练，直至得出满意的、与样本预期输出相符合的计算结果；基于训练好的 BP 网络，对评价样本进行综合水质评价	可以很好地反映评价因子与水质类别间复杂的非线性关系，但是评价指标的选择不确定、计算复杂、定性评价结果不直观，在理论和方法上还不成熟
单因子水质标识指数法（尹海龙和徐祖信，2008）	选择水质最差的单项指标所属类别来确定所属水域综合水质类别。$P_i=X_1X_2X_3$，X_1 为水质类别；X_2 为监测数据在 X_1 类水质变化区间中所处的位置；X_3 为指标的污染程度	可以完整表示水质评价指标的类别、水质数据、功能区目标值等重要信息，还可以指示污染风险
综合水质标识指数法（尹海龙和徐祖信，2008）	在单因子水质标识指数法基础上的综合性水质评价方法	计算简单和评价全面，水质指标权重确定较主观
模糊数学综合评价法（刘传，2011）	将定性评价转化为定量评价，利用模糊数学对受到众多因素影响的事物做出总体评价，考虑各项水质影响因子在总体水环境中的地位	用隶属函数表示隶属度，能较好地解决难以量化的模糊问题，结果精确

近些年来，国内研究学者也尝试对采煤沉陷水域进行水质富营养化的评价研究，并取得了一定的成果。传统的水质富营养化评价通常是实地采集水样，实验室分析获取水质指标数据，然后采用特征法、参数法和营养状态指

数法等进行评价(蔡庆华，1997)。但传统的方法易受人力、物力、气候、水文等条件的限制，长时间跟踪监测的代价较大。随着遥感(RS)、GIS 等空间技术的不断发展，将遥感技术与传统的水质富营养化评价方法相结合为水环境的监测和富营养化评价提供了新的方法和思路(王孝武和孙水裕，2009)。目前较多学者结合卫星遥感数据与实地监测数据对采煤沉陷区的水体富营养化状态进行评价，例如，裴文明等(2013)利用实测采样数据与环境一号卫星多光谱波段反射率之间的相关关系，建立 Chl、TP、TN、SD、COD_{Mn} 各个指标的反演模型，采用综合营养指数法对淮南市潘集区杨庄沉陷积水区水体营养状态进行了评价；徐翀等(2015)利用 TM/ETM+、环境一号卫星数据，结合实测水样数据，采用综合营养指数法对淮南张集采煤沉陷区积水区域水环境富营养化状态进行综合评价。

(五)煤矿开采区地表水-地下水耦合模型研究

随着煤炭开采强度的增大，下垫面条件改变导致地表水和地下水转化更加频繁，因此开展煤矿开采区地表水水文过程和地下水动力过程耦合模拟的研究显得尤为必要。

目前国内外学者建立并应用的典型地表水和地下水耦合模型主要包括：MODFLOW 模型(Donald et al.，1988)、MODBRANCH 模型(Swain，1994)、SWATMOD 模型(Sophocleous et al.，1999)、MODHMS 模型(Swain and Wexler，1999)和 MIKE-SHE 模型(贾仰文等，2005)等(表 7-6)。其中由 SWAT 模型与 MODFLOW 模型耦合的 SWATMOD 模型在实际应用中更为广泛。近年来国内关于煤矿开采区地表水-地下水耦合模型研究有：范廷玉(2013)以淮南潘谢矿区开放式和封闭式沉陷区为研究对象，分别建立了两种类型的地表水和浅层地下水之间相关的数学模型(Visual MODFLOW)，并对此进行数值模拟计算，识别了不同含水层的水文地质参数；白乐等(2015)以秃尾河流域的锦界煤矿为研究区域，构建了基于分布式水文模型(SWAT)和模块化地下水动力模型(MODFLOW)的耦合数值模型(SWATMOD)，并成功模拟了锦界煤矿开采区地表水水文过程和地下水动力过程及其动态变化(表 7-6)；李慧(2016)将沉陷区水循环模块与水文模型、地下水数值模型进行有机耦合，构建了淮南采煤沉陷区分布式“河道-沉陷区-地下水”耦合模拟模型。

表 7-6　典型地表水和地下水耦合模型

模型	模型说明	对比
MODFLOW 模型	MODFLOW 模型在饱和地下水流数值模拟的基础上，不断扩大其水文要素模拟功能、模块化结构设计和开放式原代码，便于功能的扩展	无法处理复杂降雨、蒸发等空间信息，只能采用估算方式简化对地下水的补给，且缺乏对地表水文过程的模拟；耦合过程中存在模拟空间尺度不一、计算单元不匹配等问题
MODBRANCH 模型	是 Swain 在 1994 年提出的耦合了一维明渠不稳定地表水模型 BRANCH 和三维地下水流模型 MODFLOW 的模型。该模型在空间上将地表水系细分为子支流，将子支流再分子子支流，假定渠系为内联的，且平面上子支流的尺寸不能大于一个地下水单元的尺寸，垂向上河流不能跨越多个地下水模拟层	MODBRANCH 中地表水和地下水模拟的时间尺度可以不一致，地下水的时间尺度可以是地表水时间尺度的好几倍，这样可适当减少需要收集的数据量
SWATMOD（流域水文）模型	SWAT 不能较准确地反映地下水的动态变化，而 MODFLOW 模拟输出的地下水水位空间分布信息，能够为 SWAT 模型参数率定和验证提供依据。SWATMOD 模型耦合了 SWAT 和 MODFLOW 模型，不仅能模拟分析灌溉、施肥和耕作措施对农业生产和水资源利用方面的影响，而且能反映复杂含水层系统中地下水的动态	能更充分地利用水文气象和水文地质资料，在耦合过程中取长补短（王蕊等，2008）；可将地下水概化为线性水库，模型建立较易，参数识别简单，灵活性高；耦合过程中存在模拟空间尺度不一、计算单元不匹配等问题
MODHMS 模型	基于全隐式有限差分法实现地表地下水流、水质数值计算及过程完全耦合，其计算程序是基于 MODFLOW 模型架构开发的，在空间上以矩形网格进行离散，可以模拟从区域到局部的多个空间尺度	根据实际项目需要设定时间步长，依据模拟目标和地域特性灵活选取完全耦合、迭代耦合或连接（滞后算法）模拟方法；MODHMS 模型缺乏对水量平衡中的灌溉水模拟
MIKE-SHE 模型	是在 SHE 模型的基础上开发的分布式水文模型，能够模拟陆地水循环中几乎所有主要的水文过程，包括水流运动、水质和泥沙输移，可以用于解决与地表水和地下水相关的资源和环境问题	MIKE-SHE 系列软件模型较完善，但对数据的精细度要求较高，实际很难满足要求；需要大量精确的参数和数据支撑，率定模型耗费时间长

二、湿地重构技术模式研究

目前我国东部采煤沉陷区关于湿地重构方面的研究主要有：采煤沉陷区人工湿地规划（渠俊峰等，2014）、人工湿地养殖模式（渠俊峰等，2014）、湿地恢复类型（付艳华等，2016）、湿地治理关键技术（付艳华等，2016）、采煤沉陷区湿地水资源保护与维系技术（李树志和刁乃勤，2016）等（表 7-7 和表 7-8）。

表 7-7　采煤沉陷区湿地重构的相关研究整理

类型	因素	说明
采煤沉陷区人工湿地规划	耗水分析和供水规划	耗水主要有灌溉、渗漏、蒸发、养殖和生态耗水等，供水主要有降水、地表径流、土壤渗水、灌溉尾水和较高区域客水等，确保水资源供给量与消耗量之差大于枯水季节蓄水量，保证湿地在低水位状态下能正常运行
	降水与蒸发关系	汛期降水量大于蒸发量，补给人工湿地水资源量；但在春秋季降水量小于蒸发量和春灌、秋播等农业集中用水影响的情况下，人工湿地的持有水量将受到一定程度的影响，应配套相应的工程措施确保人工湿地水量相对平衡
	水量调控及引、排水	根据能保证人工湿地正常生态循环的最低枯水位时湿地水资源量 $Q_{枯}$、人工湿地最高警戒水位时湿地水量为 $Q_{洪}$ 及人工湿地耗水量 $Q_{耗}$ 三者间的关系进行调控
	植被规划	植被群落选择和布局是重要因素，根据拟规划采煤沉陷湿地的水深、水系差异和植物群落的适应性，因地制宜地营造不同的植物景观，按照水面的空间梯度分别布局沉水植物带、浮水植物带、挺水植物带

续表

类型	因素	说明
湿地养殖模式	池塘养殖模式	适用于沉陷区面积相对小或独立的水面区，对沉陷坑塘进行清理、挖深和加固塘基开发成养殖鱼塘
	网围、网箱养殖模式	网围养殖是指在水域通过围、圈、拦、隔等工程措施，围拦一定面积的水域，在其中从事集约化的养殖；网箱养殖是在天然水域条件下利用合成纤维网片或金属网片等材料装配成一定形状的箱体；设置在水体中进行水产养殖的方法
湿地恢复类型	湿地公园	生态涵养区，适用于在城区范围或离城区较近，采煤沉陷湿地范围大且周边景观类型较丰富的区域，有湿地保护与利用、生态观光、科普教育、科学研究和休闲娱乐的作用
	水产养殖湿地	池塘养殖，适用于面积较小和水位较浅的区域，用于水产养殖和美化环境
		围栏养殖，适用于面积较大和水位较浅的区域，用于水产养殖和美化环境
		综合养殖，适用于各类型农村或郊区，用于水产养殖和美化环境
	水库	适用于面积较大、水位较深、接近工农用地区处，用于蓄水、供水和美化环境
	污水处理	适用于邻近矿区和城区，用于改善水质、美化环境和废弃物利用
湿地治理关键技术	水污染治理	明确污染源，并采取污水收集、处理等有针对性的措施，保证湿地水质
	水系修复与连通	需基于水平衡分析对沉陷区水系进行连通规划，包括沉陷湿地内部的水系连通、各沉陷湿地之间的水系连通和沉陷湿地与外河间的水系连通；可以采用明渠、埋管、疏浚现有内河等方式进行水系连通
	基底改造	基底是湿地生态系统发育和存在的载体，需采取疏水、清淤、铺盖黏土和压实等措施，进行湿地的基底改造，在有裂缝的区域还要进行防渗处理，为湿地的植物、动物和微生物提供良好的生境创造条件
	植被选择与布局	应根据当地的自然条件、水深和水系特点，统筹考虑植物的适应性、生长能力、景观性、经济性和管理的难易进行植物的选择及景观构建
	动态规划	应在开采沉陷预测的基础上，分析未来各个阶段的下沉积水情况，制定分阶段的规划，使采煤沉陷湿地在各个阶段都能实现经济、社会和生态价值的最大化

表 7-8　采煤沉陷区湿地水资源保护与维系技术及陆域构建

类型	说明
采煤沉陷区水域构建	整合城市生态规划区内降水、河流、渠道、湿地、植被等要素空间布局，对水体和湿地生境修复、景观再造，以及对稳沉区和未稳沉区扩湖护岸，构建沉陷区湿地水域漫滩、湖泊岛屿植被景观，使得采煤沉陷区水域环境和生态系统具有规模性、稳定性、完整性、仿自然性的特点，实现蓄洪防灾和改变微气候等生态服务功能
采煤沉陷积水区间网络沟通	由水域分布、沟通位置、沟通设施、断面大小、航运要求、调蓄库容、调配流量、消落水深、区域水位变化等要素组成
沉陷水域与周围水系的沟通与控制	根据水系网络特点与区域水位标高，通过建设河流水系、修建河道拦河节制闸，沟通采煤沉陷水域与周围水系；建立水系沟通网络水位水质监测站与河流湖库连接处流量控制闸，依据河流上游排污及丰枯水期水质变化情况开闭闸门调节的周围水系，补给沉陷水域的水位、水量、水质控制技术体系，实现沉陷区水域的水质控制
采煤沉陷积水区陆域构建技术	煤矸石陆域充填构建，通过井下采掘煤矸石和洗煤厂洗选矸充填沉陷坑，将地基进行处理改造成建设用地，仅实施覆土工程则用于绿化
	粉煤灰陆域充填构建，粉煤灰可以用于回填造地和堆山造景，一部分粉煤灰与煤矸石、其他建筑垃圾等混合后填充沉陷坑形成陆地，然后覆土 0.5m 进行植被绿化；剩余粉煤灰就近堆置，形成粉煤灰山坡，然后覆土进行植被绿化
	挖深垫浅构建，稳沉区扩湖取土造地，稳沉后积水深度超过 1.5m 的中深层沉陷区，主要用煤矸石填充与适当的“挖深垫浅”法相结合进行城市绿地与建设用地构建；基本稳沉区变形区局部造地，未来下沉深度在 1m 以内的区域进行部分陆域构建，在沉陷坑扩湖区周围、沉陷积水深度不大的开采区上进行回填，回填土源为扩湖区挖方和就近水域修建的挖方；开采区预垫高治理构建陆域，根据地表沉陷预测，对沉陷积水区或预测沉陷积水深度小于 1m 的区域，预先采取回填措施。将下沉积水较大区域的土方在采煤沉陷前挖出，回填至下沉较小区域形成高地，待未来开采稳沉后，回填区域不积水而形成陆域，便于进一步工程建设和生态绿化

采煤沉陷区湿地水资源保护与维系技术有采煤沉陷区水域构建、采煤沉陷积水区之间的网络沟通和采煤沉陷水域与周围水系的沟通及控制技术(李树志和刁乃勤，2016)。在我国东部高潜水位矿业城市，可构建包括湿地水域、湿地陆域、城市陆地在内的城市功能分区，实现采煤沉陷积水区城市与湿地建设的协调同步发展。

植被恢复与物种多样性保护是采煤沉陷型湿地生态系统恢复和重建的主要目标之一(常江等，2017)。采煤沉陷型湿地植物种植应具有明显的空间梯度分布，水面梯度分布按照沉水植物带、浮水植物带、挺水植物带进行布局，陆地植物带按照上层树种、中层树种和地被植物进行空间布局(渠俊峰等，2008)。湿地水面梯度规划布局详见图 7-5。朱梅等(2011)根据积水深浅和水面的大小，将淮北湿地植被构建模式总结为三种模式(表 7-9)，对其他高潜水位采煤沉陷区的综合开发利用具有一定的借鉴意义。

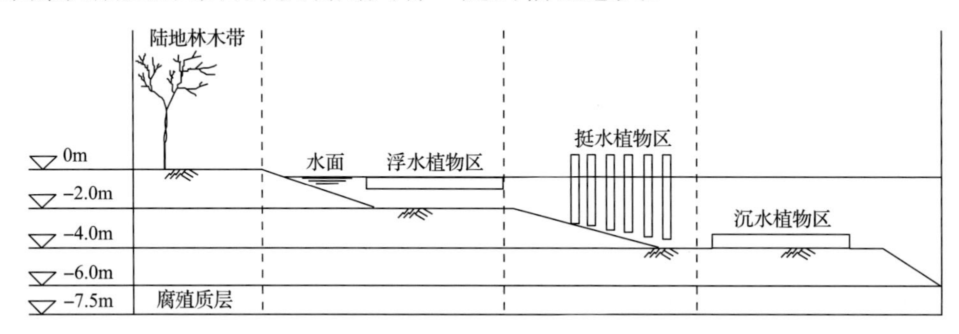

图 7-5　湿地水面梯度规划布局

表 7-9　湿地植被构建模式研究

积水深度	模式	功能
0.5～1.0m	可建设为以芦苇为优势的湿地生态系统；在靠近城市区或工业园区的重要地带，还可以增加湿地植物的多样性，建设为具有良好观赏价值的湿地生态系统，引种如鸢尾、菖蒲、莲花、薹草等植物	建设湿地生态系统，可以增加湿地植物的多样性
1.0～1.5m	种植菹草、苦草、茨藻、金鱼藻、狐尾藻、眼子菜等多种沉水植物，构建健康稳定的水生生态系统	既有效地利用雨洪资源，缓解地区水资源短缺的矛盾，又达到净化水体、调节气候、湿润空气、减小洪水、观光休闲的多种目的
1.5～2.0m	可以建设成具有多种植被或花卉的生态浮岛(生态浮床)	既能净化水体，又具有观赏价值

第八章

我国东部采煤沉陷区综合治理及生态修复战略规划

第一节 采煤沉陷区综合治理及生态修复的战略模式分析

东部采煤沉陷区属于典型的高潜水位煤矿区，根据其地理、人口、资源、和经济方面的特点，以东部采煤沉陷区中江苏省徐州市沛县和安徽省淮南市为例，基于 ANP-SWOT 模型开展采煤沉陷区综合治理与生态修复战略分析。

一、采煤沉陷区综合治理及生态修复战略方案选择

选取沛县和淮南市两个典型试点进行综合治理及生态修复的 SWOT 分析。

(一) 沛县基本情况

沛县位于江苏省西北端，江苏、山东、河南、安徽四省交界之地，地处 34°28′N～34°59′N、116°41′E～117°09′E，全境南北长约 60km，东西宽约 30km，面积 1576km^2，处于淮海经济区的中心部位和华北平原的东南边缘。境内无山，全部为冲积平原，高程由西南部的 41m 降至东北部的 31.5m 左右（刘一玮，2014）。

沛县煤炭资源丰富，煤田面积为 160km^2，已探明煤炭储量约 23.7×10^{8}t，年产优质原煤已达 1200×10^{4}t 以上，是我国东部沿海地区主要的煤炭基地之一。

沛县是我国华东地区重要的能源基地、江苏省和华东地区的煤炭主产地，探明煤储量 24×10^{8}t，年产原煤 1200×10^{4}t，占江苏省的 70%；拥有光伏、火力、生物质发电企业 17 家，装机容量 1.51×10^{6}kV；形成了铝加工、煤盐化工、农产品加工等主导产业和光伏光电、装备制造两大优势产业。2015 年全县实现地区生产总值 605.8 亿元，公共财政预算收入 59.3 亿元，城镇和农村居民人均可支配收入分别为 25163 元和 14441 元，规模以上工业产值 1579.3 亿元，社会销售品零售总额 217.2 亿元。

（二）淮南市基本情况

淮南市是一座以煤炭为主体，电力、化工为重点的工业城市。淮南市内现有煤矿总数53个，其中大中型18个，小型35个。18个大中型煤矿分别隶属淮南矿业(集团)有限责任公司、国投新集能源股份有限公司和安徽省皖北煤电集团有限责任公司管理，18座煤矿矿井的规划区总面积733.47km^2，总储量121.07×10^{8}t。2010年，全市煤炭产量为4671×10^{4}t，产值为166.9169亿元。由于35座小型煤矿约80%主要分布在淮河以南老矿区范围内，其采煤沉陷范围内村庄在前期已经搬迁。

受采煤沉陷影响的规划区内主要有耕地、其他农用地、居民点及工矿用地、交通用地、其他土地。根据《安徽省淮南市采煤沉陷区调查与预测》，17个煤矿在淮南市内2010年的沉陷面积为16825hm^2，2012年沉陷面积为21154hm^2，2015年沉陷地面积为25940hm^2，2020年沉陷面积为35556hm^2，最终沉陷面积为68726hm^2，其中耕地面积比重超过80%。沉陷区地表将形成沉陷坑和大面积积水区，地表原有利用形态受到破坏，基础设施受到损坏，土壤保水保肥能力大为降低，土壤贫瘠化日趋严重，农业生产和农民生活将受到影响，土地垦殖率和利用率会逐年降低。

（三）SWOT分析结果

根据SWOT分析流程，得到沛县8种综合治理及生态修复战略方案，如表8-1所示。利用自身优势和外在机会，提出了三种SO战略，有利用S_1、S_2结合O_1、O_2和O_3提出综合治理及生态修复支持产业转型发展(SO_1)战略；S_2、S_3结合O_2、O_3提出综合治理及生态修复推动新型城镇化建设(SO_2)战略；S_1、S_2结合O_1、O_4提出综合治理及生态修复促进区域协调发展(SO_3)战略。利用区域协调发展政策缓解矿产资源开发权与土地所有权不一致带来的矛盾，提出采煤沉陷区联动治理战略(WO_1)。利用内部优势克服可能的威胁提出了三种ST战略，有利用S_4克服流量指标不足威胁，提出适时适量增加流量指标(ST_1)战略；利用S_1、S_2、S_3、S_4克服复垦资金缺口大问题，提出多元化融资机制(ST_2)战略；利用S_4总结经验，健全利益分配机制，克服可能引起的社会矛盾风险，提出健全利益分配机制(ST_3)战略。最后是在劣势和威胁同时存在下的保守战略，即摸清土地损毁现状(WT_1)战略(袁韶华和汪应宏，2011)。

表 8-1　沛县综合治理及生态修复的 SWOT 分析矩阵

因素	优势(S) 处于矿业生命周期稳定期(S_1) 地理位置优越(S_2) 生态环境基础良好(S_3) 地方生态修复与综合治理经验丰富，政策支持(S_4)	劣势(W) 沉陷涉及地类众多(W_1) 利益分配机制不健全(W_2) 矿产资源开发权与土地所有权不一致(W_3)
机遇(O) 创新驱动发展(O_1) 乡村振兴战略(O_2) 生态文明建设(O_3) 区域协调发展(O_4)	SO 战略： 综合治理及生态修复支持产业转型发展 SO_1 综合治理及生态修复推动新型城镇化建设 SO_2 综合治理及生态修复促进区域协调发展 SO_3	WO 战略： 采煤沉陷区联动治理 WO_1
威胁(T) 引发社会矛盾(T_1) 复垦投入不足(T_2) 流量指标不足(T_3) 耕地减少、耕作半径增加(T_4)	ST 战略： 适时适量增加流量指标 ST_1 多元化融资机制 ST_2 健全利益分配机制 ST_3	WT 战略： 摸清土地损毁现状 WT_1

参照沛县的分析(表 8-1)，制定了淮南市八种综合治理及生态修复战略方案，如表 8-2 所示。利用自身优势和外在机会，提出了三种 SO 战略，有利用 S_1、S_2 结合 O_1、O_2 和 O_3 提出了综合治理与生态修复支持产业转型发展(SO_1)战略；S_2、S_3 结合 O_2、O_3 综合治理与生态修复推动新型城镇化建设(SO_2)战略；S_1、S_2 结合 O_1、O_4 提出综合治理与生态修复促进区域协调发展(SO_3)战略。利用区域协调发展政策缓解矿产资源开发权与土地所有权不一致带来的矛盾，提出采煤沉陷区联动治理(WO_1)战略。利用内部优势克服可能的威胁提出了三种 ST 战略，有利用 S_4 克服流量指标不足威胁，提出适时适量减少基本农田保护面积，增加流量指标(ST_1)战略；利用 S_1、S_2、S_3、S_4 克服复垦资金缺

表 8-2　淮南市综合治理及生态修复的 SWOT 分析矩阵

因素	优势(S) 水土资源丰富(S_1) 地理位置优越(S_2) 生态环境基础良好(S_3) 地方综合治理及生态修复经验丰富，政策支持(S_4)	劣势(W) 损毁地类复杂(W_1) 利益分配机制不健全(W_2) 沉陷区积水面积大(W_3)
机遇(O) 创新驱动发展(O_1) 乡村振兴战略(O_2) 生态文明建设(O_3) 区域协调发展(O_4)	SO 战略： 综合治理与生态修复支持产业转型发展 SO_1 综合治理与生态修复推动新型城镇化建设 SO_2 综合治理与生态修复促进区域协调发展 SO_3	WO 战略： 采煤沉陷区联动治理 WO_1
威胁(T) 引发社会矛盾(T_1) 治理投入不足(T_2) 基本农田保护压力大，流量指标不足(T_3)	ST 战略： 适时适量减少基本农田保护面积，增加流量指标 ST_1 多元化融资机制 ST_2 健全利益分配机制 ST_3	WT 战略： 摸清土地损毁现状 WT_1

口大问题，提出多元化融资机制（ST_2）战略；利用 S_4 总结经验，健全利益分配机制，克服可能引起的社会矛盾风险，提出健全利益分配机制（ST_3）战略。最后是在劣势和威胁同时存在下的保守战略，即摸清土地损毁现状（WT_1）战略。

二、采煤沉陷区综合治理与生态修复战略方案重要性评价

基于 ANP-SWOT 模型和战略方案的选择，开展采煤沉陷区综合治理与生态修复战略方案重要性评价。

（一）沛县

（1）通过专家咨询获得采煤沉陷区综合治理及生态修复各影响因素之间的关系（表 8-3），并构建 ANP-SWOT 网络层次结构图（图 8-1）。由表 8-3 和图 8-1 可以看出，机会和优势因素集之间、机会与威胁因素集之间相互影响。例如，优势因素集中的 S_1～S_4 为机会因素集中 O_1～O_4 的发挥提供了时间、空间基础及经验、政策支持，而 O_1～O_3 的发挥会丰富实践经验（S_4），改善矿区生态环境（S_3）；可能引发社会矛盾（T_1）、资金不足（T_2）、流量指标不足（T_3）从而限制 O_1～O_3 的发挥，而 O_1 和 O_2 机会因素的发挥可以缓解采煤沉陷区治理引发社会矛盾（T_1）和复垦投入不足（T_2）等潜在威胁。劣势和优势因素集均影响威胁因素集，机会因素集影响优势因素集。例如，地方复垦经验丰富，政策支持（S_4）可以缓解可能引发的社会矛盾（T_1）、资金不足（T_2）、流量指标不足（T_3）等威胁；沉陷地涉及地类众多（W_1），不同地类适用政策不同，补偿标准不同，所有权或者使用权人不同等都可能引发社会矛盾（T_1），此外，利益分配机制不健全（W_2）也会引发社会矛盾。机会因素集内部及劣势因素集内部子因素间也相互影响。例如，O_1、O_2、O_3 之间相互促进，创新驱动发展（O_1）能够解决矿区人民的生产、生态问题，进而促进乡村振兴战略（O_2）和生态文明建设（O_3），新型城镇化建设也会促进矿区生态文明发展（O_3）；威胁因素集内耕地减少和耕作半径增加（T_4）可能限制采煤沉陷区综合治理及生态修复，引发社会矛盾（T_1）。

（2）影响因素集和子因素权重计算。各影响因素集在采煤沉陷区的综合治理目标和各被影响因素集下的权重见表 8-4。其次，对各影响因素重要性进行判断，构造未加权超矩阵，见表 8-5。获得加权超矩阵，见表 8-6。超矩阵构建过程中，两两因素集或者因素比较矩阵的一致性比率均小于 0.1，表明所构造的判断矩阵均通过逻辑检验。

表 8-3　综合治理及生态修复战略影响因素间关系表（沛县）

因素	目标	S_1	S_2	S_3	S_4	W_1	W_2	W_3	O_1	O_2	O_3	O_4	T_1	T_2	T_3	T_4
S_1	1	0	0	0	0	0	0	0	1	0	0	0	0	0	0	0
S_2	1	0	0	0	0	0	0	0	1	0	1	0	0	0	0	0
S_3	1	0	0	0	0	0	0	0	0	1	1	0	0	0	0	0
S_4	1	0	0	0	0	0	0	0	0	0	0	0	1	1	1	0
W_1	1	0	0	0	0	0	0	0	1	1	1	0	0	0	1	0
W_2	1	0	0	0	0	0	0	0	0	0	0	0	1	0	0	0
W_3	1	0	0	0	0	0	0	0	0	0	0	1	0	0	0	0
O_1	1	0	0	1	1	0	0	0	0	1	1	0	0	1	0	1
O_2	1	0	0	1	1	0	0	0	0	0	1	0	1	1	0	1
O_3	1	0	0	1	0	0	0	0	0	0	0	0	0	0	0	0
O_4	1	0	0	0	0	0	0	1	0	0	0	0	0	0	0	0
T_1	1	0	0	0	0	0	0	0	1	1	1	0	0	0	0	0
T_2	1	0	0	0	0	0	0	0	1	1	1	0	0	0	0	0
T_3	1	0	0	0	0	0	0	0	1	1	0	0	0	0	0	0
T_4	1	0	0	0	0	0	0	0	0	0	0	0	1	0	0	0

注：1 表示影响因素与被影响因素之间存在依存或反馈关系，0 则相反

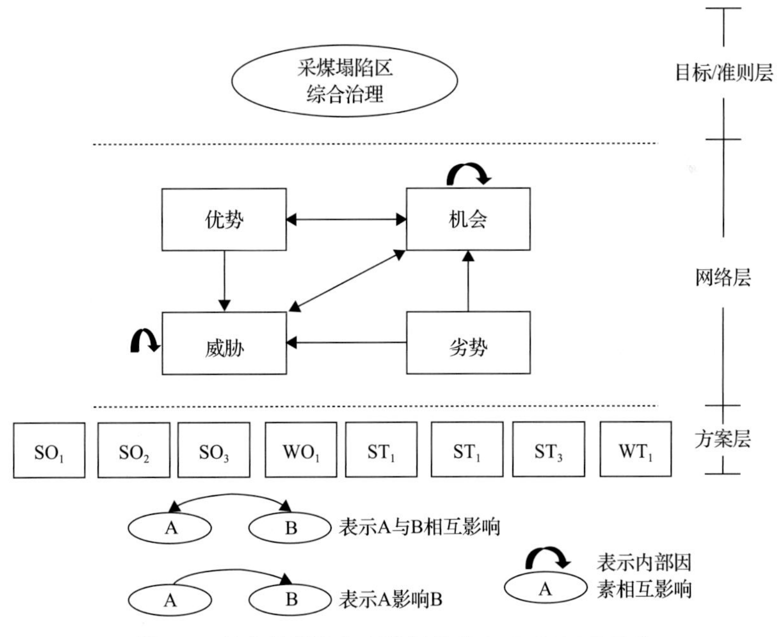

图 8-1　综合治理及生态修复战略 ANP-SWOT 结构

表 8-4　影响因素集权重 A 矩阵

因素	目标	O	S	W	T
O	0.48	0.51	1	0.54	0
S	0.29	0.24	0	0.30	0
W	0.09	0.09	0	0.16	1
T	0.14	0.15	0	0.00	0

表 8-5　沛县综合治理及生态修复战略各影响要素未加权超矩阵 W1

因素	目标	S_1	S_2	S_3	S_4	W_1	W_2	W_3	O_1	O_2	O_3	O_4	T_1	T_2	T_3	T_4
目标	0.00	0.00	0.00	0.00	0.00	0.00	0.00	0.00	0.00	0.00	0.00	0.00	0.00	0.00	0.00	0.00
S_1	0.33	0.00	0.00	0.00	0.00	0.00	0.00	0.00	0.75	0.00	0.00	0.00	0.00	0.00	0.00	0.00
S_2	0.17	0.00	0.00	0.00	0.00	0.00	0.00	0.00	0.25	0.00	0.33	0.00	0.00	0.00	0.00	0.00
S_3	0.17	0.00	0.00	0.00	0.00	0.00	0.00	0.00	0.00	1.00	0.67	0.00	0.00	0.00	0.00	0.00
S_4	0.33	0.00	0.00	0.00	0.00	0.00	0.00	0.00	0.00	0.00	0.00	0.00	1.00	1.00	1.00	0.00
W_1	0.26	0.00	0.00	0.00	0.00	0.00	0.00	0.00	1.00	1.00	1.00	0.00	0.00	0.00	1.00	0.00
W_2	0.64	0.00	0.00	0.00	0.00	0.00	0.00	0.00	0.00	0.00	0.00	0.00	1.00	0.00	0.00	0.00
W_3	0.10	0.00	0.00	0.00	0.00	0.00	0.00	0.00	0.00	0.00	0.00	1.00	0.00	0.00	0.00	0.00
O_1	0.38	0.00	0.00	0.16	0.50	0.00	0.00	0.00	0.00	1.00	0.50	0.00	0.00	0.50	0.00	0.33
O_2	0.38	0.00	0.00	0.30	0.50	0.00	0.00	0.00	0.00	0.00	0.50	0.00	1.00	0.50	0.00	0.67
O_3	0.16	0.00	0.00	0.54	0.00	0.00	0.00	0.00	0.00	0.00	0.00	0.00	0.00	0.00	0.00	0.00
O_4	0.08	0.00	0.00	0.00	0.00	0.00	0.00	0.00	0.00	0.00	0.00	0.00	0.00	0.00	0.00	0.00
T_1	0.23	0.00	0.00	0.00	0.00	0.00	0.00	0.00	0.12	0.12	0.75	0.00	0.00	0.00	0.00	0.00
T_2	0.57	0.00	0.00	0.00	0.00	0.00	0.00	0.00	0.56	0.56	0.25	0.00	0.00	0.00	0.00	0.00
T_3	0.12	0.00	0.00	0.00	0.00	0.00	0.00	0.00	0.32	0.32	0.00	0.00	0.00	0.00	0.00	0.00
T_4	0.08	0.00	0.00	0.00	0.00	0.00	0.00	0.00	0.00	0.00	0.00	0.00	1.00	0.00	0.00	0.00

表 8-6　沛县综合治理及生态修复战略影响要素加权超矩阵 W2

因素	目标	S_1	S_2	S_3	S_4	W_1	W_2	W_3	O_1	O_2	O_3	O_4	T_1	T_2	T_3	T_4
目标	0.00	0.00	0.00	0.00	0.00	0.00	0.00	0.00	0.00	0.00	0.00	0.00	0.00	0.00	0.00	0.00
S_1	0.07	0.00	0.00	0.00	0.00	0.00	0.00	0.00	0.24	0.00	0.00	0.00	0.00	0.00	0.00	0.00
S_2	0.04	0.00	0.00	0.00	0.00	0.00	0.00	0.00	0.08	0.00	0.06	0.00	0.00	0.00	0.00	0.00
S_3	0.04	0.00	0.00	0.00	0.00	0.00	0.00	0.00	0.00	0.17	0.11	0.00	0.00	0.00	0.00	0.00
S_4	0.07	0.00	0.00	0.00	0.00	0.00	0.00	0.00	0.00	0.00	0.00	0.00	0.55	0.70	0.81	0.00
W_1	0.02	0.00	0.00	0.00	0.00	0.00	0.00	0.00	0.25	0.13	0.13	0.00	0.00	0.00	0.19	0.00
W_2	0.04	0.00	0.00	0.00	0.00	0.00	0.00	0.00	0.00	0.00	0.00	0.00	0.13	0.00	0.00	0.00
W_3	0.01	0.00	0.00	0.00	0.00	0.00	0.00	0.00	0.00	0.00	0.00	1.00	0.00	0.00	0.00	0.00
O_1	0.21	0.00	0.00	0.16	0.50	0.00	0.00	0.00	0.00	0.48	0.24	0.00	0.00	0.15	0.00	0.33
O_2	0.21	0.00	0.00	0.30	0.50	0.00	0.00	0.00	0.00	0.00	0.24	0.00	0.23	0.15	0.00	0.67
O_3	0.09	0.00	0.00	0.54	0.00	0.00	0.00	0.00	0.00	0.00	0.00	0.00	0.00	0.00	0.00	0.00
O_4	0.04	0.00	0.00	0.00	0.00	0.00	0.00	0.00	0.00	0.00	0.00	0.00	0.00	0.00	0.00	0.00
T_1	0.04	0.00	0.00	0.00	0.00	0.00	0.00	0.00	0.05	0.03	0.16	0.00	0.00	0.00	0.00	0.00
T_2	0.09	0.00	0.00	0.00	0.00	0.00	0.00	0.00	0.24	0.12	0.06	0.00	0.00	0.00	0.00	0.00
T_3	0.02	0.00	0.00	0.00	0.00	0.00	0.00	0.00	0.14	0.07	0.00	0.00	0.00	0.00	0.00	0.00
T_4	0.01	0.00	0.00	0.00	0.00	0.00	0.00	0.00	0.00	0.00	0.00	0.00	0.09	0.00	0.00	0.00

(3)构建极限超矩阵，求解各影响因素权重。根据公式，利用 SD(Super Decision)软件对加权超矩阵进行求解，获得在总目标下各因素的影响权重(唐亚平，2012)：

$$e_{\mathrm{p}}=\begin{pmatrix}0.072,0.026,0.036,0.160,0.117,0.004,0.000\\0.230,0.152,0.025,0.026,0.096,0.054,0.003\end{pmatrix}^{\mathrm{T}} \tag{8-1}$$

因此，对沛县北部矿区采煤沉陷地综合治理影响最大的是创新驱动发展(O_1)因素，权重值为 0.230，其次为地方复垦经验丰富，政策支持(S_4)因素和乡村振兴战略(O_2)，权重值分别为 0.160 和 0.152。矿产资源开发权与土地所有权不一致(W_3)，区域协调发展(O_4)，耕地减少，耕作半径增加(T_4)3 种因素对采煤沉陷区综合治理影响不大，权重值接近于 0。

各影响因素下的土地复垦战略方案重要性比较见表 8-7，根据下式获得不同战略方案的重要性排序结果 B_{m}。

$$B_{\mathrm{m}}=\left(0.231,0.200,0.065,0.106,0.150,0.092,0.052,0.103\right)^{\mathrm{T}} \tag{8-2}$$

表 8-7　不同影响因素下土地复垦战略方案重要性比较

因素	S_1	S_2	S_3	S_4	W_1	W_2	W_3	O_1	O_2	O_3	O_4	T_1	T_2	T_3	T_4
SO_1	0.290	0.204	0.226	0.162	0.218	0.191	0.172	0.287	0.193	0.200	0.205	0.120	0.297	0.220	0.248
SO_2	0.208	0.188	0.226	0.162	0.218	0.191	0.172	0.191	0.288	0.238	0.205	0.120	0.142	0.184	0.185
SO_3	0.040	0.058	0.073	0.054	0.051	0.054	0.137	0.094	0.051	0.119	0.173	0.055	0.064	0.061	0.079
ST_1	0.112	0.105	0.093	0.173	0.087	0.075	0.057	0.077	0.086	0.064	0.041	0.050	0.076	0.242	0.059
ST_2	0.164	0.191	0.173	0.173	0.144	0.081	0.096	0.146	0.110	0.145	0.083	0.094	0.214	0.097	0.072
ST_3	0.075	0.105	0.086	0.106	0.112	0.219	0.061	0.059	0.109	0.064	0.081	0.294	0.067	0.056	0.180
WO_1	0.044	0.062	0.048	0.051	0.044	0.045	0.131	0.051	0.044	0.107	0.157	0.065	0.064	0.056	0.072
WT_1	0.066	0.087	0.073	0.121	0.126	0.143	0.173	0.095	0.120	0.064	0.055	0.202	0.076	0.083	0.105

由 8 种土地复垦战略备选方案的综合权重值可以看出，SO_1、SO_2、ST_2 3 种方案比较重要，权重值分别为 0.231、0.200、0.150，说明在社会经济转型发展背景下，矿业城市转变经济发展方式，寻找新的经济增长极，带动经济发展的同时拓展复垦资金来源渠道对采煤沉陷区综合治理具有决定性作用。而实现区域联动治理，协调发展两种方案权重值比较小，说明区域联合治理是锦上添花之作，但仍需重大战略引导。ST_1、ST_3、WT_1 3 种战略权重值基本一致，均在 0.1 左右，3 种战略均为促进采煤沉陷区综合治理的制度或规定。

从土地复垦战略影响因素关系(表 8-3)也可以看出，ST_1、ST_3、WT_1战略实则是对采煤沉陷区综合治理的支撑和保障。总体而言，发展是解决一切问题的基础和关键，采煤沉陷区土地复垦要抓住外在发展机遇解决矿区存在的社会、经济与环境问题。

(二)淮南市

(1)通过专家咨询获得采煤沉陷区土地治理各影响因素之间的关系(表 8-8)，并构建 ANP-SWOT 网络层次结构图。由表 8-11 和图 8-1 可以看出，机会和优势因素集之间、机会与威胁因素集之间相互影响。例如，优势因素集中的 S_1～S_4 为机会因素集中 O_1～O_4 的发挥提供了时间、空间基础及经验、政策支持，而 O_1～O_3 的发挥会丰富实践经验(S_4)，改善矿区生态环境(S_3)；可能引发的社会矛盾(T_1)、资金不足(T_2)、流量指标不足(T_3)会限制 O_1～O_3 的发挥，而 O_1 和 O_2 机会因素的发挥可以缓解采煤沉陷区治理引发社会矛盾(T_1)和治理投入不足(T_2)等潜在威胁。劣势和优势因素集均影响威胁因素集，机会因素集影响优势因素集。例如，地方复垦经验丰富，政策支持(S_4)可以缓解可能引发社会矛盾(T_1)、资金不足(T_2)、基本农田保护压力大，流量指标不足(T_3)等威胁；损毁地类复杂(W_1)，不同地类适用政策不同，补偿标准不同，所有权或

表 8-8　综合治理及生态修复战略影响因素间关系表(淮南市)

因素	目标	S_1	S_2	S_3	S_4	W_1	W_2	W_3	O_1	O_2	O_3	O_4	T_1	T_2	T_3
S_1	1	0	0	0	0	0	0	0	1	0	0	0	0	0	0
S_2	1	0	0	0	0	0	0	0	1	0	1	0	0	0	0
S_3	1	0	0	0	0	0	0	0	0	1	1	0	0	0	0
S_4	1	0	0	0	0	0	0	0	0	0	0	0	1	1	1
W_1	1	0	0	0	0	0	0	0	1	1	1	0	0	0	1
W_2	1	0	0	0	0	0	0	0	0	0	0	0	1	0	0
W_3	1	0	0	0	0	0	0	0	0	0	0	1	0	0	0
O_1	1	0	0	1	1	0	0	0	0	1	1	0	0	1	0
O_2	1	0	0	1	1	0	0	0	0	0	1	0	1	1	0
O_3	1	0	0	1	0	0	0	0	0	0	0	0	0	0	0
O_4	1	0	0	0	0	0	0	1	0	0	0	0	0	0	0
T_1	1	0	0	0	0	0	0	0	1	1	1	0	0	0	0
T_2	1	0	0	0	0	0	0	0	1	1	1	0	0	0	0
T_3	1	0	0	0	0	0	0	0	1	1	0	0	0	0	0

注：1 表示影响因素与被影响因素之间存在依存或反馈关系，0 则相反

者使用权人不同等都可能引发社会矛盾(T_1)，此外，利益分配机制不健全(W_2)也会引发社会矛盾。机会因素集内部及劣势因素集内部子因素间也相互影响。如O_1、O_2、O_3之间相互促进，创新驱动发展(O_1)解决矿区人民的生产、生态问题，进而促进乡村振兴战略(O_2)和生态文明建设(O_3)，新型城镇化建设也会促进矿区生态文明发展(O_3)。

(2)影响因素集和子因素权重计算。各影响因素集在采煤沉陷区综合治理目标和各被影响因素集下的权重A见表8-9。其次，对各影响因素重要性进行判断，构造未加权超矩阵W1，见表8-10。获得加权超矩阵W2，见表8-11。超矩阵构建过程中，两两因素集或者因素比较矩阵的一致性比率均小于0.1，表明所构造的判断矩阵均通过逻辑检验。

表8-9　影响因素集权重A矩阵

因素	目标	O	S	W	T
S	0.53	0.51	1	0.54	0.56
W	0.10	0.06	0	0.30	0.12
O	0.09	0.26	0	0.16	0.32
T	0.19	0.17	0	0.00	0

表8-10　淮南市综合治理及生态修复战略各影响要素未加权超矩阵W1

因素	目标	S_1	S_2	S_3	S_4	W_1	W_2	W_3	O_1	O_2	O_3	O_4	T_1	T_2	T_3
目标	0	0	0	0	0	0	0	0	0	0	0	0	0	0	0
S_1	0.626	0	0	0	0	0	0	0	0.667	0	0	0	0	0	0
S_2	0.097	0	0	0	0	0	0	0	0.333	0	0.167	0	0	0	0
S_3	0.097	0	0	0	0	0	0	0	0	1	0.833	0	0	0	0
S_4	0.181	0	0	0	0	0	0	0	0	0	0	0	1	1	1
W_1	0.109	0	0	0	0	0	0	0	1	1	1	0	0	0	1
W_2	0.163	0	0	0	0	0	0	0	0	0	0	0	1	0	0
W_3	0.729	0	0	0	0	0	0	0	0	0	0	1	0	0	0
O_1	0.099	0	0	0.166	0.9	0	0	0	0	1	0.857	0	0	0.857	0
O_2	0.072	0	0	0.073	0.1	0	0	0	0	0	0.143	0	1	0.143	0
O_3	0.482	0	0	0.761	0	0	0	0	0	0	0	0	0	0	0
O_4	0.348	0	0	0	0	0	0	1	0	0	0	0	0	0	0
T_1	0.075	0	0	0	0	0	0	0	0.082	0.122	0.143	0	0	0	0
T_2	0.696	0	0	0	0	0	0	0	0.368	0.804	0.857	0	0	0	0
T_3	0.229	0	0	0	0	0	0	0	0.55	0.074	0	0	0	0	0

表 8-11　淮南市综合治理及生态修复战略影响要素加权超矩阵 W2

因素	目标	S_1	S_2	S_3	S_4	W_1	W_2	W_3	O_1	O_2	O_3	O_4	T_1	T_2	T_3
目标	0	0	0	0	0	0	0	0	0	0	0	0	0	0	0
S_1	0.333	0	0	0	0	0	0	0	0.463	0	0	0	0	0	0
S_2	0.052	0	0	0	0	0	0	0	0.232	0	0.086	0	0	0	0
S_3	0.052	0	0	0	0	0	0	0	0	0.518	0.431	0	0	0	0
S_4	0.096	0	0	0	0	0	0	0	0	0	0	0	0.558	0.636	0.821
W_1	0.017	0	0	0	0	0	0	0	0.077	0.057	0.057	0	0	0	0.179
W_2	0.01	0	0	0	0	0	0	0	0	0	0	0	0.122	0	0
W_3	0.071	0	0	0	0	0	0	0	0	0	0	1	0	0	0
O_1	0.018	0	0	0.081	0.9	0	0	0	0	0.255	0.219	0	0	0.312	0
O_2	0.013	0	0	0.152	0.1	0	0	0	0	0	0.036	0	0.32	0.052	0
O_3	0.089	0	0	0.767	0	0	0	0	0	0	0	0	0	0	0
O_4	0.064	0	0	0	0	0	0	1	0	0	0	0	0	0	0
T_1	0.036	0	0	0	0	0	0	0	0.076	0.021	0.024	0	0	0	0
T_2	0.132	0	0	0	0	0	0	0	0.076	0.136	0.145	0	0	0	0
T_3	0.017	0	0	0	0	0	0	0	0.076	0.013	0	0	0	0	0

(3) 构建极限超矩阵，求解各影响因素权重。根据公式，利用 SD (Super Decision) 软件对加权超矩阵进行求解，获得在总目标下各因素的影响权重：

$$e_{\mathrm{p}}=\begin{pmatrix}0.14,0.08,0.12,0.10,0.04,0.00,0.00\\0.22,0.06,0.12,0.00,0.03,0.06,0.02\end{pmatrix}^{\mathrm{T}} \tag{8-3}$$

因此，对淮南矿区采煤沉陷区综合治理影响最大的是创新驱动发展因素 (O_1)，权重值为 0.22，其次为水土资源丰富 (S_1)，权重值为 0.14。利益分配机制不健全 (W_2)、沉陷区积水面积大 (W_3)、区域协调发展 (O_4) 3 种因素对采煤沉陷区综合治理影响不大，权重值接近于 0。

各影响因素下的综合治理及生态修复战略方案重要性见表 8-12，根据式 (8-4) 获得不同战略方案的重要性排序结果 B_m。

$$B_{\mathrm{m}}=(0.32,0.17,0.17,0.06,0.07,0.12,0.13,0.08)^{\mathrm{T}} \tag{8-4}$$

由 8 种综合治理及生态修复战略备选方案的综合权重值可以看出，SO_1、SO_2、SO_3 3 种方案比较重要，权重值分别为 0.32、0.17、0.17，说明在社会经济转型发展背景下，矿业城市转变经济发展方式，寻找新的经济增长，修复推动新型城镇化建设，促进区域协调发展对采煤沉陷区综合治理具有决定性

表 8-12　不同影响因素下综合治理及生态修复战略方案重要性比较

因素	S_1	S_2	S_3	S_4	W_1	W_2	W_3	O_1	O_2	O_3	O_4	T_1	T_2	T_3
SO_1	0.262	0.237	0.224	0.24	0.085	0.076	0.088	0.386	0.429	0.389	0.392	0.388	0.443	0.448
SO_2	0.274	0.241	0.181	0.241	0.099	0.146	0.112	0.123	0.11	0.141	0.1	0.124	0.081	0.103
SO_3	0.127	0.179	0.209	0.16	0.127	0.127	0.111	0.209	0.158	0.135	0.161	0.204	0.178	0.188
ST_1	0.08	0.08	0.106	0.065	0.038	0.052	0.039	0.048	0.057	0.051	0.049	0.049	0.044	0.042
ST_2	0.058	0.061	0.086	0.1	0.042	0.039	0.057	0.071	0.053	0.109	0.082	0.071	0.033	0.032
ST_3	0.067	0.058	0.557	0.059	0.062	0.085	0.084	0.059	0.044	0.068	0.067	0.059	0.051	0.049
WO_1	0.054	0.064	0.581	0.058	0.194	0.138	0.18	0.057	0.068	0.053	0.082	0.057	0.075	0.06
WT_1	0.078	0.081	0.081	0.077	0.353	0.337	0.33	0.048	0.081	0.045	0.066	0.048	0.094	0.076

作用。而适时适量减少基本农田保护面积，增加流量指标的方案权重值比较小，说明减少基本农田保护面积，增加流量指标是锦上添花之作，但仍需重大战略引导。ST_3、WO 战略权重值基本一致，均在 0.1 以上，两种战略均为促进采煤沉陷区综合治理的制度或联动治理。从综合治理及生态修复战略影响因素关系（表 8-12）也可以看出，ST_3、WO 战略实则是对采煤沉陷区综合治理的支撑和保障。总体而言，发展是解决一切问题的基础和关键，采煤沉陷区综合治理及生态修复要抓住外在发展机遇解决矿区存在的社会、经济与环境问题。

首先利用 SWOT 分析方法对影响淮南市矿区采煤沉陷区综合治理及生态修复的因素进行了梳理和总结，明确了各影响因素之间的依存和反馈关系，而后利用网络层次分析法对各影响因素集和影响因素重要性进行了比较，对 SWOT 分析得出的 8 种战略备选方案进行了定量评价，主要结论如下。

（1）各影响因素重要性程度不同。对淮南市矿区采煤沉陷地综合治理影响较重要的是创新驱动发展因素（O_1），权重值为 0.22，其次为水土资源丰富（S_1），权重值为 0.14。利益分配机制不健全（W_2）、沉陷区积水面积大（W_3）、区域协调发展（O_4）3 种因素对采煤沉陷地综合治理影响不大，权重值接近于 0。

（2）SWOT 分析得出的 8 种备选方案中综合治理与生态修复支持产业转型发展（SO_1）、综合治理与生态修复推动新型城镇化建设（SO_2）、综合治理与生态修复促进区域协调发展（SO_3）3 种方案比较重要，权重值分别为 0.32、0.17、0.17，说明在社会经济转型发展背景下，矿业城市转变经济发展方式，寻找新的经济增长，修复推动新型城镇化建设，促进区域协调发展对采煤沉陷区综合治理具有决定性作用。

结合沛县沉陷区综合治理及生态修复战略方案，基于 ANP-SWOT 模型对淮南沉陷区进行战略分析，从各种指标权重（表 8-13）来看，对淮南矿区采煤沉陷地综合治理影响较重要的是创新驱动发展因素（O_1）、处于矿业生命周期稳定期（S_1）、生态环境基础良好（S_3）和生态文明建设（O_3），其权重值分别为 0.22、0.14、0.12 和 0.12。利益分配机制不健全（W_2）、矿产资源开发权与土地所有权不一致（W_3）和区域协调发展（O_4）3 种因素对淮南沉陷地综合治理影响不大，权重值为 0。此外，S_1～S_4 的总权重最大，为 0.44，O_1～O_4 的总权重为 0.40，T_1～T_3 的总权重为 0.11，而 W_1～W_3 的总权重最小，仅为 0.04。

表 8-13　淮南市不同影响因素下综合治理及生态修复战略方案权重比较

指标	S_1	S_2	S_3	S_4	W_1	W_2	W_3
权重	0.14	0.08	0.12	0.10	0.04	0.00	0.00
	0.44				0.04		
指标	O_1	O_2	O_3	O_4	T_1	T_2	T_3
权重	0.22	0.06	0.12	0.00	0.03	0.06	0.02
	0.40				0.11		

总的来说，采煤沉陷区需将综合治理及生态修复与产业转型、新型城镇化、农业现代化、生态文明建设相结合，以生态文明建设理念为引导，促进产业转型发展，利用产业转型拉动乡村振兴，以乡村振兴促进产业发展，解决矿区的生产、生活、生态问题，实现“矿、地、水、林、田、湖、村”全要素综合整治、系统修复（龙花楼，2018）。

第二节　典型采煤沉陷区综合治理及生态修复空间结构优化

一、沛县综合治理土地空间结构优化

基于 CLUE-S 模型实现采煤沉陷区治理土地利用结构优化，选取 Markov 模型和线性规划模型获得不同情景下的土地利用数量结构，作为 CLUE-S 模型中的非空间需求数据输入（刘静怡等，2013）。

（一）CLUE-S 模型设置与精度校正

CLUE-S 模型校正过程包括土地需求文件、土地适宜性概率计算、限制区域文件、土地利用转换规则制定，CLUE-S 模型校正流程图如图 8-2 所示。

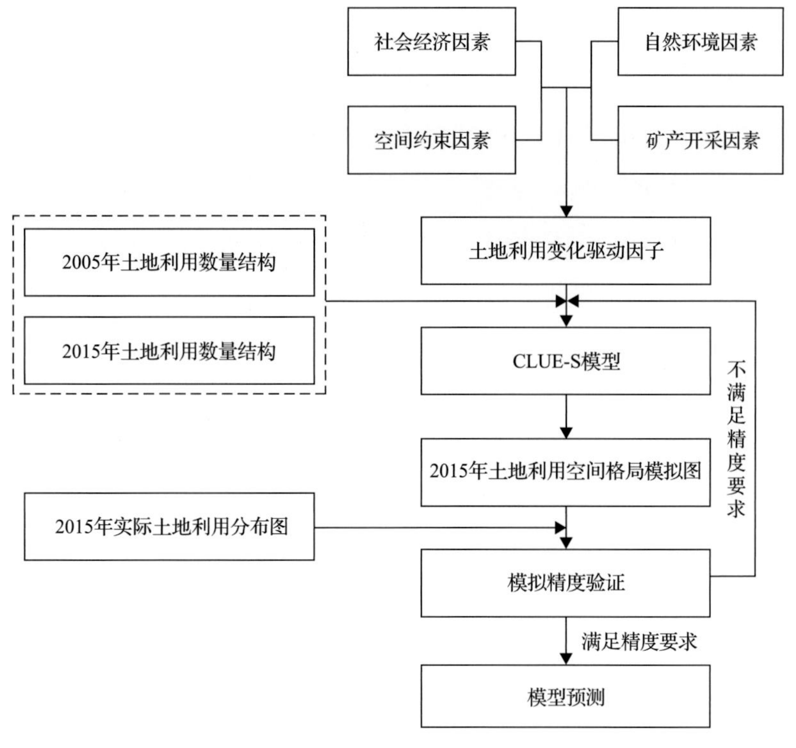

图 8-2　CLUE-S 模型校正流程图

1. 土地利用需求量

本节选取沛县 2006 年土地利用现状数据作为 CLUE-S 模型模拟起始年份数据，以 2015 年土地利用现状数据各地类的面积作为 CLUE-S 模型目标年土地利用数据，通过线性内插法获得各年份土地利用数量结构，具体见表 8-14。

表 8-14　CLUE-S 模型校正各年份土地利用数量结构　　（单位：hm^2）

年份	耕地	园地	林地	坑塘水面	建设用地	交通水利用地	水域及自然保留地
2005	95577.9	6289.2	1494.0	3152.5	28955.5	917.6	44752.0
2006	94745.4	6133.6	1454.0	3333.4	28544.0	1125.7	45802.6
2007	93912.8	5978.1	1414.1	3514.2	28132.5	1333.8	46853.2
2008	93080.3	5822.5	1374.1	3695.1	27721.0	1542.0	47903.7
2009	92247.7	5667.0	1334.2	3876.0	27309.5	1750.0	48954.3
2010	91415.2	5511.4	1294.2	4056.9	26898.0	1958.1	50004.9
2011	90582.7	5355.8	1254.2	4237.7	26486.4	2166.4	51055.5
2012	89750.1	5200.3	1214.3	4418.6	26074.9	2374.4	52106.1
2013	88917.6	5044.7	1174.3	4599.5	25663.4	2582.6	53156.6
2014	88085.0	4889.2	1134.4	4780.3	25251.9	2790.7	54207.2
2015	87252.5	4733.6	1094.4	4961.2	24840.4	2998.8	55257.8

2. 土地利用变化驱动因子分析

借助 SPSS 二元 Logistic 回归分析，选取沛县土地利用变化驱动因子，作为 CLUE-S 模型中土地利用适宜性概率计算依据。

3. 转换规则与模型参数设定

本节设定各地类之间均可以相互转换，耕地、园地、林地、其他农用地、城镇用地、农村居民点用地、交通水利用地、其他建设用地、水域及自然保留地的转化弹性系数分别为 0.1、0.1、0.8、0.5、0.5、0.5、0.5、0.8、1(李承桧，2016)，模型校正过程对土地利用转换不做限制区域。CLUE-S 模型主参数设置如表 8-15 所示。

表 8-15　CLUE-S 模型主参数设置

参数名称	参数值
土地利用类型个数	9
研究区个数	1
回归方程中最大因子个数	11
总因子个数	11
列数	1061
行数	1051
单个栅格面积	0.36
X 坐标	39470575.5
Y 坐标	3814325.35
土地利用类型序号	0，1，2，3，4，5，6，7，8
转换弹性系数	0.1，0.1，0.8，0.5，0.5，0.5，0.5，0.8，1
迭代变量系数	0，0.3，1
模拟起止年份	2006 年，2015 年
动态变化驱动因子个数及编码	0
输出文件选项	1
特定区域回归选择	0
土地利用历史初值	1
邻域选择计算	5
区域特定优先值	0
可选迭代变量参数	0

4. CLUE-S 模型的模拟与结果验证

Kappa 系数是在综合了用户精度和制图精度两个参数的基础上提出的一个最终指标，是检验模型模拟效果最好的方法，在遥感里主要应用在精确性

评价和图像的一致性判断，同时通过计算标准 Kappa 值检验分类结果的正确度和模拟效果(程琳琳等，2013)，其公式为

$$\text{Kappa} = \left(p_{\text{o}} - p_{\text{c}}\right) / \left(p_{\text{p}} - p_{\text{c}}\right) \tag{8-5}$$

式中，p_{o} 为正确模拟的比例；p_{c} 为随机情况下期望的正确模拟比例；p_{p} 为理想分类情况下正确模拟的比例。当两个诊断完全一致时，Kappa 值为 1，Kappa 值越大，说明一致性越好。Kappa 值的范围应为–1～1，Kappa≥0.75 时，两土地利用图的一致性较高，变化较小；0.4≤Kappa≤0.75 时，两者一致性一般，变化较为明显；Kappa≤0.4 时，两者一致性差，变化较大。

本节通过调参模拟得到 2015 年土地利用空间格局分布图，并与 2015 年实际土地利用覆被图比较，如图 8-3 所示，计算出 Kappa 系数为 0.92，因此模型可用于未来土地利用空间格局模拟。

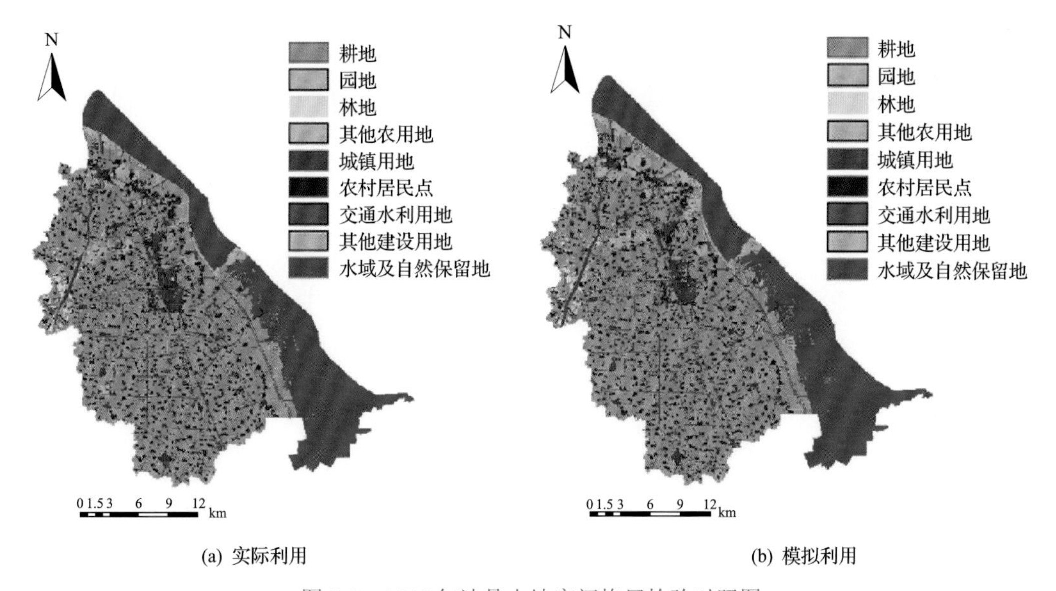

图 8-3　2015 年沛县土地空间格局检验对照图

(二)不同治理情景下的空间结构优化模拟

根据 CLUE-S 模型校正结果可知，研究选取的驱动因子及设置的其他参数能够体现沛县土地利用变化情况，可以很好地模拟沛县土地利用空间分布。因此可以 2015 年沛县土地利用空间分布数据预测 2030 年沛县土地利用空间格局。根据沛县资源型城市转型发展的趋势，设定自然发展情景(S_1)、当前复垦经验模式情景(S_2)、完全据实复垦模式情景(S_3)、简单复垦模式情景(S_4)共

四种土地利用发展情景，设定各情景下的土地利用面积需求及限制区域等相关参数，在此基础上预测四种情景下沛县2030年土地利用空间分布，进而得出损毁综合治理及生态修复的空间格局，为未来沛县损毁综合治理及生态修复提供参考。

1. 情景设置原则与方法

1）对照土地利用自然演变

利用Markov模型将沛县2006～2015年的发展趋势推到2030年，比较2015～2030年土地利用变化，从而为改进管理，设计其他情景提供参考。

2）考虑沛县经济发展水平

根据调研，确定2030年沛县目标人口城镇化率为70%，2015年沛县人口城镇化率为51.2%，因此将沛县2030年人口城镇化率设置为60%、65%、70%三个水平。并通过人口自然增长率预测2030年沛县人口数量，从而获得城镇人口数和农村人口数，根据《村镇规划标准（GB50188—2007）》确定沛县城镇用地和农村居民点用地数量，并结合实际情况设定城镇用地和农村居民点用地的上下限。

3）协调土地利用经济效益和社会效益、生态效益

虽然生态效益和社会效益也是区域发展的重要目标，但是其主要起协调作用，即保证经济在均衡路径中增长，不能无限提高生态效益和社会效益，否则可能会阻碍经济发展，例如，土地利用优化若以生态效益为唯一目标，则其结果是全部用地变为林地、湿地与其他生态用地，而不利于经济社会发展（段新辉，2016）。因此，把土地利用经济效益最大化作为土地利用结构优化目标，以土地利用的社会和生态效益及《沛县国民经济发展第十三个五年规划纲要》和《沛县土地利用总体规划（2006—2020年）》等其他方面的诉求作为约束条件，利用线性规划模型获得沛县2030年土地利用数量结构，作为CLUE-S模型的需求文件。

4）顾及损毁综合治理及生态修复投入水平

综合治理及生态修复适宜性评价主要是根据项目区土地的自然属性和社会属性，从土地利用的要求出发，全面衡量损毁土地对某种用途土地的适宜性及适宜程度，其评价结果可为合理利用复垦土地提供依据。综合治理及生态修复适宜性评价是评价土地对特定利用类型的适宜性的过程，且是在一定的经济技术投入条件下的。因此，设计当前复垦经济技术条件、不考虑复垦

经济技术条件、不进行复垦这三种复垦投入水平，进行不同投入水平下损毁生态修复与综合治理情景模拟研究，为土地管理提供参考。

2. 不同治理情景下的土地利用需求预测

1) 自然发展情景下治理土地利用需求预测

假定2015～2030年沛县土地利用演化按照2006～2015年Markov自然演化情景正常进行，利用Markov模型预测2015～2030年土地利用需求，并结合线性内插和趋势外推法获得自然发展情景下沛县各年份土地利用数量结构，作为CLUE-S模型的需求文件。从表8-16可以看出自然发展状态下沛县耕地、城镇用地、交通水利用地持续增加，其他地类的面积逐步减少。

表8-16　自然发展情景下2015～2030年沛县土地利用数量结构　（单位：hm^2）

年份	耕地	园地	林地	其他农用地	城镇用地	农村居民点	交通水利用地	其他建设用地	水域及自然保留地
2015	82565.64	4552.92	1187.28	14833.44	4976.64	18564.12	2748.96	861.84	50275.80
2016	82607.58	4535.84	1186.13	14752.20	5098.33	18532.94	3073.18	850.75	49929.71
2017	82649.51	4518.75	1184.98	14670.95	5220.01	18501.76	3397.40	839.66	49583.61
2018	82691.45	4501.67	1183.83	14589.71	5341.70	18470.58	3721.61	828.57	49237.52
2019	82733.39	4484.59	1182.68	14508.47	5463.39	18439.40	4045.83	817.48	48891.42
2020	82775.32	4467.51	1181.53	14427.23	5585.07	18408.22	4370.05	806.39	48545.33
2021	82817.26	4450.42	1180.38	14345.98	5706.76	18377.04	4694.27	795.30	48199.23
2022	82859.20	4433.34	1179.23	14264.74	5828.44	18345.86	5018.49	784.20	47853.14
2023	82901.14	4416.26	1178.08	14183.50	5950.13	18314.68	5342.70	773.11	47507.05
2024	82943.07	4399.17	1176.93	14102.25	6071.82	18283.50	5666.92	762.02	47160.95
2025	82985.01	4382.09	1175.78	14021.01	6193.50	18252.32	5991.14	750.93	46814.86
2026	83026.95	4365.01	1174.63	13939.77	6315.19	18221.14	6315.36	739.84	46468.76
2027	83068.88	4347.92	1173.48	13858.53	6436.88	18189.95	6639.58	728.75	46122.67
2028	83110.82	4330.84	1172.33	13777.28	6558.56	18158.77	6963.79	717.66	45776.57
2029	83152.76	4313.76	1171.18	13696.04	6680.25	18127.59	7288.01	706.57	45430.48
2030	83194.69	4296.68	1170.03	13614.80	6801.93	18096.41	7612.23	695.48	45084.39

2) 当前治理经验模式情景土地利用需求

利用线性规划模型，把土地利用经济效益最大化作为土地利用结构优化目标，以土地利用的社会和生态效益及《沛县国民经济发展第十三个五年规划纲要》和《沛县土地利用总体规划(2006—2020年)》等其他方面的诉求作为约束条件，获得沛县2030年土地利用数量结构。

A. 优化目标

$$f(x) = \max \sum_{i=1}^{9} c_i \times x_i \tag{8-6}$$

式中，$f(x)$ 为经济效益大小；x_i 为第 i 种用地类型的数量，其中 x_1 为耕地，x_2 为园地，x_3 为林地，x_4 为其他农用地，x_5 为城镇用地，x_6 为农村居民点用地，x_7 为交通水利用地，x_8 为其他建设用地，x_9 为水域及自然保留地；c_i 为第 i 种地类对应的经济效益。

参考前人研究，查阅沛县统计年鉴获得不同用地类型的经济效益，具体见表 8-17。其中耕地的经济效益以农作物总产值减去其过程消耗除以耕地总面积获得，园地经济效益以蔬菜、果园总产值减去过程消耗后除以园地总面积得到，林地以林业总产值减去过程消耗除以林地面积获得，其他农用地以农林牧副渔服务产值除以其他农用地总面积得到，城镇用地经济效益以第二、第三产业总产值减去矿业产值和交通运输业产值后除以城镇用地总面积得到，农村居民点经济效益以农村工业产值增加值表示，交通水利用地经济效益以交通运输业产值除以交通水利用地面积获得，其他建设用地面积以矿业产值除以其他建设用地面积获得，水域及自然保留地经济效益以渔业产值除以总面积获得。

表 8-17　各地类经济效益表　　（单位：万元/hm^2）

地类	耕地	园地	林地	其他农用地	城镇用地	农村居民点	交通水利用地	其他建设用地	水域及自然保留地
经济效益	2.09	89.36	4.35	4.92	940.38	2.91	165.46	29.23	0.47

B. 约束条件

参考前人研究成果并结合《沛县土地利用总体规划(2006—2020 年)》及《沛县国民经济和社会发展第十三个五年规划纲要》等设置约束条件，主要从未来人口、经济、资源环境承载力、劳动力资源、政策要求等角度构造土地利用优化约束条件，尤其是要体现土地利用生态、社会效益，保障生态用地与具有较高社会效益用地数量之间的平衡，以促进沛县经济、生态、社会协调可持续发展。

(1) 人口约束。

根据沛县当前发展状况，并咨询地方管理人员确定设置沛县 2030 年城镇化水平分别达到 60%、65%、70%三个水平，根据综合增长法，经查询沛县统计年鉴获得沛县人口自然增长率，同时获得沛县 2030 年人口数量为 155.82 万人，具体计算依式(8-7)，由此获得不同城镇化水平下 2030 年城镇人口和农村人口数量约束条件。

$$Q_n = Q_0 \times (1+k)^n + p \tag{8-7}$$

式中，Q_n为规划期末总人口数；Q_0为现状总人口数；k为规划期内人口自然增长率；p为规划期内机械增加人口数。

(2) 土地总面积约束。

$$\sum_{i=1}^{9} x_i = 180566.6 \tag{8-8}$$

(3) 耕地保有量约束。根据《沛县土地利用总体规划(2006—2020年)》，以2020年沛县耕地保有量作为沛县2030年耕地保有量。

$$x_1 \geqslant 72093.33 \tag{8-9}$$

(4) 各类用地上下限约束。

城镇用地和农村居民点用地。根据《村镇规划标准(GB50188—2007)》确定沛县人均城镇用地80m^2，农村居民点人均150m^2/人。按照集约化要求和农村居民点整理需要较长时间，设置如下约束：

$$x_5 \leqslant 8276.01 \tag{8-10}$$

$$x_6 \geqslant 7011.98 \tag{8-11}$$

交通水利用地。根据沛县土地利用规划，交通水利面积应稳定在2842.73hm^2，设置约束：

$$2371.16 \leqslant x_7 \leqslant 2842.73 \tag{8-12}$$

矿业用地。考虑到煤矿的关闭，设置矿业用地约束：

$$x_8 \leqslant 875.92 \tag{8-13}$$

园地和林地。根据沛县土地利用总体规划，园地和林地应基本稳定，设置约束：

$$x_2 \geqslant 4532.04 \tag{8-14}$$

$$x_3 \geqslant 1189.41 \tag{8-15}$$

$$x_4 \geqslant 15771.49 \tag{8-16}$$

（5）生态用地约束：

$$x_9 \geqslant 50058.5 \tag{8-17}$$

（6）大农用地总量限制：

$$x_1 + x_2 + x_3 + x_4 \geqslant 103092.79 \tag{8-18}$$

（7）建设用地总量限制：

$$x_5 + x_6 + x_7 + x_8 \leqslant 27567.92 \tag{8-19}$$

（8）住宅用地总量限制：

$$x_5 + x_6 \leqslant 24515.91 \tag{8-20}$$

（9）劳动力约束。参考相关文献，查阅沛县统计年鉴，确定沛县耕地、园地、林地、其他农用地劳动力系数为 2 人/($hm^2 \cdot a$)、16 人/($hm^2 \cdot a$)、1.5 人/($hm^2 \cdot a$)、3 人/($hm^2 \cdot a$)。

$$2x_1 + 16x_2 + 1.5x_3 + 3x_4 \leqslant Q_j \tag{8-21}$$

式中，Q_j 为不同城镇化水平 j 下的农村人口数量。

C. 模型求解

通过调用 R 中 LP 程序包对所列线性规划模型进行求解，获得沛县 2030 年不同城镇化水平下的土地利用数量结构，见表 8-18。

表 8-18　2030 年 S_2 情景下不同城镇化水平下土地利用数量结构　（单位：hm^2）

城镇化水平	耕地	园地	林地	其他农用地	城镇用地	农村居民点	交通水利用地	其他建设用地	水域及自然保留地
60%	72093.33	15375.92	1189.41	14771.49	7479.44	15890.96	2842.73	875.92	50058.5
65%	72093.33	11649.66	4578.31	14771.49	8102.72	15605.04	2842.73	875.92	50058.5
70%	72093.33	7888.41	8339.56	14771.49	8726.01	14981.75	2842.73	875.92	50058.5

3）完全据实复垦模式情景土地利用需求

此情景仍然以土地利用经济效益最大化为目标，并考虑基本农田转移限制，因此模型输入同当前复垦经济技术条件下可持续发展情景。以优化后的土地利用结构直接作为损毁综合治理及生态修复结构。

4）简单复垦模式情景土地利用需求

以沛县土地利用经济效益最大化为目标，得到 2030 年沛县土地利用空间格局分布图。模型输入同当前复垦经验模式情景。以 2030 年沛县土地损毁预测图为基础，结合沛县常年地下水位获得沛县及损毁土地空间格局分布图，设置中度、重度沉陷区均复垦为其他农用地，均不发生转移。

3. 模拟结果及分析

1) 自然发展情景

利用 Markov 模型得到土地利用需求文件，其他参数设置和校正好的 CLUE-S 模型保持一致，模拟得到2030年沛县土地利用空间格局分布图（图8-4）。从图 8-4 可以看出，此情景下，耕地数量一直增加，部分滩涂用地开始转为耕地，说明了过去 10 年间耕地和城镇用地持续增加，农村居民点缓慢减少的发展趋势是不可持续的。

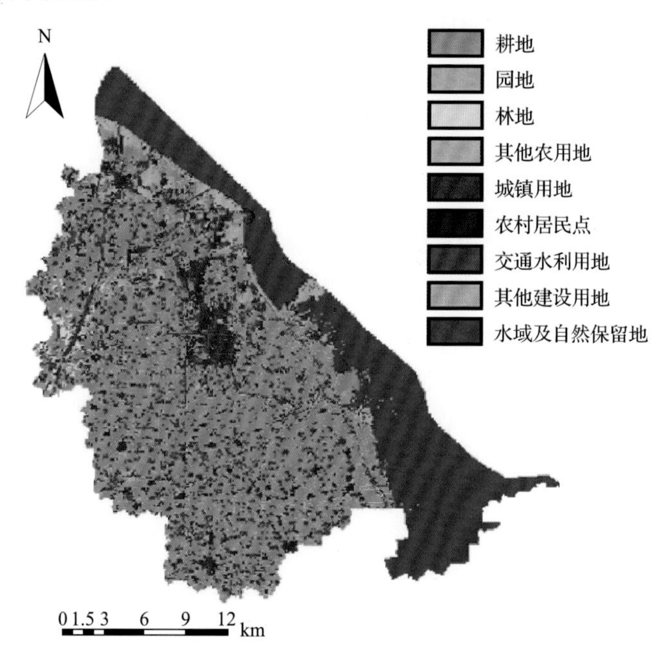

图 8-4　自然发展情景下沛县土地利用空间格局

2) 当前复垦经验模式情景

考虑到基本农田保护政策的要求，设定基本农田保护区限制区域，即不允许基本农田转换为其他地类。当前复垦经济技术条件是指借鉴当前对于损毁土地的复垦实践经验，例如，重度沉陷区域一般复垦为鱼塘或者水域用地，中度沉陷区按照挖深垫浅的方式依据模拟得到的地类结合综合治理及生态修复适宜性评价结果确定其复垦方向。

首先，利用线性规划模型获得沛县 2030 年 60%、65%、70%城镇化水平下土地利用数量结构。其次，考虑到基本农田保护政策的要求，设定基本农田保护区限制区域，即不允许基本农田转换为其他地类。最后，考虑到采煤沉陷导致地表覆被类型变化及压煤村庄搬迁，设置重度沉陷区复垦为鱼塘及中度沉陷区内建设用地复垦为耕地，均不发生转移。其他地方根据模拟结果发生转移。

由于 CLUE-S 模型无法直接给出中度沉陷区中挖深垫浅区域，研究只参考当前挖深垫浅产出耕地和水域用地面积 1∶1 的比例给出 S_2 情景下损毁综合治理及生态修复土地利用数量结构(表 8-19)，以及挖深垫浅前的损毁综合治理及生态修复利用空间结构(图 8-5)。

S_2 情景下，在土地利用经济效益最大化驱动下，三种城镇化率水平下耕地面积都显著减少，林地和园地及其他农用地面积显著增加，由采煤沉陷导致房屋受损及城市化的推动，损毁区内农村居民点面积减少，城镇用地较 2015 年土地利用现状增加显著。

表 8-19　S_2 情景下损毁区综合治理及生态修复土地利用数量结构（单位：hm^2）

情景 S_2	耕地	园地	林地	其他农用地	城镇用地	农村居民点	交通水利用地	其他建设用地	水域及自然保留地
2015 年实际	4605.84	477	67.32	3360.96	336.6	1329.12	214.2	156.96	4429.44
城镇化率 60%	2717.64	1716.66	60.3	4353.48	477.72	861.84	213.84	6.84	4421.52
城镇化率 65%	2754	1377.18	174.42	4359.6	670.32	859.68	213.84	146.52	4421.88
城镇化率 70%	2764.62	877.14	628.02	4359.06	744.48	821.88	214.2	146.16	4421.88

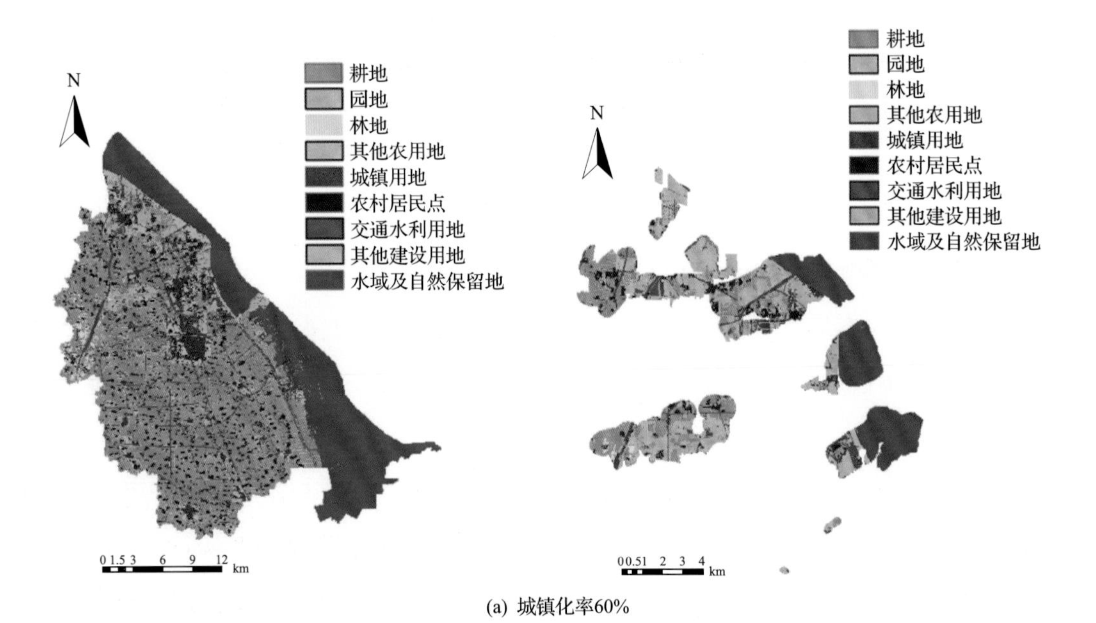

(a) 城镇化率60%

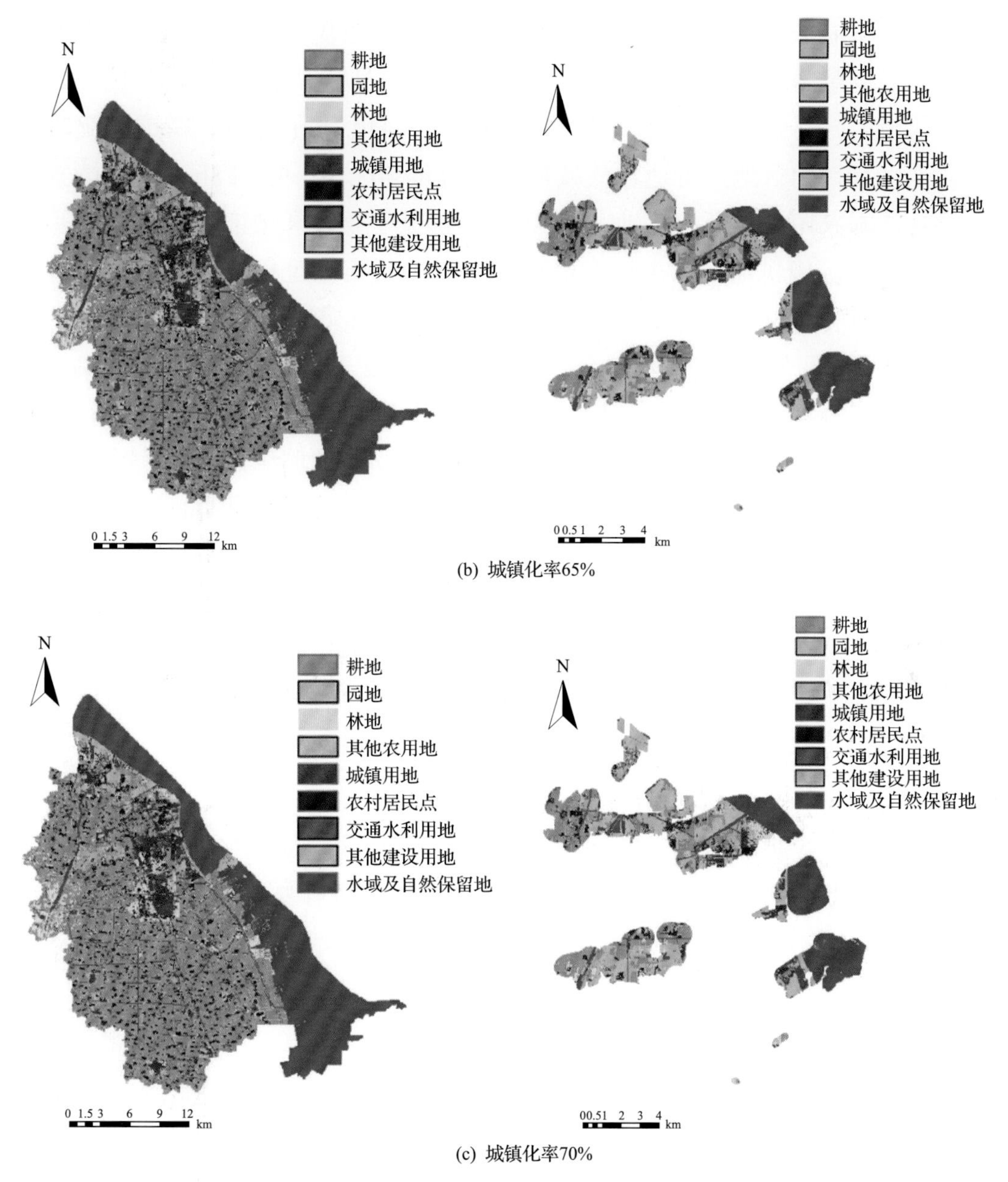

(b) 城镇化率65%

(c) 城镇化率70%

图 8-5　S_2 情景不同城镇化率水平下沛县和损毁区土地利用空间布局

在当前复垦措施条件下，70%、65%、60%城镇化率水平下分别有 363.78hm^2、365.58hm^2、364.68hm^2 土地由于沉陷积水较深无法复垦为耕地，有 399.96hm^2、396.18hm^2、355.5hm^2 的城镇用地和农村居民点由于积水较深搬迁后无法复垦为耕地、园地或者林地，有 40.14hm^2、39.6hm^2、40.68hm^2 交通水利用地和其他建设用地因采煤沉陷损毁而变为水域用地，因此建议沛县在损毁区实施城乡建设用地增减挂钩及工矿废弃地复垦利用政策时要考虑这部分无法复垦为耕地、园地或者林地的建设用地(城镇用地、农村居民点、交通水利用地、其他建设用地)，多给予 396.18～440.1hm^2 指标；考虑到沉陷积水而难以复垦的耕地，可适当核减耕地保有量 363.78～365.78hm^2；S_2 情景下可修复基本农田保护区内耕地 2304.66hm^2，处于重度和中度损毁区内的基本农田较难恢复成耕地，未来综合治理及生态修复实施过程中应适当缩减基本农田数量或者调整基本农田布局，以补充因受损而无法恢复的基本农田。

此情景下，根据沛县 2015 年户籍人口 130.12 万人，沛县面积 1806km^2，推算出损毁区大约有 10.86 万人，按照杨屯镇的拆迁安置成本人均 3.75 万元/人的标准，损毁区内共需要拆迁安置费 40.73 亿元。按照中度损毁土地亩均复垦成本 6 万元，重度和轻度损毁土地亩均复垦成本 3 万元计算，S_2 情景下损毁综合治理及生态修复共需要 121.51 亿元。

S_2 情景下，60%、65%、70%三种城镇化率水平下沛县 2015～2030 年城镇用地和农村居民点用地扩张分别占用耕地 2415.24hm^2、3074.04hm^2、3455.28hm^2，因此在 S_2 情景下，60%、65%、70%三种城镇化率水平下沛县分别需流量指标 2415.24hm^2、3074.04hm^2、3455.28hm^2。

3) 完全据实复垦模式情景

S_3 情景下，2030 年沛县和损毁区 60%、65%、70%城镇化率水平下土地利用空间布局分布如图 8-6 所示，损毁综合治理及生态修复数量结构见表 8-20。

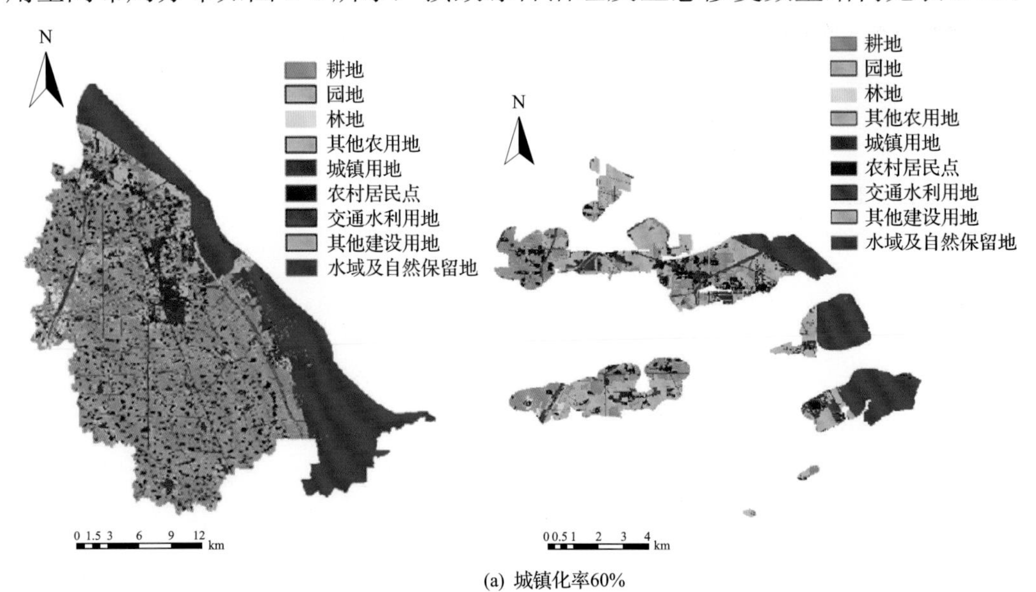

(a) 城镇化率60%

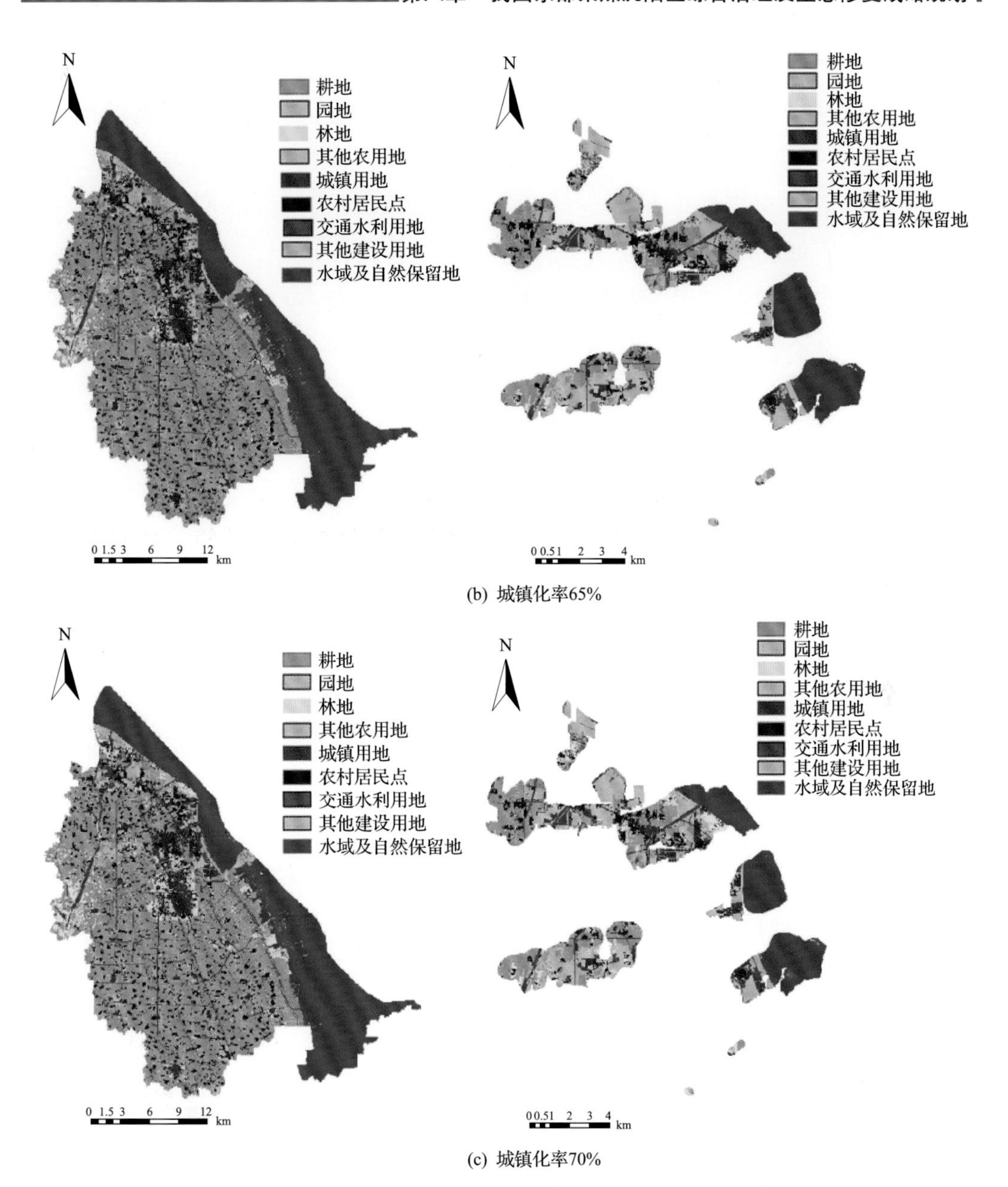

(b) 城镇化率65%

(c) 城镇化率70%

图 8-6 S_3 情景不同城镇化率水平下沛县和损毁区土地利用空间布局

表 8-20 S_3 情景下损毁区综合治理及生态修复数量结构 （单位：hm^2）

情景 S_3	耕地	园地	林地	其他农用地	城镇用地	农村居民点	交通水利用地	其他建设用地	水域及自然保留地
2015 年实际	4605.84	477	67.32	3360.96	336.6	1329.12	214.2	156.96	4429.44
城镇化率 60%	2870.64	1958.4	67.32	3376.44	728.28	1175.04	213.84	165.96	4421.52
城镇化率 65%	2882.16	1554.48	205.56	3379.32	988.92	1174.68	213.84	156.6	4421.88
城镇化率 70%	2882.52	965.88	745.2	3379.32	1097.64	1114.56	214.2	156.24	4421.88

由于添加了对基本农田的限制，损毁区内基本农田分布并没有变化，但是耕地数量减少了近1/3，与此同时园地、林地面积显著增加，70%城镇化率水平下2030年损毁区林地面积比2015年增加了10倍。城镇用地面积显著增加，而农村居民点用地面积减少缓慢，从侧面反映出损毁区同时也是未来人口集聚区，矿地矛盾明显。

此情景下，根据沛县2015年户籍人口130.12万人，沛县面积1806km^2，推算出损毁区大约有10.86万人，按照杨屯镇的拆迁安置成本人均3.75万元/人的标准，损毁区内共需要拆迁安置费40.73亿元。按照中度损毁土地亩均复垦成本6万元，重度损毁土地亩均复垦成本9万元，轻度损毁土地亩均复垦成本3万元计算，S_3情景下复垦成本共需要135.05亿元。

S_3情景下，沛县2015～2030年60%、65%、70%三种城镇化率水平下城镇用地和农村居民点用地扩张分别占用耕地2198.88hm^2、2892.6hm^2、3333.24hm^2，因此在S_3情景下，60%、65%、70%城镇化率水平下沛县分别需流量指标2198.88hm^2、2892.6hm^2、3333.24hm^2。

4）简单复垦模式情景

根据调研，沛县地下水位埋深为1.2～1.5m，即中度及重度损毁土地已开始常年积水或者季节性积水，因此在不进行复垦的条件下，重度及中度损毁区将逐渐变为坑塘水面，因此将中度/重度损毁区地类都调整为其他农用地，获得2030年不同城镇化率水平S_4情景下沛县及损毁区土地利用空间格局分布图（图8-7）及损毁区综合治理及生态修复数量结构表（表8-21）。

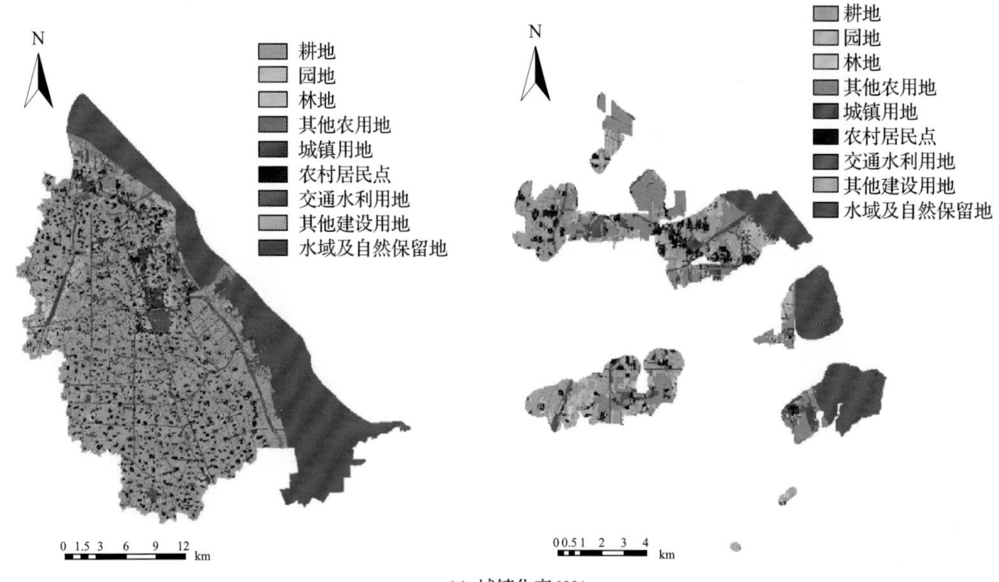

(a) 城镇化率60%

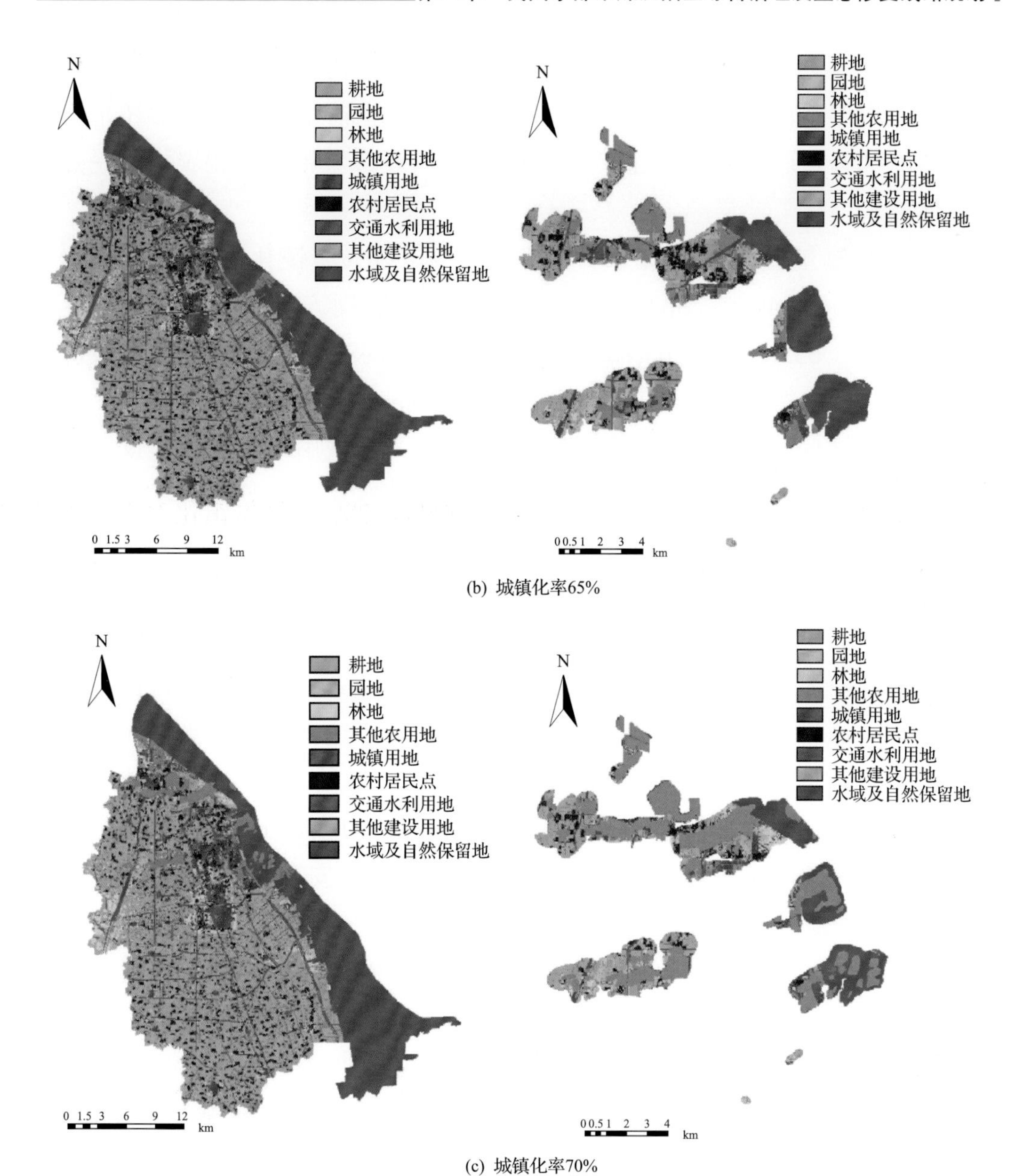

(b) 城镇化率65%

(c) 城镇化率70%

图 8-7　S_4情景不同城镇化率水平下沛县和损毁区土地利用空间布局

表 8-21　S_4情景下损毁区综合治理及生态修复数量结构　（单位：hm^2）

情景 S_4	耕地	园地	林地	其他农用地	城镇用地	农村居民点	交通水利用地	其他建设用地	水域及自然保留地
2015 年实际	4605.84	477	67.32	3360.96	336.6	1329.12	214.2	156.96	4429.44
城镇化率 60%	2303.28	1550.52	53.28	4994.28	477.72	861.84	160.56	154.44	4421.52
城镇化率 65%	2313.72	1255.68	151.56	4997.52	670.32	859.68	160.56	146.52	4421.88
城镇化率 70%	2316.96	814.32	554.04	4997.52	744.48	821.88	160.2	146.16	4421.88

S_4 情景下，当不采取复垦措施条件时，损毁区内耕地面积减少了一半左右，其他农用地面积增加了近一半，由于无论是当前复垦措施条件还是不进行复垦，都必须进行村庄搬迁，所以相比 S_2 情景，城镇用地和农村居民点面积变化不大。

不进行复垦投资的条件下，70%、65%、60%城镇化率水平下分别有 565.56hm^2、568.44hm^2、567.36hm^2 土地由于沉陷积水较深无法复垦为耕地，有645.84hm^2、633.6hm^2、563.76hm^2 的城镇用地和农村居民点由于积水较深搬迁后无法复垦为耕地、园地或者林地，有 64.08hm^2、63.36hm^2、64.8hm^2 交通水利用地和其他建设用地因采煤沉陷损毁而变为水域用地，因此建议沛县在损毁区实施城乡建设用地增减挂钩及工矿废弃地复垦利用政策时考虑这部分无法复垦为耕地、园地或者林地的建设用地(城镇用地、农村居民点、交通水利用地、其他建设用地)，多给予 628.56～709.92hm^2 指标；考虑到沉陷积水而难以复垦的耕地，可适当核减耕地保有量 565.56～568.44hm^2；S_4 情景下可修复基本农田保护区内耕地 2118.51hm^2，处于重度和中度损毁区内的基本农田较难恢复成耕地，未来综合治理及生态修复实施过程中应适当缩减基本农田数量或者调整基本农田布局以补充受损而无法恢复的基本农田。

此情景下，根据沛县 2015 年户籍人口 130.12 万人，沛县面积 1806km^2，推算出损毁区大约有 10.86 万人，按照杨屯镇的拆迁安置成本人均 3.75 万元/人的标准，损毁区内共需要拆迁安置费 40.73 亿元；中度和重度沉陷区简单复垦模式下按照 3 万元/hm^2 复垦成本计算，沛县共需复垦投资 108.58 亿元。

S_4 情景下，虽然对损毁土地不进行复垦，但处于重度和中度沉陷区内的农村居民点和城镇用地仍需要异地搬迁，所以不复垦条件下可持续发展情景 60%、65%、70%城镇化率水平下沛县流量指标为 2415.24hm^2、3074.04hm^2、3455.28hm^2。

二、淮南市综合治理土地空间结构优化

利用淮南市 2000 年和 2010 年土地利用现状数据，根据地类含义将 2000 年和 2010 年土地利用数据重分类，得到 7 种土地利用类型，包括耕地、林地、住宅用地、交通运输用地、工矿用地、水域及自然保留地和其他用地，利用 CLUE-S 模型强大的空间分配功能实现复垦土地利用结构优化，选取 Markov 模型和线性规划模型获得不同情景下的土地利用数量结构。

(一) CLUE-S 模型设置与精度校正

1. 土地利用需求量

选取淮南市 2000 年土地利用现状数据作为 CLUE-S 模型模拟起始年份数据，以 2010 年土地利用现状数据各地类的面积作为 CLUE-S 模型目标年土地利用数据，通过线性内插法获得各年份土地利用数量结构，具体见表 8-22。

表 8-22　CLUE-S 模型校正各年份土地利用数量结构　（单位：hm^2）

年份	耕地	林地	住宅用地	交通运输用地	工矿用地	水域及自然保留地	其他用地
2000	148021	4174.7	32845.7	850.2	274.9	25880.6	365
2001	146197.7	4133.1	34357.2	916.6	278.2	26174.6	354.8
2002	144374.4	4091.5	35868.6	983	281.5	26468.6	344.5
2003	142551	4049.9	37380.1	1049.4	284.9	26762.5	334.2
2004	140727.7	4008.3	38891.6	1115.8	288.2	27056.5	324
2005	138904.4	3966.8	40403.1	1182.2	291.5	27350.5	313.7
2006	137081.1	3925.2	41914.5	1248.6	294.8	27644.5	303.4
2007	135257.7	3883.6	43426	1315	298.2	27938.5	293.2
2008	133434.4	3842	44937.5	1381.4	301.5	28232.5	282.9
2009	131611.1	3800.4	46449	1447.8	304.8	28526.4	272.6
2010	129787.7	3758.8	47960.5	1514.3	308.2	28820.4	262.4

2. 土地利用变化驱动因子分析

借助 SPSS 二元 Logistic 回归分析，选取淮南市土地利用变化驱动因子，作为 CLUE-S 模型中土地利用适宜性概率的计算依据。

3. 转换规则与模型参数设定

本研究设定各地类之间均可以相互转换，耕地、林地、住宅用地、交通运输用地、工矿用地、水域及自然保留地和其他用地的转化弹性系数分别为 0.1、1、0.8、1、1、0.8 和 0.1，模型校正过程对土地利用转换不做限制区域。CLUE-S 模型主参数设置如表 8-23 所示。

4. CLUE-S 模型的模拟与结果验证

本研究通过调参模拟得到 2015 年土地利用空间格局分布图，并与 2015 年实际土地利用覆被图比较，计算得到 Kappa 系数为 0.85，因此模型可用于未来土地利用空间格局模拟。

表 8-23　CLUE-S 模型主参数设置

参数名称	参数值
土地利用类型个数	7
研究区个数	1
回归方程中最大因子个数	7
总因子个数	7
列数	1616
行数	2685
单个栅格面积	0.09
X 坐标	5042051.3432245
Y 坐标	3521792.0424676
土地利用类型序号	0，1，2，3，4，5，6
转换弹性系数	0.1，1，0.8，1，1，0.8，0.1
迭代变量系数	0，10，10
模拟起止年份	2000 年，2010 年
动态变化驱动因子个数及编码	0
输出文件选项	1
特定区域回归选择	0
土地利用历史初值	1
领域选择计算	5
区域特定优先值	0
可选迭代变量参数	0

(二)损毁土地空间格局优化情景模拟

根据模型校正结果，本节选取的驱动因子及设置的其他参数能够体现淮南土地利用变化情况。因此以 2010 年淮南市土地利用空间分布数据预测 2030 年淮南土地利用空间格局。从实现资源型城市可持续发展和承接产业转移需要出发，统筹各类各业用地，优化建设用地结构和布局，设定自然发展情景、当前复垦经验模式情景两种土地利用发展情景，设定各情景下的土地利用面积需求等相关参数，在此基础上预测两种情景下淮南市 2030 年土地利用空间分布，进而得出损毁生态修复与综合治理空间格局，为未来淮南损毁综合治理及生态修复提供参考。

1. 情景设置原则与方法

1)对照土地利用自然演变

利用 Markov 模型将淮南市 2000～2010 年的发展趋势推到 2030 年，比较 2010～2030 年土地利用变化，从而为改进管理、设计其他情景提供参考。

2) 协调土地利用经济效益和社会效益、生态效益

土地利用更加集约，城市建设由规模扩张向内涵提升，山南新区建设完成，东部城区紧凑发展，人口、产业更加集中，西部城区基本完成旧城改造。市域内"一横三纵"的生态廊道形成，采煤沉陷地得到有效整治，环境友好型土地利用模式得到推广，环境质量明显改善，土地资源可持续利用的能力大大增强。把土地利用经济效益最大化作为土地利用结构优化目标，以土地利用的社会和生态效益及《淮南市国民经济和社会发展第十三个五年规划纲要》和《淮南市土地利用总体规划(2006—2020 年)》等其他方面的诉求作为约束条件，利用线性规划模型获得淮南市 2030 年土地利用数量结构，作为 CLUE-S 模型的需求文件。

2. 不同情景下的土地利用需求预测

1) 自然发展情景下土地利用需求预测

假定 2010～2030 年淮南市土地利用演化按照 2000～2010 年 Markov 自然演化情景正常进行，利用 Markov 模型预测 2010～2030 年土地利用需求，并结合线性内插和趋势外推法获得自然发展情景下淮南市各年份土地利用数量结构(表 8-24)，作为 CLUE-S 模型的需求文件。从表 8-24 可以看出自然发展状态下淮南市耕地、林地持续减少，其他地类的面积逐步增加。

表 8-24　自然发展情景下 2010～2030 年淮南市土地利用数量结构（单位：hm^2）

年份	耕地	林地	住宅用地	交通运输用地	工矿用地	水域及自然保留地	其他用地
2010	129787.7	3758.8	47960.5	1514.3	308.2	28820.4	262.4
2011	127964.3	3717.2	49472	1580.8	311.6	29114.4	252.2
2012	126140.9	3675.6	50983.5	1647.3	315	29408.4	242
2013	124317.5	3634	52495	1713.8	318.4	29702.4	231.8
2014	122494.1	3592.4	54006.5	1780.3	321.8	29996.4	221.6
2015	120670.7	3550.8	55518	1846.8	325.2	30290.4	211.4
2016	118847.3	3509.2	57029.5	1913.3	328.6	30584.4	201.2
2017	117023.9	3467.6	58541	1979.8	332	30878.4	191
2018	115200.5	3426	60052.5	2046.3	335.4	31172.4	180.8
2019	113377.1	3384.4	61564	2112.8	338.8	31466.4	170.6
2020	111553.7	3342.8	63075.5	2179.3	342.2	31760.4	160.4
2021	109730.3	3301.2	64587	2245.8	345.6	32054.4	150.2
2022	107906.9	3259.6	66098.5	2312.3	349	32348.4	140
2023	106083.5	3218	67610	2378.8	352.4	32642.4	129.8
2024	104260.1	3176.4	69121.5	2445.3	355.8	32936.4	119.6
2025	102436.7	3134.8	70633	2511.8	359.2	33230.4	109.4

续表

年份	耕地	林地	住宅用地	交通运输用地	工矿用地	水域及自然保留地	其他用地
2026	100613.3	3093.2	72144.5	2578.3	362.6	33524.4	99.2
2027	98789.9	3051.6	73656	2644.8	366	33818.4	89
2028	96966.5	3010	75167.5	2711.3	369.4	34112.4	78.8
2029	95143.1	2968.4	76679	2777.8	372.8	34406.4	68.6
2030	93319.7	2926.8	78190.5	2844.3	376.2	34700.4	58.4

2）当前复垦经验模式情景土地利用需求

利用线性规划模型，把土地利用经济效益最大化作为土地利用结构优化目标，以土地利用的社会和生态效益以及《淮南市国民经济和社会发展第十三个五年规划纲要》和淮南市土地利用总体规划等其他方面的诉求作为约束条件，获得淮南市2030年土地利用数量结构。

A. 优化目标

$$f(x)=\max\sum_{i=1}^{7}c_i\times x_i \tag{8-22}$$

式中，$f(x)$为经济效益大小；x_i为第i种用地类型的数量，其中x_1为耕地，x_2为林地，x_3为住宅用地，x_4为交通运输用地，x_5为工矿用地，x_6为水域及自然保留地，x_7为其他用地；c_i为第i种地类对应的经济效益。

参考其他研究并查阅淮南统计年鉴获得不同用地类型的经济效益，具体见表8-25。

表8-25　各地类经济效益表　（单位：万元/hm²）

地类	耕地	林地	住宅用地	交通运输用地	工矿用地	水域及自然保留地	其他用地
经济效益	2.09	4.35	500.12	165.46	29.23	0.47	1.00

B. 约束条件

参考前人研究成果并结合《淮南市土地利用总体规划（2006—2020年）》以及《淮南市国民经济和社会发展第十三个五年规划纲要》等设置约束条件，主要是体现土地利用生态、社会效益，保障生态用地与具有较高社会效益用地数量之间的平衡，以促进淮南经济、生态、社会协调可持续发展。

（1）土地总面积约束：

$$\sum_{i=1}^{7}x_i=212412.3 \tag{8-23}$$

（2）耕地保有量约束。根据《淮南市土地利用总体规划（2006—2020年）》，以淮南市规划目标年（2020年）耕地保有量作为淮南市2030年耕地保有量：

$$x_1 \geqslant 140165.48 \tag{8-24}$$

(3) 林地面积约束。据《淮南市土地利用总体规划(2006—2020 年)》，林地基本稳定，设置约束：

$$x_2 \geqslant 11195.9 \tag{8-25}$$

(4) 交通运输用地约束：

$$x_4 \geqslant 4553.5 \tag{8-26}$$

(5) 矿用地约束。根据采矿用地规划目标年面积，设置约束：

$$x_5 \geqslant 2367.8 \tag{8-27}$$

(6) 水域及自然保留地约束：

$$x_6 \geqslant 29238.81 \tag{8-28}$$

C. 模型求解

通过调用 R 中 LP 程序包对所列线性规划模型进行求解，获得淮南市 2030 年当前治理经验模式情景下的土地利用数量结构，见表 8-26。

表 8-26 2030 年当前治理经验模式情景下土地利用数量结构 (单位：hm^2)

情景	耕地	林地	住宅用地	交通运输用地	工矿用地	水域及自然保留地	其他用地
当前治理经验模式情景	140165.8	11195.9	24890.5	4553.5	2367.8	29238.8	0

3. 模拟结果及分析

1) 自然发展情景

利用 Markov 模型得到土地利用需求文件，其他参数设置和校正好的 CLUE-S 模型保持一致，模拟得到 2030 年淮南土地利用空间格局分布图(图 8-8)。从图 8-8 可以看出，此情景下，耕地、林地数量一直减少，交通运输用地及住宅用地等持续增加。

2) 当前复垦经验模式情景

把土地利用经济效益最大化作为土地利用结构优化目标，以土地利用的社会与生态效益及《淮南市国民经济和社会发展第十三个五年规划纲要》和《淮南市土地利用总体规划(2006—2020 年)》等其他方面的诉求作为约束条件，利用线性规划模型获得淮南市 2030 年土地利用数量结构，作为 CLUE-S 模型的需求文件，得到当前治理经验模式情景下淮南市土地利用空间布局(图 8-9)。

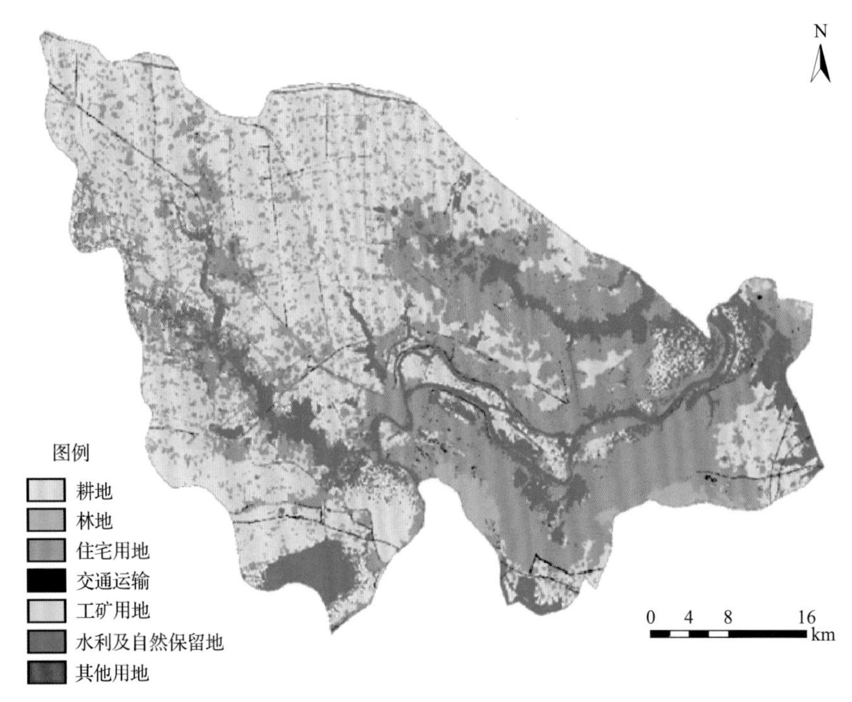

图 8-8 自然发展情景下淮南市土地利用空间格局

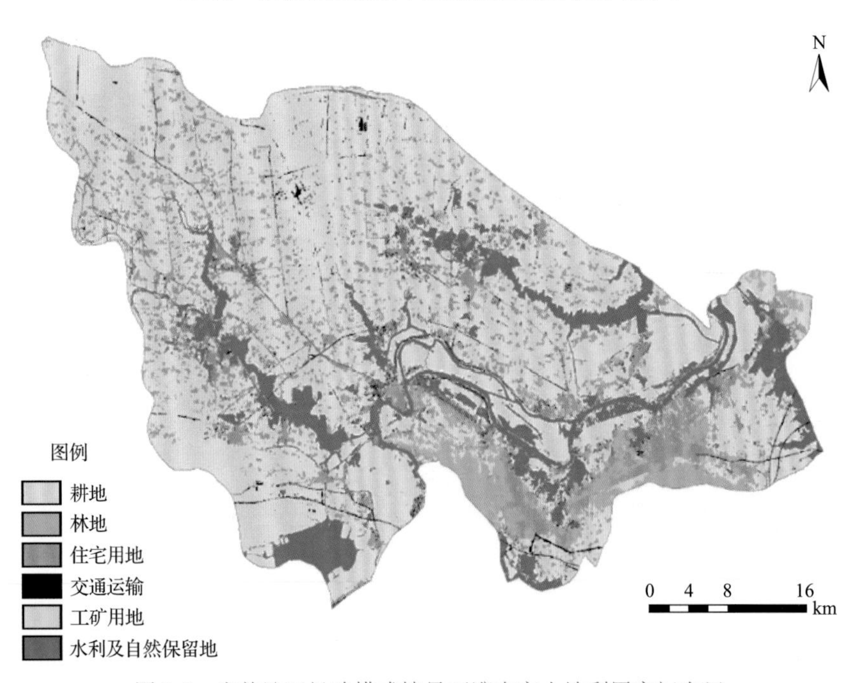

图 8-9 当前治理经验模式情景下淮南市土地利用空间布局

当前复垦经验模式情景下，在土地利用经济效益最大化驱动下，耕地由2010 年的 129787.7hm^2 演变为 140165.8hm^2，林地由 3758.8hm^2 增加到 11195.9hm^2，住宅用地由 47960.5hm^2 增加到 24890.5hm^2，交通运输用地由

1514.3hm^{2}增加到4553.5hm^2，工矿用地由308.2hm^{2}增加到2367.8hm^2，水域及自然保留地由28820.4hm^{2}增加到29238.8hm^2，其他用地逐渐发展为林地及工矿用地。耕地、林地面积显著增加，从保证粮食安全、经济安全、生态安全和社会稳定出发，以稳步提高粮食综合生产能力为核心，优先配置耕地，确保省级规划下达的耕地保有量，同时，优化土地利用结构，切实加强对林地等农用地资源的保护与管理，促进农业结构调整和生态建设。住宅用地面积显著减少，实现住宅用地节约集约利用程度的提高，工矿用地及水域及自然保留地有所增加。

第三节　采煤沉陷区综合治理及生态修复战略规划

一、战略目标

(一)树立“综合治理+”理念，推广新模式

考虑东部采煤沉陷区分区和社会经济发展战略布局，以“综合治理+”为基本理念，全面开展东部采煤沉陷区综合整治。通过推进“综合治理+现代农业”，优化沉陷区耕地多功能布局，提高沉陷区土地生产能力，配建农田基础设施，充分保护并发挥沉陷区土地生产、生活和生态功能，探索采煤沉陷区土地综合整治新模式；通过推进“综合治理+新农村建设”，积极开展城镇采煤沉陷区建设用地整理，规范推进沉陷区城区与乡镇建设整理，挖掘建设用地潜力，促进采煤沉陷区土地资源集约利用，实现矿区与城乡统筹发展；通过推进“综合治理+生态治理”，大力推广“矿地融合”整治模式，提高采煤沉陷区治理效率，加快矿山环境治理，重点推进中心城区核心区、城市窗口区、风景名胜区的废弃露天采矿区生态修复，盘活利用、关闭破产矿山土地，提高土地资源基础支撑能力，保护生态环境，促进可持续发展。

(二)探索市场化机制，多渠道开展采煤沉陷区综合治理

逐步推进东部采煤沉陷区综合治理的市场化建设，科学制定综合治理后矿区的收益分配办法，明确不同参与主体的责任、权利和义务，形成稳定的资金收益机制；引入个人、企业、信贷等社会资金参与采煤沉陷区的综合治理，探索“PPP模式”，建立多元化的综合治理融资渠道，形成以政府资金为主导，吸引社会资金投入的采煤沉陷区综合治理资金保障体系；制定社会资

本投资采煤沉陷区环境综合治理项目的优惠政策，建立健全完善的社会资本准入和退出机制，逐步实行政府主导监管、企业投资实施、农民投工投劳的产业化采煤沉陷区综合治理模式。

（三）以制度建设为基础，完善保障措施

建立采煤沉陷区综合治理实施跟踪检查制度，加强计划执行情况的评估和考核，确保采煤沉陷区综合治理的顺利实施；加强采煤沉陷区综合治理资金保障，建立“政府主导、多元投入、有效整合”的综合治理资金管理制度，做到科学使用、有效监管；通过建立工程实施评估监测制度和目标考核机制，对采煤沉陷区综合治理中重大工程的建设和实施实行精准化管理，提高我国东部采煤沉陷区综合治理的精准度和有效性（李树志，2019）。

二、四大路径

（一）着眼于经济转型升级，推进综合治理与生态修复向“三转移”

以保护优先、矿地统筹、依法依规、创新发展为导向，采煤沉陷区综合治理工作要逐步向推进新型城镇化转移、向建设生态文明转移、向助力城乡经济发展转移，不断深化改革创新，要更加注重资源环境保护，更加注重提高矿区耕地质量，更加注重资源节约集约，更加注重创新驱动，更加注重维护群众权益。

（二）着眼于新型城镇化建设，推进“三个一批”

充分运用城镇低效建设用地再开发、城镇建设用地增加与农村建设用地减少相挂钩等政策，实施一批与矿区结合的城镇低效建设用地再开发试点示范项目，推进一批城矿统筹区的生态修复及综合整治示范工程、编制一批矿区生态修复及综合整治战略规划。优化城矿建设用地布局，充分发掘矿区建设用地资源价值，解决城市发展缺少空间、矿区发展缺少资金的问题，优化资源配置，统筹城矿发展。

（三）着眼于采煤沉陷区农业农村发展，推进“城矿等值化、乡矿人文化、农矿现代化”

加强采煤沉陷区建设用地整理，推进矿区内废弃、闲置建设用地治理，

并与周边农用地整理相结合，改善采煤沉陷区生活环境质量、推进城矿发展一体化，促进采煤沉陷区规模化、机械化经营。加强矿区高标准生态农田建设，建设集中连片、设施配套、高产稳产、生态良好的矿区高标准农田，以采煤沉陷区综合治理为平台支持矿区农业发展。

(四) 着眼于生态文明建设，推进“矿地融合发展”新模式

按照生态文明建设和矿区可持续发展的要求，创新工作机制，促进地质矿产与综合治理再规划、调查评价与监测、资源开发利用与保护等方面的共融互通，形成统筹协调、优势互补、相互促进的“矿地融合发展”新模式。

统筹国土资源相关规划，协同推进矿产资源规划、城市总体规划、土地利用规划、产业发展规划、城乡建设规划、综合治理及生态修复规划等的衔接，优化矿产资源开发和土地资源利用结构和布局，实现矿地一体化协调发展；统筹地质灾害调查监测与环境治理修复和预警工作，完善调查评价和监测体系，开展采煤沉陷区损毁土地调查与稳定性及复垦适宜性评价，建立“监测-治理-预防”同步推进的保护机制。

统筹推进绿色矿业示范区建设与综合治理及生态修复监管，加强对生产型矿山地质环境恢复治理与综合治理及生态修复的监管，强化跟踪监测检查机制，督促及时复垦损毁土地，统筹规划采煤沉陷区的水土资源调控、土地优化利用、村庄搬迁安置和生态恢复治理，形成在全国范围内可复制、可推广的绿色矿业发展典型模式，实现资源开发利用与保护的有机结合。

统筹历史遗留损毁矿区综合整治与盘活利用，加大历史遗留损毁矿区的整治力度，全面推进采煤沉陷区综合治理，整合土地整治、矿山地质环境治理恢复、工矿废弃地复垦利用等政策和资金，建立“山水林田湖”统一保护和修复模式，盘活利用矿业结构调整退出形成的废弃和低效利用土地。

三、四大工程

(一) 城市采煤沉陷区综合治理示范工程

在摸清城矿低效用地的现状和再开发潜力，明确改造利用的目标任务、性质用途、规模布局和时序安排的基础上，通过废弃、低效城矿用地整合工程优化城镇矿地结构，提高城镇矿区土地综合承载能力，推动城镇矿区低效建设用地的盘活利用，促进城矿一体化发展和布局优化。通过实施矿区绿地

建设工程和生态风貌带建设工程，将矿区自然生态引入城市，构建城市的生态安全体系，提高城市生活质量，优化居民生产生活条件。

(二)农村采煤沉陷区综合治理示范工程

农村采煤沉陷区应实施田水路林村综合整治，通过实施高标准粮田建设工程、中低产田改造工程、农田水利重点建设工程、农机农艺配套工程和地力培肥等农用地整理项目统筹推进高标准农村采煤沉陷区农田区域内水、田、林、路等田间综合整治，不断改善农业生产条件，优化采煤沉陷区域内的农业用地结构，以保证耕地面积不减少和质量有提高。同时针对农用地生态环境要加强农田水土保持工程建设，完善农田防护林体系，并大力开展土壤污染调查和农田灌溉水质监测工程，保障粮食和其他农产品的生态安全。

针对农村采煤沉陷区的建设用地，按照城乡统筹发展要求，通过开展农村建设用地增减挂钩工程，实现建设用地不增加、城乡用地布局更合理的目的。通过实施“外立面美化、线杆美化、村庄绿化、道路亮化、宅旁美化和公共空间美化”六大工程，建设规模适度、设施完善、生活便利、产业发展、生态环保、管理有序的新型农村社区。同时要遵循历史传承，对具有历史、艺术、科学价值的传统村落，少数民族特色村寨、民居等进行建设性保护，推进美丽宜居乡村建设。

(三)重点生态区综合治理示范工程

在采煤沉陷区长期矿产资源开发和利用过程中，采矿服务设施、固体废弃物及因矿山开采引起的地面裂缝、变形、地表沉陷等造成植被破坏、水土流失严重，大片农田、耕地沦为洼地、坑塘，土地压占、废弃、环境污染较为严重。需按照因地制宜、综合治理的原则，加强生态修复，实施土地生态环境综合整治，针对沉陷地的形状、土壤类型、地层结构、沉稳程度、积水深浅等不同情况，坚持沉陷地治理与生态修复相结合，进行分类改造利用，适度实施生态修复工程，恢复生态系统，增强生态产品生产能力。

针对采煤沉陷引起的河流纵横交错、水土保持和生态环境问题，应积极运用河道防护工程、河道绿化工程和退耕还林还草工程等具体工程措施、生物措施和耕作措施，综合整治水土流失，有效遏制由自然因素和人为活动造成的水土流失，改善整体生态环境。同时对于采煤沉陷区内饮用水源保护区要大力实施饮用水源一级保护区隔离工程、饮用水源二级保护区内污染源治理及排污口改道工程和饮用水源地在线监测等水源地环境综合整治工程，充分杜绝水源地受到污染，保障居民用水条件，实现自然资源的有序开发利用。

针对特殊重点生态区，如国家森林公园、湿地公园、风景区等，应大力实施生态恢复与保护工程、基础设施建设工程和项目品位提升工程，增强地表植被的水源涵养能力，打造高品位旅游景区，构建以生物多样性保护和水源涵养为主要功能的综合自然保护区。

(四)矿产资源开发区综合治理示范工程

为保障矿产资源开发与土地资源、生态环境保护并重的可持续发展，矿产资源开发区的综合治理工作应坚持“因地制宜、宜农则农、宜景则景”的原则，统筹安排复垦土地利用方向、规模和时序；依照资源禀赋划定待开发矿产资源集中区、采煤沉陷区、生态保育区等重点地区，在区域化治理的基础上统筹考虑区域间的资源协调，建立“山水林田湖”生态保护和修复一体化整治模式。

从修复这类因矿产资源开采而受损的生命共同体的生态功能出发，围绕地貌重塑、土壤重构、植被重建、景观再现与生态系统建设，开展如下综合整治工程。①耕地恢复与农田景观再造工程：对沉陷积水较浅区域，充分利用湖泥等再造土源，结合挖深垫浅和农田基础设施建设，恢复耕地耕作条件和农田生态系统景观；②废弃矿山地质环境治理工程：对采煤沉陷区区域内废弃矿山进行综合整治，充分利用其土地资源，恢复矿山生态环境及自然景观，发挥其生态价值和经济价值(杨翠霞等，2014)；③山体滑坡、崩塌地质灾害治理工程：消除该区域内各矿区开采过程中遗留下来的各种地质隐患，恢复矿山生态环境及自然景观，充分利用其土地资源；④区域水系重构与湿地建设工程：针对采煤沉陷区沉陷积水较深区域，通过建立调、控、排、蓄、灌等工程体系，全面进行沉陷地生态修复，重新规划布局水系，与区域自然水系和农田排灌系统贯通，同时通过湿地建设提高区域水体自净能力；⑤沉陷村庄搬迁与生态修复利用工程：对沉陷区村庄，结合区域矿产资源开采规划合理选址搬迁，并对搬迁后的村庄土地，拆除原有建构筑物，根据其沉陷深度和区位条件，因地制宜恢复利用；⑥地质灾害危险性区域评估工程：结合地质环境条件和建设规划特点，对评估区工程建设可能引发或遭受的地质灾害的危险性做出评估，并进行地质灾害危险性综合分区评估及建设用地适宜性评价，提出地质灾害防治措施和建议。

四、三大举措

（一）进一步提高认识，将采煤沉陷区综合治理上升为城市发展战略，以政府为主导，加大统筹推进力度

成立由国土、发改、财政、监察、农业、建设、规划、林业、水利等部门耕地后备资源开发利用工作领导小组，构建“党委领导、政府负责、部门协同、公众参与、上下联动”的共同责任机制，密切配合，形成合力，共同推进采煤沉陷区生态修复和综合治理项目实施管理工作。坚持将耕地质量建设与管理作为矿区耕地保护的重要内容，纳入耕地保护责任考核目标，对各地年度工作任务完成情况进行检查和绩效考核，并严格落实奖惩。

（二）充分把握机遇，因地制宜构建采煤沉陷区不同类型综合治理模式并进行试点示范

坚持着眼顶层设计，围绕采煤沉陷区综合治理促进现代农业发展、新型城镇化、美丽乡村建设和生态环境保护等，突出矿区资源差异性、经济社会发展的阶段性不同需求，因地制宜地采取适宜的方法手段，创建不同的实施模式、实施标准、实施机制等，落实地方政府的发展政策。注重国土空间功能，明确综合治理服务于生产、生活、生态和经济社会发展等多重功能及服务于经济社会发展，充分发挥采煤沉陷区综合治理的多功能效应。

（三）对接国家政策，结合特色小镇、田园综合体建设等统筹开展综合治理

采煤沉陷区的综合治理是矿区城乡建设和城乡更新的主要抓手，要将综合治理与当地特色相结合，不断调整综合治理目标与特色小镇、田园综合体建设需求的配适度，充分运用新产业、新业态发展的相关政策，同时为矿地发展提供资金和用地保障。

第九章

采煤沉陷区综合治理及生态修复战略建议与政策建议

第一节 战略建议

一、从严控制，切实加强采煤沉陷区生态环境保护工作

为切实加强我国东部采煤沉陷区的综合治理及生态恢复工作，对采煤沉陷区环境治理和生态恢复产生的废气、废水、弃渣，必须按照国家规定的有关环境质量标准进行处置、排放；对环境质量标准开发活动中遗留的坑、井、巷等工程，必须进行封闭或者填实，恢复到安全状态；对采矿形成的危岩体、地面沉陷、地裂缝、地下水系统破坏等地质灾害要进行治理。矿产资源开发要保护矿区周围的环境和自然景观等。

二、加强法制，全面推进采煤沉陷区生态环境保护

为更有力地开展我国东部采煤沉陷区的综合治理及生态恢复工作，各级人民政府要依据《中华人民共和国环境保护法》《中华人民共和国矿产资源法》《中华人民共和国土地管理法》等法律法规，结合本地区的实际情况，制定采煤沉陷区环境保护管理法律法规、产业政策和技术规范，为加强采煤沉陷区环境保护工作提供强有力的法律保障，使采煤沉陷区环境保护工作尽快走上法制化的轨道。

三、加强监管，预防采煤沉陷区生态环境破坏

采煤矿区建设严格执行“三同时”制度，保证各项环境保护治理措施、设施与主体工程同时设计、同时施工、同时投产，对措施不落实，设施未验收或验收不合格的矿山建设项目，不得投产使用，对强行生产的，自然资源部要依法吊销其采矿许可证等。

四、依靠科技，提高采煤沉陷区生态保护水平

《2017～2021年中国矿山生态修复行业深度调研及投资前景预测报告》表示，要加强矿区环境保护的科学研究，着重研究矿业开发过程中引起的环境变化及防治技术、矿业三废的处理和废弃物回收与综合利用技术，采用先进的采选技术和加工利用技术，提高劳动生产率和资源利用率。加强采煤沉陷区环境保护新技术、新工艺的开发与推广，增加科技投入，促进资源综合利用和环境保护产业化。加强采煤沉陷区生态环境修复治理工作，不断提高生态环境破坏治理率。引进和开发适用于采煤沉陷区损毁生态修复与综合治理的生态重建新技术，进行采煤沉陷区生态重建科技示范工程研究，加大采煤沉陷区环境治理与生态修复和综合治理力度。在一些工作开展早、基础条件好的矿区，选择不同类型、不同地区的大型采煤沉陷区，针对矿产资源开发利用所造成的生态环境破坏问题，以可持续发展的观点，发展绿色矿业，建立绿色矿业示范区。同时加强国际合作，大力培训人才，努力学习各国矿山环境保护的先进技术和经验，从而加强和改善我国矿区环境保护工作。

五、加强协调，共同推进采煤沉陷区环境保护工作

矿区自然生态环境保护与治理工作涉及面广、难度大，各级政府必须切实加强领导，把此项工作列入重要议事日程。要落实责任，实行属地管理。矿区企业不论隶属关系如何，其矿区自然生态环境保护与治理工作，均接受当地政府的领导及有关部门的监督管理。

六、鼓励和吸引民间资金进行采煤沉陷区生态重建

采煤沉陷区生态破坏是多年以来形成的，要想一下子把多年的问题解决，单靠矿业开发企业的财力，很难做到，而国家财政支持也十分有限。但民间资金相对充裕，如果制定相应的鼓励政策，完全可以吸引民间资金到采煤沉陷区生态重建中来。采煤沉陷区生态重建不仅能够带来生态效益，而且能够带来经济效益，这是毫无争议的事实。

七、完善采煤沉陷区生态环境修复保证金制度

采煤沉陷区生态环境修复工作缺乏充足的资金保障，是制约我国采煤沉陷区生态环境恢复的关键因素。因为国家一直没有建立专门的采煤沉陷区生

态环境恢复治理的投资渠道，计划经济时期建设的煤矿也没有得到相应的生态环境保护所需的资金，加之很多煤矿已处于关闭或濒临关闭状态，历史遗留问题太多，企业本身和地方政府都对恢复治理无能为力，所以我国采煤沉陷区生态环境修复治理工作还远远不能满足实际需要，影响了我国生态建设和环境保护工作的整体发展。另外，采煤沉陷区生态环境保护管理的法律法规体系有待进一步完善，同时采煤沉陷区生态环境恢复治理的机制也尚未建立。矿产资源开发不能以牺牲环境为代价，为避免走先污染后治理、先破坏后恢复的老路，采矿权人对矿山开发活动所造成的破坏，必须采取有效的措施进行恢复。

第二节　政策建议

一、支持采煤沉陷区农村新产业新业态和一二三产业融合发展，促进转型升级

采煤沉陷区综合治理不再是简单的复田，应遵循系统治理原则，把治矿、治地、治水、治湖、治山、治林相结合，统筹推动矿山水林田湖草“全要素”综合治理；通过综合治理与生态修复，保障发展用地，推进新型城镇化(特色小城镇)建设，促进产业转型升级，促进发展新动能和新增长点。多样化的综合治理与生态修复模式需要突破相关政策瓶颈，建议：①在符合相关规划的前提下，采煤沉陷地兴办国家支持的新产业、新业态建设项目的，经当地人民政府批准，可继续按原用途使用。②采煤沉陷区综合整治后申报国家矿山公园，不受所在省份申报名额限制。③采煤沉陷地发展光伏项目的，可参照国土资源部、国家扶贫办和国家能源局《关于支持光伏扶贫和规范光伏发电产业用地的意见》(国土资规〔2017〕8号)执行。

二、支持多途径筹集资金，助力综合治理与生态修复

采煤沉陷区综合治理与生态修复未来的资金缺口与压力较大，建议：①支持吸引社会资本投资，鼓励土地权利人自行投资。当社会资本投入综合治理与生态修复项目后，可优先获得整治后的土地使用权、经营权和剩余资源开采权。②支持政府通过购买服务的方式，实施采煤沉陷区综合治理与生态修复，土地收益、资源价款优先偿还社会投资方。③进一步支持东部采煤沉陷

矿区纳入国家发展改革委采煤沉陷区综合治理中央预算内投资支持范围。

三、保障村庄搬迁用地，服务乡村振兴战略实施

一些沉陷村庄旧址在水面以下难以复垦，无法通过增减挂钩政策获得搬迁安置用地指标。同时由于原村庄周边全部压覆煤矿，大量村民需要在城市规划区安置住房，用地成本较高。建议：在据实调查土地利用现状的基础上，对旧址沉入水面以下村庄涉及的建设用地指标，可腾退到搬迁安置建新区使用。确需用地计划指标予以搬迁安置的，由自然资源主管部门在国家下达的土地利用年度计划中统筹安排，纳入保障性安居工程予以保障。

四、适度核减或区域统筹耕地保有量和基本农田保护率

东部采煤沉陷区属于典型高潜水位多煤层或厚煤层开采区，采空区形成了大面积采煤沉陷积水区。随着开采不断进行，沉陷面积会以每年 3 万亩以上的速度递增。淮南市地表平坦、水系发达、土地肥沃、耕地面积大、人口密集、矿井上下水资源丰富。该区域采煤沉陷区的综合治理与生态修复属于世界性难题。因此建议：在据实调查的基础上由省级自然资源主管部门在全省范围内调整优化耕地保有量，确实无法在省域范围内统筹平衡的，自然资源部可以在全国土地利用总体规划中统筹考虑。在据实调查和认定的基础上，采煤沉陷区永久基本农田确实无法恢复的，建议根据《中华人民共和国土地管理法》和《基本农田保护条例》等有关规定，按照“布局基本稳定、面积不减少、质量不降低”的要求，结合沉陷区国土综合整治的实际需要，调整完善土地利用规划，划入同等数量和质量的耕地作为永久基本农田。

参 考 文 献

白乐, 李怀恩, 何宏谋, 等. 2015. 煤矿开采区地表水-地下水耦合模拟[J]. 煤炭学报, 40(4): 931-937.

白蕾. 2016. 淮南市采煤沉陷区综合治理的财政支持研究[D]. 合肥: 安徽大学.

白中科, 段永红, 杨红云, 等. 2006. 采煤沉陷对土壤侵蚀与土地利用的影响预测[J]. 农业工程学报, 22(6): 67-70.

白中科, 王文英, 李晋川, 等. 1998. 黄土区大型露天煤矿剧烈扰动土地生态重建研究[J]. 应用生态学报, 9(6): 621-626.

毕如田, 白中科, 李华, 等. 2008. 基于 RS 和 GIS 技术的露天矿区土地利用变化分析[J]. 农业工程学报, 24(12): 201-204.

卞正富, 雷少刚, 金丹, 等. 2018. 矿区土地修复的几个基本问题[J]. 煤炭学报, 43(1): 190-197.

卞正富, 雷少刚, 刘辉, 等. 2016. 风积沙区超大工作面开采生态环境破坏过程与恢复对策[J]. 采矿与安全工程学报, 33(2): 305-310.

卞正富. 2005. 我国煤矿区土地复垦与生态重建研究[J]. 资源产业, 7(2): 18-24.

蔡庆华. 1997. 湖泊富营养化综合评价方法[J]. 湖泊科学, (1): 89-94.

常江, 于硕, 冯姗姗. 2017. 中国采煤沉陷型湿地研究进展[J]. 煤炭工程, 49(4): 125-128.

常俊丽, 孙丽娟, 武文婷. 2012. 基于可持续发展的煤矿厂区景观设计探索——以钱营孜煤矿厂区景观设计为例[J]. 西北林学院学报, 27(6): 231-237.

陈淳. 2015. 淮南潘集矿区生态系统服务价值评估研究[D]. 徐州: 中国矿业大学.

陈利根, 童尧, 龙开胜. 2016. 采煤沉陷区生态改造利益构成及分配研究[J]. 中国土地科学, 30(10): 81-89.

陈龙乾, 邓喀中, 赵志海, 等. 1999. 开采沉陷对耕地土壤物理特性影响的空间变化规律[J]. 煤炭学报, (6): 586-590.

陈奇. 2009. 矿山环境治理技术与治理模式研究[D]. 北京: 中国矿业大学.

程琳琳, 娄尚, 刘峦峰, 等. 2013. 矿业废弃地再利用空间结构优化的技术体系与方法[J]. 农业工程学报, 29(7): 207-218.

程相友. 2016. 农地流转对农业生态系统的影响[J]. 中国生态农业学报, (3): 335-344.

邓喀中, 姚宁, 卢正, 等. 2009. D-InSAR 监测开采沉陷的实验研究[J]. 金属矿山, (12): 25-27.

董维武. 2010. 美国典型煤矿介绍[J]. 中国煤炭, 36(3): 123-125.

杜尚海, 苏小四, 朱琳. 2009. 松花江流域地表水系分形维及其影响因素分析[J]. 水文, 9(5): 30-35.

段新辉. 2016. 基于生态系统服务价值的徐州市土地利用结构优化配置研究[D]. 徐州: 中国矿业大学.

顿耀龙, 王军, 郭义强, 等. 2014. 基于 AHP-FCE 模型的大安市土地整理可持续性评价[J]. 中国土地科学, (8): 57-64.

范立民, 马雄德, 冀瑞君. 2015. 西部生态脆弱矿区保水采煤研究与实践进展[J]. 煤炭学报, 40(8): 1711-1717.

范廷玉. 2013. 潘谢采煤沉陷区地表水与浅层地下水转化及水质特征研究[D]. 合肥: 安徽理工大学.

方俊. 2014. 矿区内地表水系破坏特征及其治理措施[J]. 江西建材, (24): 243.

冯蕾, 吴鹏. 2013. 浅析采煤沉陷区生态修复管理机制的完善[J]. 中国环境管理干部学院学报, 23(2): 21-23, 84.

付艳华, 胡振琪, 肖武, 等. 2016. 高潜水位煤矿区采煤沉陷湿地及其生态治理[J]. 湿地科学, 14(5): 671-676.

高保彬, 刘亚威, 李若愚, 等. 2014. 面向可持续发展的采煤沉陷区调研及治理对策研究——以河南省永城市为例[J]. 河南理工大学学报(社会科学版), 15(2): 136-141.

高光耀, 傅伯杰, 吕一河, 等. 2013. 干旱半干旱区坡面覆被格局的水土流失效应研究进展[J]. 生态学报, 33(1): 12-22.

高怀军. 2014. 采煤沉陷区综合治理的方法研究——以唐山南湖生态城为例[J]. 经济论坛, (11): 147-148.

葛沭锋, 王晓辉, 耿宜佳. 2015. 淮南矿区沉陷地生态治理研究[J]. 安徽农业科学, 43(4): 271-274.

龚叶明. 2014. 生态修复理念下的采煤沉陷区湿地公园设计研究[D]. 合肥: 合肥工业大学.

顾和和, 胡振琪, 刘德辉, 等. 1998. 高潜水位地区开采沉陷对耕地的破坏机理研究[J]. 煤炭学报, (5): 522-525.

郭广礼, 张国良, 张贻广. 1997. 灰色系统模型在沉陷预测中的应用[J]. 中国矿业大学学报, (4): 62-65.

韩彩娟. 2008. 南票矿区采煤沉陷区土地复垦与生态重建模式研究[D]. 阜新: 辽宁工程技术大学.

韩忠, 邵景力, 崔亚莉, 等. 2014. 基于MODFLOW的地下水流模型前处理优化[J]. 吉林大学学报(地球科学版), 44(4): 1290-1296.

何国清, 杨伦, 凌庚娣. 1991. 开采沉陷学[M]. 徐州: 中国矿业大学出版社.

何金军, 魏江生, 贺晓, 等. 2007. 采煤沉陷对黄土丘陵区土壤物理特性的影响[J]. 煤炭科学技术, 35(12): 92-96.

侯新伟, 张发旺, 李向全, 等. 2014. 陕西某矿长期堆放的煤矸石对土壤的影响[J]. 云南农业大学学报, 29(2): 285-290.

侯忠杰, 张杰. 2005. 砂土基型浅埋煤层保水煤柱稳定性数值模拟[J]. 岩石力学与工程学报, 24(13): 2255-2259.

胡炳南. 2012. 我国煤矿充填开采技术及其发展趋势[J]. 煤炭科学技术, 40(11): 1-5, 18.

胡振琪, 卞正富, 成枢, 等. 2008. 土地复垦与生态重建[M]. 徐州: 中国矿业大学出版社.

胡振琪, 刘海滨. 1993. 试论土地复垦学[J]. 中国土地科学, 7(5): 37-40.

胡振琪, 龙精华, 王新静. 2014. 论煤矿区生态环境的自修复、自然修复和人工修复[J]. 煤炭学报, 39(8): 1751-1757.

胡振琪, 龙精华, 张瑞娅, 等. 2017. 中国东北多煤层老矿区采煤沉陷地损毁特征与复垦规划[J]. 农业工程学报, 33(5): 238-247.

胡振琪, 王培俊, 邵芳. 2015. 引黄河泥沙充填复垦采煤沉陷地技术的试验研究[J]. 农业工程学报, 31(3): 288-295.

胡振琪, 魏忠义, 秦萍. 2004b. 沉陷地粉煤灰充填复垦土壤的污染性分析[J]. 中国环境科学, (3): 56-60.

胡振琪, 肖武, 王培俊, 等. 2013. 试论井工煤矿边开采边复垦技术[J]. 煤炭学报, 38(2): 301-307.

胡振琪, 肖武. 2013. 矿山土地复垦的新理念与新技术——边采边复[J]. 煤炭科学技术, 41(9): 178-181.

胡振琪, 赵艳玲, 赵姗, 等. 2004a. 矿区土地复垦工程可垦性分析[J]. 农业工程学报, (4): 264-267.

胡振琪. 1997. 煤矿山复垦土壤剖面重构的基本原理与方法[J]. 煤炭学报, (6): 59-64.

胡振琪. 2009. 中国土地复垦与生态重建年 20 年: 回顾与展望[J]. 科技导报, 27(17): 26-29.

黄翌, 汪云甲, 王猛, 等. 2014. 黄土高原山地采煤沉陷对土壤侵蚀的影响[J]. 农业工程学报, 30(1): 228-235.

黄元仿, 张世文, 张立平, 等. 2015. 露天煤矿土地复垦生物多样性保护与恢复研究进展[J]. 农业机械学报, 46(8): 72-82.

贾仰文, 王浩, 倪广恒, 等. 2005. 分布式流域水文模型原理与实践[M]. 北京:中国水利水电出版社: 111-131.

姜佳迪. 2014. 采煤沉陷区复垦后不同利用方式的优化研究[D]. 徐州: 中国矿业大学.

孔令健. 2017. 临涣矿采煤沉陷区地下水与地表水水环境特征研究[D]. 合肥: 安徽大学.

匡文龙, 邓义芳. 2007. 采煤沉陷地区土地生态环境的影响与防治研究[J]. 中国安全科学学报, 17(1): 116-120.

李保杰, 渠爱雪, 顾和和. 2015. 徐州市贾汪矿区土地利用变化及其对生态系统服务价值的影响[J]. 生态科学, 34(5): 147-153.

李承桧, 信桂新, 杨朝现, 等. 2016. 传统农区土地利用与覆被变化(LUCC)及其生态环境效应[J]. 西南大学学报(自然科学版), 38(05): 139-145.

李翀, 杨大文. 2004. 基于栅格数字高程模型 DEM 的河网提取及实现[J]. 中国水利水电科学研究院学报, 2(3): 208-214.

李春雷, 谢谟文, 李晓璐. 2017. 基于GIS和概率积分法的北洺河铁矿开采沉陷预测及应用[J]. 岩石力学与工程学报, 26(6): 1243-1250.

李凤明. 2011. 我国采煤沉陷区治理技术现状及发展趋势[J]. 煤矿开采, 16(3): 8-10.

李慧. 2016. 采煤沉陷区分布式水循环模型研究[D]. 北京: 中国水利水电科学研究院.

李金明, 周祖昊, 严子奇, 等. 2013. 淮南煤矿采煤沉陷区蓄洪除涝初探[J]. 水利水电技术, 44(2): 20-23.

李晋川, 白中科, 柴书杰, 等. 2009. 平朔露天煤矿土地复垦与生态重建技术研究[J]. 科技导报, 27(17): 30-34.

李晶, 刘喜韬, 胡振琪, 等. 2014. 高潜水位平原采煤沉陷区耕地损毁程度评价[J]. 农业工程学报, 30(10): 209-216.

李苗苗, 吴炳方, 颜长珍, 等. 2004. 密云水库上游植被覆盖度的遥感估算[J]. 资源科学, (04): 153-159.

李少朋. 2014. 基于 D-InSAR 采煤沉陷区地表沉降形变动态监测技术研究[D]. 合肥: 安徽理工大学.

李树志, 刁乃勤. 2016. 矿业城市生态建设规划与沉陷区湿地构建技术研究及应用[J]. 矿山测量, 44(3): 65-69.

李树志. 1993. 煤矿沉陷区土地复垦技术与发展趋势[J]. 煤矿环境保护, (4): 6-9.

李树志. 2014. 我国采煤沉陷土地损毁及其复垦技术现状与展望[J]. 煤炭科学技术, 42(1): 93-97.

李树志. 2019. 我国采煤沉陷区治理实践与对策分析[J]. 煤炭科学技术, 47(1): 36-43.

李斯佳, 王金满, 万德鹏, 等. 2018. 采煤沉陷地微地形改造及其应用研究进展[J]. 生态学杂志, 37(6): 1612-1619.

李伟. 2017. 淮北市采煤沉陷区综合利用及规划策略研究[D]. 合肥: 安徽建筑大学.

李文顺, 张瑞娅, 肖武, 等. 2016. 丁集煤矿开采对地表水系影响的模拟分析[J]. 煤炭工程, 48(11): 84-87.

李志伟. 1992. 兴隆庄煤矿沉陷区的综合治理方案[J]. 煤矿设计, (5): 30-33.

李祚泳, 邓新民. 1996. 人工神经网络在水环境质量评价中的应用[J]. 中国环境监测, (2): 36-39.

林志, 万阳, 徐梅, 等. 2018. 淮南迪沟采煤沉陷区湖泊后生浮游动物群落结构及其影响因子[J]. 湖泊科学, 30(1): 171-182.

凌敏华, 陈喜, 程勤波, 等. 2010. 地表水与地下水耦合模型研究进展[J]. 水利水电科技进展, 30(4): 79-84.

刘宝琛. 1992. 随机介质理论及其在开挖引起的地表下沉问题中的应用[J]. 中国有色金属学报, (3): 8-14.

刘传. 2011. 南宁市邕江水质模糊综合评价[J]. 广西科学院学报, 27(2): 156-158.

刘宏华, 徐军. 2011. 露天煤矿开采引发环境问题分析及解决对策[J]. 环境与发展, (11):15.

刘辉, 雷少刚, 邓喀中, 等. 2014. 超高水材料地裂缝充填治理技术[J]. 煤炭学报, 39(1): 72-77.

刘劲松. 2009. 淮南潘集矿区地表水质及环境影响因素分析[D]. 合肥: 安徽理工大学.

刘静怡, 蔡永立, 於家, 等. 2013. 基于 CLUE-S 和灰色线性规划的嘉兴北部土地利用优化配置研究[J]. 生态与农村环境学报, 29(4): 529-536.

刘一玮. 2014. 高潜水位煤矿区水土资源协调利用研究[D]. 徐州: 中国矿业大学.

龙花楼. 2018. 城镇化背景下中国农区土地利用转型及其环境效应研究: 进展与展望[J]. 地球科学进展, 283(5): 15-23.

龙建辉, 秦朝亮. 2015. 采煤沉陷区断链减灾模式分析及应用[J]. 自然灾害学报, 24(6): 180-186.

鲁叶江, 李树志. 2015. 近郊采煤沉陷积水区人工湿地构建技术——以唐山南湖湿地建设为例[J]. 金属矿山, (4): 56-60.

吕春娟, 白中科, 陈卫国. 2011. 黄土区采煤排土场生态复垦工程实施成效分析[J]. 水土保持通报, 31(6): 232-236.

吕晶洁, 胡春元, 贺晓. 2005. 采煤沉陷对固定沙丘土壤水分动态的影响研究[J]. 干旱区资源与环境, 19(s1): 152-156.

马立强, 安森东, 王西兵. 2015. 生态产业引导的采煤沉陷区生态重建模式研究——以淮北矿区为例[J]. 山东工商学院学报, 29(3): 39-44.

倪晋仁, 马蔼乃. 1998. 河流动力地貌学[M]. 北京: 北京大学出版社.

庞晶, 宋晓慧, 周茂敬. 2018. 采煤沉陷区综合治理模式研究——以菏泽市采煤沉陷区为例[J]. 山东财经大学学报, 30(4): 109-119.

裴文明, 董少春, 姚素平, 等. 2013. 基于环境一号卫星影像的淮南潘集采煤沉陷积水区富营养化评价[J]. 煤田地质与勘探, 41(5): 49-55.

钱鸣高, 缪协兴, 许家林, 等. 2008. 论科学采矿[J]. 采矿与安全工程学报, 25(1): 1-10.

乔冈, 徐友宁, 何芳, 等. 2012. 采煤沉陷区矿山地质环境治理模式[J]. 中国矿业, 21(11): 55-58.

邱文玮. 2014. 矿区生态服务功能价值的评估模型及其应用研究[D]. 徐州: 中国矿业大学.

渠俊峰, 李钢, 张绍良. 2008. 基于平原高潜水位采煤沉陷土地复垦的人工湿地规划——以徐州市九里人工湿地规划为例[J]. 节水灌溉, (3): 27-30.

渠俊峰, 李钢, 张绍良. 2014. 高潜水位采煤沉陷区复垦与湿地生态保护——以徐州九里高潜水位采煤沉陷区治理为例[J]. 中国水土保持, (1): 37-39.

荣西武, 顾文选. 2011. 制度创新与煤炭型城市可持续发展——以河南省永城市为例[J]. 城市发展研究, 18(8): 82-87.

施龙青, 辛恒奇, 翟培合, 等. 2012. 大采深条件下导水裂隙带高度计算研究[J]. 中国矿业大学学报, 41(1): 37-41.

孙岩. 2006. 济宁煤矿沉陷区的生态恢复与治理研究[M]. 济南: 山东大学.

唐孝辉. 2016. 山西采煤沉陷区现状、危害及治理[J]. 生态经济, 32(2): 6-9.

唐亚平. 2012. 基于嵌入式数据库的煤矿安全生产调度系统设计与实现[D]. 西安: 西安科技大学.

田鹭. 2013. 淮北市濉溪县采煤沉陷区土地复垦研究[D]. 合肥: 安徽农业大学.

佟玲玲. 2016. 河流综合水质评价方法比较研究[J]. 黑龙江科技信息, (15): 113.

童柳华, 严家平, 徐良骥, 等. 2009. 淮南潘集矿区水系分布特点及其恢复治理初探[J]. 煤炭科学技术, 37(9): 110-112.

汪向阳. 2003. 西部矿产资源开发的可持续发展研究[J]. 西安电子科技大学学报(社会科学版), 13(2): 14-19.

王海庆, 杨金中, 陈玲, 等. 2017. 采煤沉陷区恢复治理状况遥感调查[J]. 国土资源遥感, 29(3): 156-162.

王辉, 刘德辉. 2000. 平原高潜水位地区采煤沉陷地农业土壤退化的空间变化规律[J]. 华东地质, 21(4): 296-300.

王家臣, 杨胜利. 2010. 固体充填开采支架与围岩关系研究[J]. 煤炭学报, 35(11): 1821-1826.

王健, 武飞, 高永, 等. 2006. 风沙土机械组成、容重和孔隙度对采煤沉陷的响应[J]. 内蒙古农业大学学报(自然科学版), 27(4): 37-41.

王列平, 吴志红, 严家平, 等. 2008. 张集矿动态沉陷区灌排系统恢复治理技术[J]. 煤炭科学技术, (6): 95-99.

王培俊, 胡振琪, 邵芳, 等. 2014. 黄河泥沙作为采煤沉陷地充填复垦材料的可行性分析[J]. 煤炭学报, 39(6): 1133-1139.

王蕊, 王中根, 夏军. 2008. 地表水和地下水耦合模型研究进展[J]. 地理科学进展, (4): 37-41.

王神虎, 任智敏, 窦志荣, 等. 2012. 煤矿采空区地表沉陷产生的影响及防治对策[J]. 矿业安全与环保, 39(6): 68-69, 72.

王双明, 杜华栋, 王生全. 2017. 神木北部采煤沉陷区土壤与植被损害过程及机理分析[J]. 煤炭学报, (1): 17-26.

王双明, 黄庆享, 范立民, 等. 2010. 生态脆弱矿区含(隔)水层特征及保水开采分区研究[J]. 煤炭学报, 35(1): 7-14.

王卫华, 丁德馨. 2001. 开采沉陷反分析的神经网络方法研究[J]. 南华大学学报(自然科学版), 15(1): 10-14.

王孝武, 孙水裕. 2009. 基于 TM 数据和 ANN 的河流水质参数检测研究[J]. 环境工程学报, 3(8): 1532-1536.

魏江生, 贺晓, 胡春元, 等. 2006. 干旱半干旱地区采煤沉陷对沙质土壤水分特性的影响[J]. 干旱区资源与环境, 20(5): 86-90.

魏婷婷. 2015. 基于SWAT模型的采煤沉陷对泗河流域径流的影响研究[D]. 北京: 中国矿业大学.
吴侃, 靳建明. 2000. 时序分析在开采沉陷动态参数预计中的应用[J]. 中国矿业大学学报, 29(4): 413-415.
吴侃, 王悦汉, 邓喀中. 2000. 采空区上覆岩层移动破坏动态力学模型的应用[J]. 中国矿业大学学报, 29(1): 34-36.
武强, 陈奇. 2010. 矿山环境治理模式及其适用性分析[J]. 水文地质工程地质, 37(6): 91-96.
武强, 董东林, 傅耀军, 等. 2002. 煤矿开采诱发的水环境问题研究[J]. 中国矿业大学学报, 31(1): 19-22.
武强, 董东林, 石占华, 等. 1999. 华北型煤田排-供-生态环保三位一体优化结合研究[J]. 中国科学(D辑), 29(6): 567-573.
武强, 李铎, 赵苏启, 等. 2005. 郑州矿区排供环保结合和水资源合理分配研究[J]. 中国科学(D 辑), 35(9): 891-898.
武强, 李铎. 2009. "煤-水"双资源型矿井建设与开发研究[J]. 中国煤炭地质, 21(3): 32-35, 62.
武强, 刘宏磊, 陈奇, 等. 2017. 矿山环境修复治理模式理论与实践[J]. 煤炭学报, 42(5): 1085-1092.
武强, 刘宏磊, 赵海卿, 等. 2019. 解决矿山环境问题的"九节鞭"[J]. 煤炭学报, 44(1): 10-22.
武强, 王志强, 郭周, 等. 2010. 矿井水控制、处理、利用、回灌与生态环保五位一体优化结合研究[J]. 中国煤炭, 36(2): 109-112.
武强, 徐华, 赵颖旺, 等. 2016. 基于"三图法"煤层顶板突水动态可视化预测[J]. 煤炭学报, 41(12): 2968-2974.
武强, 薛东, 连会青. 2005. 矿山环境评价方法综述[J]. 水文地质工程地质, 32(3): 84-88.
武强, 赵苏启, 董书宁, 等. 2013. 煤矿防治水手册[M]. 北京: 煤炭工业出版社.
武强. 2003. 我国矿山环境地质问题类型划分研究[J]. 水文地质工程地质, 30(5): 107-112.
武强. 2014. 我国矿井水防控与资源化利用的研究进展、问题和展望[J]. 煤炭学报, 39(5): 795-805.
肖金凯. 1997. 以贵州为例看资源综合利用的紧迫性[J]. 矿物岩石地球化学通报, (s1):129-130.
肖武, 杨耀淇, 李素萃, 等. 2017. 一种三维土工网垫合成生态景观渠道: 中国, ZL 2016 2 0652089.4[P].
徐翀, 刘文斌, 裴文明, 等. 2015. 淮南张集采煤沉陷积水区水环境动态监测研究[J]. 中国煤炭地质, 27(1): 50-54, 65.
徐良骥, 严家平, 高永梅. 2008. 淮南矿区沉陷水域环境效应[J]. 煤炭学报, (4): 419-422.
徐良骥. 2009. 煤矿沉陷水域水质影响因素及其污染综合评价方法研究[D]. 合肥: 安徽理工大学.
徐友宁, 陈社斌, 陈华清. 2007. 陕西大柳塔煤矿区土地沙漠化时空演变研究[J]. 水文地质工程地质, 4: 98-102.
徐占军, 侯湖平, 张绍良, 等. 2012. 采矿活动和气候变化对煤矿区生态环境损失的影响[J]. 农业工程学报, 28(5): 232-240.
徐智敏, 高尚, 崔思源, 等. 2017. 哈密煤田生态脆弱区保水采煤的水文地质基础与实践[J]. 煤炭学报, 42(1): 80-87.
徐祖信. 2005. 我国河流单因子水质标识指数评价方法研究[J]. 同济大学学报(自然科学版), (03): 321-325.
徐祖信. 2005. 我国河流综合水质标识指数评价方法研究[J]. 同济大学学报(自然科学版), (04): 482-488.

许家林, 朱卫兵, 李兴尚, 等. 2006. 控制煤矿开采沉陷的部分充填开采技术研究[J]. 采矿与安全工程学报, (1) :6-11.
许延春, 李俊成, 刘世奇, 等. 2011. 综放开采覆岩“两带”高度的计算公式及适用性分析[J]. 煤矿开采, 16(2): 4-7, 11.
许延春, 王伯生, 尤舜武. 2012. 近松散含水层溃砂机理及判据研究[J]. 西安科技大学学报, 32(1): 63-69.
杨翠霞, 赵廷宁, 谢宝元, 等. 2014. 基于流域自然形态的废弃矿区地形重塑模拟[J]. 农业工程学报, 30(1): 236-244.
杨翠霞. 2014. 露天开采矿区废弃地近自然地形重塑研究[D]. 北京: 北京林业大学.
杨连彬, 杜尚海. 2009. 基于 GIS 的地表水系分形维数计算方法及其应用[J]. 吉林水利, (3): 54-55.
杨茗, 黄肖萌, 邱增羽, 等. 2017. 谢桥采煤沉陷区水域水质特征及相关性研究[J]. 阴山学刊(自然科学版), 31(2): 50-54.
杨瑞卿. 2011. 采煤沉陷区人工湿地的可持续景观规划——以徐州市九里湖人工湿地为例[J]. 中国农村水利水电, (5): 46-49.
姚维岭, 荆青青, 周英杰, 等. 2015. 基于遥感动态监测的山东省矿山地质环境恢复治理典型模式分析[J]. 矿产勘查, 6(5): 627-634.
姚章杰. 2010. 资源与环境约束下的采煤沉陷区发展潜力评价与生态重建策略研究[D]. 上海: 复旦大学.
尹海龙, 徐祖信. 2008. 河流综合水质评价方法比较研究[J]. 长江流域资源与环境, (5): 729-733.
于硕. 2017. 徐州市采煤沉陷湿地空间演变与优化策略研究[D]. 徐州: 中国矿业大学.
袁亮, 吴侃. 2003. 淮河堤下采煤的理论研究与技术实践[M]. 徐州: 中国矿业大学出版社.
袁韶华, 汪应宏. 2011. 徐州采煤沉陷区发展旅游房地产之 SWOT 分析[J]. 江苏商论, (6): 132-134.
张锦瑞, 陈娟浓, 岳志新. 2007. 采煤沉陷引起的地质环境问题及其治理[J]. 中国水土保持, (4): 37-39.
张进德, 田磊. 2010. 矿业城市矿山地质环境综合治理对策研究[J]. 城市地质, 5(3): 521-526.
张丽娟, 王海邻, 胡斌, 等. 2007. 煤矿沉陷区土壤酶活性与养分分布及相关研究——以焦作韩王庄矿沉陷区为例[J]. 环境科学与管理, 32(1): 126-129.
张冉. 2016. 采煤沉陷区生态修复景观再造研究[D]. 南京: 南京农业大学.
张瑞娅. 2017. 多煤层开采条件下边采边复技术研究[D]. 北京: 中国矿业大学.
张玮. 2008. 两淮采煤沉陷区土地复垦模式及其工程技术研究[D]. 合肥: 安徽农业大学.
张文敏. 1991. 国外土地复垦法规与复垦技术[J]. 有色金属(矿山部分), (4): 41-46.
张耀方, 江东, 史东梅, 等. 2011. 重庆市煤矿开采区土壤侵蚀特征及水土保持模式研究[J]. 水土保持研究, 18(6): 94-99.
张永红, 吴宏安, 康永辉. 2016. 京津冀地区 1992-2014 年三阶段地面沉降 InSAR 监测[J]. 测绘学报, 45(9): 1050-1058.
张玉云. 2015. 淮南采煤沉陷浅水湿地水生植物群落重构模式研究[D]. 合肥: 安徽大学.
张增奇, 梁吉坡, 李增学, 等. 2015. 山东省煤炭资源与赋煤规律研究[J]. 地质学报, 89(12): 2351-2362.
赵庚星, 王可涵, 史衍玺. 2000. 煤矿沉陷地复垦模式及综合开发技术研究[J]. 中国土地科学, (5): 44-46.
赵连伦. 1991. 挖深垫浅是综合治理浅沉陷区的成功之路[J]. 煤矿环境保护, (2): 59-61.

赵美玲, 成克武, 张铁民, 等. 2008. 唐山南湖湿地公园生态系统服务功能价值评估[J]. 安徽农业科学, (14): 6020-6022.

赵美玲. 2008. 唐山南湖湿地公园景观生态规划研究[D]. 保定: 河北农业大学.

赵明鹏, 张震斌, 周立岱. 2003. 阜新矿区地面沉陷灾害对土地生产力的影响[J]. 中国地质灾害与防治学报, (1): 77-80.

赵庆彪, 高春芳, 王铁记. 2015. 区域超前治理防治水技术[J]. 煤矿开采, 20(2): 90-94.

赵同谦, 欧阳志云, 王效科, 等. 2003. 中国陆地地表水生态系统服务功能及其生态经济价值评价[J]. 自然资源学报, (04): 443-452.

赵同谦. 2004. 中国陆地生态系统服务功能及其价值评价研究[J]. 城市与区域生态国家重点实验室.

赵艳玲, 胡振琪. 2008. 未稳沉采煤沉陷地超前复垦时机的计算模型[J]. 煤炭学报, 33(2): 157-161.

赵艳玲. 2005. 采煤沉陷地动态预复垦研究[D]. 北京: 中国矿业大学.

周萱. 2009. 城市园林生态修复的理念及管理[J]. 科技信息, (17): 366, 377.

朱梅, 王振龙, 陈迎春, 等. 2011. 浅议淮北采煤沉陷区湿地开发利用[A]//中国农业工程学会(CSAE). 中国农业工程学会 2011 年学术年会论文集[C]. 中国农业工程学会(CSAE), 重庆.

朱梅, 王振龙, 陈迎春, 等. 2011. 浅议淮北采煤沉陷区湿地开发利用[C]. 中国农业工程学会 2011 年学术年会论文集: 3.

朱琦, 胡振琪, 王培骏, 等. 2016. 济宁市采煤沉陷地引黄充填沉沙排水量预测及利用效益分析[J]. 金属矿山, (11): 63-68.

Adriaensen F, Chardon J P, Blust G D, et al. 2003. The application of 'least-cost' modelling as a functional landscape model[J]. Landscape and Urban Planning, 64(4): 233-247.

Atkinson R B, Cairns J. l994. Possible use of wetlands in ecological restoration of surface mined lands[J]. Journal of Aquatic Ecosystem Stress and Recovery, 3(2): 139-144.

Booth C J. 2010. Strata-movement concepts and the hydrogeological impact of underground coal mining[J]. Groundwater, 24(4): 507-515.

Bradshaw A. 1997. Restoration of mined lands using natural processes[J]. Ecological Engineering, 8(4): 255-269.

Bradshaw A. 2000. The use of natural processes in reclamation—advantages and difficulties[J]. Landscape and Urban Planning, 51: 89-100.

Bugosh N. 2009. A summary of some land surface and water quality monitoring results for constructed GeoFluv landforms[C]. Joint Conference of the 26th Annual American Society of Mining and Reclamation Meeting and 11th Billings Land Reclamation Symposium, BLRS and ASMR: Lexington, KY: 10.

Cairns J. 1994. The study of ecology and environmental management: reflections on the implications of ecological history[J]. Environmental Management and Health, 5(4): 7-15.

Cheng Q M, Russell H, Sharpe D, et al. 2001. GIS-based statistical and fractal/multifractal analysis of surface stream patterns in the Oak Ridges Moraine [J]. Computer & Geosciences, (27): 513-526.

Costanza R, d'Arge R, de Groot R, et al. 1997. The value of the world's ecosystem services and natural capital[J]. Nature, 387(6630): 253-260.

Dombradi E, Timar G, Bada G, et al. 2007. Fractal dimension estimations of drainage network in the Carpathian-Pannonian system[J]. Global and Planetary Change, (58): 197-213.

Donald M G, Harbaugh A W. 1988. A modular three-dimensional finite difference ground-water flow model[M]. U.S: Techniques of Water Resources Investigations of the U.S. Geological Survey.

Dong Y H, Lin G M, Xu H Z. 2012. An areal recharge and discharge simulating method for MODFLOW[J]. Computers & Geosciences, 42: 203-205.

Gaudio R, Bartolo S G D, Primavera L, et al. 2006. Lithologic control on the multifractal spectrum of river networks[J]. Journal of Hydrology, (327): 365-375.

Gilland K E, Mccarthy B C. 2013. Micro topography influences early successional plant communities on experimental coal surface mine land reclamation[J]. Restoration Ecology, 22(2): 232-239.

Hancock G R, Loch R J, Willgoose G R. 2003. The design of post-mining landscapes using geomorphic Principles[J]. Earth Surface Processes and Landforms, 28(10): 1097-1110.

Jones S N, Cetin B. 2017. Evaluation of waste materials for acid mine drainage remediation[J]. Fuel, 188: 294-309.

Kastyuchik A, Karam A, Aider M. 2016. Effectiveness of alkaline amendments in acid mine drainage remediation[J]. Environmental Technology & Innovation, 6: 49-59.

Larondelle N, Haase D. 2012. Valuing post-mining landscapes using an ecosystem services approach—An example from Germany[J]. Ecological Indicators, 18: 567-574.

Lermontova A, Yokoyamab L, Lermontov M, et al. 2009. River quality analysis using fuzzy water quality index: RibeiradoIguape river watershed, Brazil[J]. Ecological Indicators, 9(6): 1188-1197.

Litwiniszyn J. 1954. Przemieszczenia.gorotworu.ws.wietle. te-orii. Prawdo podobienstwa[J]. Arch. Gor. Hut. T. II, (1): 45-68.

Loch R J. 1997. Landform design-better outcomes and reduced costs applying science to above-and below-ground issues[C]. In Proceedings of 22nd annual Enviroment Workshop, Minerals Council of Australia: 550-563.

Nemerow N L. 1974. Scientific Stream Pollution Analysis[M]. New York: Mc Graw-Hill.

Norgaard R B. 2010. Ecosystem services: From eye-opening metaphor to complexity blinder[J]. Ecological Economics, 69(6): 1219-1227.

Peng J, Pan Y J, Liu Y X, et al. 2018. Linking ecological degradation risk to identify ecological security patterns in a rapidly urbanizing landscape. Habitat International, (71): 110-124.

Perski Z. 1970. Application of SAR Imagery and SAR Interferometry in Digital Geological Cartography[M]// The Current Role of Geological Mapping in Geosciences.

Riley S J. 1995. Geomorphic estimates of the stability of a uranium mill tailings containment cover[J]. Land Degradation and Rehabilitation, 6: 1-16.

Rubio L, Rodriguez-Freire M, Mateo-Sanchez M C. 2012. Sustaining forest landscape connectivity under different land cover change scenarios[J]. Forest Systems, 21(2): 223-235.

Saura S, Torné J. 2012. Conefor 2.6 user manual (May 2012). "Universidad Politécnica de Madrid". Available at www.conefor.org.

Sawatsky L F, Cooper D, Mcroberts E, et al. 1996. Strategies for reclamation of tailings impoundments[J]. International Journal of Mining, Reclamation and Environment, 10(3): 131-134.

Schop H J, Gary D H. 2007. Landforming: an Environmental Approach to Hillside Development, Mine Reclamation and Watershed Restoration[M]. Hoboken: John Wiley and Sons, Inc: 120-230.

Sophocleous M A, Koelliker J K, Govindaraju R S, et al. 1999. Integrated numerical modeling for basin-wide water management: The case of the Rattlesnake Creek Basin in south-central Kansas[J]. Journal of Hydrology, 214(1-4): 179-196.

Swain E D, Wexler E J. 1999. A coupled surface-water and ground-water flow model (MODBRANCH) for simulation of stream aquifer interaction[M]. U.S: Techniques of Water-Resources Investigations of the US. Geological Survey.

Swain E D. 1994. Implementation and use of direct flow connections in a coupled ground-water and surface-water model[J]. Ground Water, 32(1): 139-144.

Tel T, Fulop A, Vicsek T. 1989. Determination of fractal dimensions for gepmetrical multifractals[J]. Physoca A: Statistical Mechanics and its applications, 159(2): 155-165.

Toy T J, Hddley R F. 1987. Geomorphology of Disturbed Lands[M]. London: Academic Press.

Veltri M, Veltri P, Maiolo M. 1996. On the fractal description of natural channelnetworks[J]. Journal of Hydrology, (187): 137-144.

Vicsek T, Family F, Meakin P. 1990. Multifractal geometry of diffusion-limited aggregates[J]. Europhys. Letters, 12(3): 217-222.

Vicsek T. 1990. Mass multifractals[J]. Physica A: Statistical Mechanics and its applications, 168(1): 490-497.

Wong A, Wu L, Gibbons P B, et al. 2005. Fast estimation of fractal dimension and correlation integral on stream data[J]. Information Processing Letters, (93): 91-97.

Yang Y, Ronglin M A, Zhang G, et al. 2016. Distribution speciation and environmental quality assessment of heavy metals in sludge of water bodies of Haikou City[J]. Ecological Science.

Yu K J. 1996. Security patterns and surface model in landscape ecological planning[J]. Landscape and Urban Planning, 36(1): 1-17.